Benyamin Bahri

Die moderne Exoplanetenforschung und die Suche nach extraterrestrischem Leben

Chancen, Perspektiven und Träume

Bibliografische Information der Deutschen Nationalbibliothek:

Die Deutsche Nationalbibliothek verzeichnet diese Publikation in der Deutschen Nationalbibliografie; detaillierte bibliografische Daten sind im Internet über http://dnb.d-nb.de abrufbar.

Impressum:

Copyright © Science Factory 2019

Ein Imprint der GRIN Publishing GmbH, München

Druck und Bindung: Books on Demand GmbH, Norderstedt, Germany

Coverbild: GRIN Publishing GmbH, Pixabay

INHALTSVERZEICHNIS

1 EINFÜHRUNG

Denn weshalb sollte das kunstvolle Gebäude dieser ungeheuer großen Welt leer sein? Warum sollten die Bedingungen dort schlechter sein, als auf unserer viel kleineren Welt?

– Giordano Bruno (1548-1600), 1591[1]

---

[1] Zaun, S. 10

Im späten Frühling 2016 ging eine sensationelle Wissenschaftsnachricht wie ein Lauffeuer um die Welt: Die NASA gab am 10. Mai bekannt, mit dem Kepler-Teleskop 1.284 neue Exoplaneten gefunden zu haben, deren Existenz nun mit Sicherheit bestätigt werden könne.[2] Diese Veröffentlichung stellte einen Meilenstein für alle Wissenschaftszweige dar, die sich mit Exoplaneten beschäftigen, Planeten, die sich außerhalb des Sonnensystems befinden. Noch nie wurden so viele Planeten auf einmal bekannt gegeben. Die Zahl der bis dato bekannten extrasolaren Planeten hatte sich an einem Tag nahezu verdoppelt. Der Katalog der bislang 1.349 Exoplaneten konnte auf 2.633 erweitert werden. Heute sind bereits 3.549 Exoplaneten in 2.662 Systemen bekannt und es werden stetig mehr.[3]

Die Exoplanentenforschung hat seit der Entdeckung der ersten Planeten Anfang der 1990er Jahre gewaltige Sprünge gemacht. Ein Großteil der Budgets von NASA und ESA fließt inzwischen in die Entdeckung und Erforschung der neuen Himmelskörper. Das Interesse der Wissenschaftler an diesen fernen, neuen und teils wundersamen Welten ist ebenso groß, wie die Aufmerksamkeit, die die Öffentlichkeit diesem Forschungsgebiet widmet. Zum einen, weil die Hoffnung, erdähnliche Planeten, vielleicht sogar eine neue Erde, zu entdecken, Geist und Fantasie beflügelt, besonders wohl in einer Zeit, in der die Menschen ihren Heimatplaneten maßlos ausbeuten und herunterwirtschaften. Irgendwo im All wartet vielleicht ein Ersatz auf künftige Generationen.

Zum anderen, weil das (natur-)philosophische, aber auch theologische Suchen nach dem Sinn der menschlichen Existenz seit jeher eng an die Frage geknüpft ist, ob das vielfältig erschaffene Leben der Erde das einzige im Universum sein soll. Gibt es Leben außerhalb der Erde,

---

[2]   Quelle: https://www.nasa.gov/feature/ames/kepler/briefingmaterials160510 – abgerufen zuletzt am 20.12.2016

[3]   Quelle: exoplanet.eu/catalog (Stand 20.12.2016) – abgerufen zuletzt am 20.12.2016

sogenanntes extraterrestrisches Leben? Und wenn ja, kann dies auch höher entwickelt, sogar intelligent, vernunftbegabt und moralisch (oder unmoralisch) sein wie der Mensch? Kann dieses andere Leben dem Menschen voraus sein? Kann es den Menschen etwas lehren? Oder stellt es gar eine Gefahr und Konkurrenz für ihn dar? Auf all diese Fragen verspricht die Exoplanetenforschung augenschein-ich Antworten oder Wege zu Antworten. Denn wo sonst könnten wir Leben finden, als unter der schützenden Atmosphäre eines Planeten, der unter ähnlichen Bedingungen seine Bahnen zieht, wie die Erde? Auch an anderen Orten im Universum herrschen womöglich lebensfreundliche Bedingungen. Führende Forscher zahlreicher Gebiete sind sich einig: Die Voraussetzungen für Leben nach irdischem Vorbild findet man im Universum zwar verhältnismäßig selten, sie kommen aber mit Sicherheit vor.

Die Entdeckung einer großen Vielfalt unterschiedlicher Exoplaneten hat dem Glauben an außerirdisches Leben neuen Aufwind gegeben. der sich zusätzlich durch die gleichen Fakten speist, wie eh und je: Im sichtbaren Universum gibt es ca. 100 Milliarden mal 100 Milliarden Sterne[4], Hochrechnungen gehen insgesamt von 70 Trilliarden aus, die in ca. 200 Milliarden Galaxien existieren.[5] Schon der Blick mit dem bloßen Auge in den klaren Nachthimmel gewährt die Sicht auf 3.000 bis 6.000 Sterne. Mit hoher Wahrscheinlichkeit besitzen viele Sterne Planetensysteme.[6]

Einige Wissenschaftler wagen zu behaupten, dass es womöglich sogar mehr Planeten als Sterne im Universum gibt. Es wird derzeit angenommen, dass um 30 % aller Hauptsterne mindestens ein felsiger, auch als terrestrischer oder irritierend als „erdähnlicher" bezeichneter

---

[4] Wabbel, S.9

[5] Quelle: https://www.nasa.gov/feature/goddard/2016/hubble-reveals-observable-universe-contains-10-times-more-galaxies-than-previously-thought – abgerufen zuletzt am 20.12.2016

[6] Piper, S. 137

Planet kreist. Demnach könnte es bis zu 20 Milliarden felsige Planeten allein in der Milchstraße geben. Weitere Schätzungen sprechen von oberflächlichem Wasser auf rund einem Drittel dieser, eines der wichtigsten Kriterien für die Entstehung von Leben – nach heutigen Maßstäben. Selbst wenn also nur auf einem Bruchteil dieser Planeten Leben möglich wäre, ist die Menge immer noch so enorm riesig, dass sie unsere Vorstellungskraft übersteigt – und die wissenschaftliche Suche nach extraterrestrischem Leben legitimieren kann. Die überholte Ansicht, Leben außerhalb der Erde könne es nicht geben, ist zu einer schwer vertretbaren Seltenheit geworden.

Es herrscht wissenschaftlicher Konsens darüber, dass zumindest mikrobakterielles Leben weit im Universum verbreitet sein könnte. Exobiologen sprechen davon, dass Leben im All eher die Regel als die Ausnahme ist. Darum versuchen wir durch das umfangreiche Sondieren der Planeten und Monde unseres Sonnensystems mit Orbitern, Landern, Rovern, Ballons und anderen Forschungssystemen einen ersten, bedeutenden Nachweis für die Existenz extraterrestrischen Lebens zu finden, während wir mit leistungsstarken und komplizierten Teleskopen weit über die Grenzen des (relativ gut erforschten) Sonnensystems hinaus blicken und mit modernsten Methoden nach extrasolaren Planeten Ausschau halten – und fündig werden. Und bis heute bestehen die in den 1960er Jahren begonnenen, gemeinhin als „SETI" bekannten Bemühungen, Spuren von extraterrestrischem Leben auch akustisch, per Radioastronomie, zu finden.

Seit dem Gebrauch der ersten Teleskope und den darauffolgenden weltbildverändernden Beobachtungen des Galileo im frühen 17. Jahrhundert hat man kontinuierlich mehr und mehr über das Sonnensystem und das Universum erfahren. Anders verhält es sich mit den uns umgebenden Exoplaneten. Zwar ist man sich seit Jahrhunderten sicher, dass sie existieren, doch erst in den letzten 20 bis 25 Jahren beginnen wir auch über diese fundierte Erkenntnisse zu sammeln. Die neue Generation von Teleskopen, allen voran Hubble und

Kepler, hat dabei gewaltige Sprünge erlaubt. Die folgende Generation wird in den kommenden Jahrzehnten vielleicht den finalen Beweis bringen, dass der Mensch nicht allein im All lebt.

Die vorliegende Arbeit zeigt in acht Kapiteln mit diversen Teilabschnitten zum einen den aktuellen Stand und die Zukunft der Erforschung extrasolarer Planeten auf und stellt dar, welche Chancen und Perspektiven sich daraus für die Suche nach extraterrestrischem Leben ergeben. Dazu liegt ein Schwerpunkt des Textes auf der Beschreibung der modernen, zumeist orbitalen Teleskope und ihrer Möglichkeiten, den Hauptwerkzeugen der Exoplanetenforscher.

Im Rahmen und Umfang dieser Arbeit können wichtige andere Raumfahrtmissionen, die der Suche nach Leben im All dienen, nur beiläufig erwähnt werden. Zum andern beschäftigt sich ein wichtiger Teil dieser Arbeit mit der Suche nach ersten Beweisen für die Existenz extraterrestrischen Lebens, die aktiv hauptsächlich im Sonnensystem unternommen wird; außerdem auch mit der Frage nach dem Ursprung und der Evolution des irdischen Lebens. Denn um Lebenshinweise, sogenannte Biosignaturen, auch auf fernen Planeten zu entdecken, ist es wichtig zu wissen, nach welchen Grundbausteinen des Lebens Ausschau zu halten ist – sofern Leben dort nach den gleichen Gesetzen entsteht wie hier.

Schließlich ist die Möglichkeit der Existenz von höherem und möglicherweise intelligentem extraterrestrischem Leben ein wesentlicher Aspekt dieser Arbeit, die schließlich zur Betrachtung hypothetischer Szenarien eines „First Contact" und den möglichen Folgen dessen führt.

Zugrunde liegen der interdisziplinären Argumentation Beiträge zu den Naturwissenschaften des Lebens und des Universums ebenso wie kulturtheoretische Auseinandersetzungen mit dem Thema aus Geschichte, Philosophie und Soziologie. Stets sollen die beiden Schwerpunkte, Exoplanetenforschung und die Suche nach extraterrestrischem Leben, dabei in Zusammenhang miteinander betrachtet werden.

2 GESCHICHTE DES EXTRATERRESTRISCHEN

Since stars appear to be suns, and suns, according to the common opinion, are bodies that serve to enlighten, warm, and sustain a system of planets, we may have an idea of the numberless globes that serve for the habitation of living creatures.

– William Herschel, 1795

Der Blick in den Himmel ist bekanntermaßen so alt wie die Menschheit selbst. Monumentale Ausgrabungen bis weit in die Jungsteinzeit – etwa das ca. 5.200 Jahre alte Ganggrab von Newrange in Irland[7], die mindestens 4.000 Jahre alte Megalith-Formation von Stonehenge in Südwest-England oder die sagenhafte, mehr als 3.700 Jahre alte Himmelsscheibe von Nebra zeugen vom uralten Interesse der Menschen an den kosmischen Bedingungen, denen die Welt, in der sie leben, unterliegt. Eine der vermeintlich ältesten Fundstellen astronomischer Zuschreibung befindet sich im ägyptischen Nabta Playa, wo man bereits vor geschätzten 7.000 Jahren den Zeitpunkt der Sommersonnenwende bestimmen konnte.[8] Erste umfassende Kalender wurden schon von den frühen Hochkulturen Ägyptens und Mesopotamiens entwickelt. Die mit dem Blick ins All zusammenhängenden Fragen und Antworten der Existenz des eigenen Seins darin, aber auch eines möglichen anderen Seins außerhalb der bekannten Weltgrenzen, sollten sich im Laufe der Geschichte immer weiter vom Induktiven ins Deduktive bewegen.

---

[7]   Piper, S. 1

[8]   Piper, S. 7f

2.1 Die Pluralität der Welten

Den Beginn der astronomischen Wissenschaft und westlichen Philosophie markiert das Werk des Thales von Milet, der vor ca. 2.500 Jahren die Erde als erster als Teil eines allumfassenden natürlichen Universums betrachtete. Die Vorstellung des Kosmos als lebender Organismus geht ebenfalls auf Thales von Milet zurück. Dessen Schüler Anaximander betrachtete die Erde als im Mittelpunkt des Kosmos befindlich und stellte sie sich als einen schwebenden Zylinder vor, um den sich große gelochte Räder („Himmelskreise") drehten. Die Pythagoräer konstruierten die Erde in dieser Epoche, aufbauend auf der Geometrie des Pythagoras, als ein sich durch den Raum bewegendes, dezentrales Objekt. Die Erde zurück in das Zentrum des Kosmos führte später die platonische Schule. Eudoxos von Knidos erdachte darauf folgend 27 konzentrische Sphären, die um die Erde rotierten. Eine sonnenzentrierte Perspektive schlug erstmals Arisarchus vor, während Ptolemäus weiterhin den erdzentrierten Standpunkt vertrat, der sich bis ins Mittelalter halten und durchsetzen sollte.[9]

Gleichermaßen wie über die Verankerung der Welt im Kosmos wurde in der Antike auch schon über mögliches äußeres Leben spekuliert. Im 3. Jahrhundert v. Chr. Sprach Epikur von unzähligen Welten im Kosmos, sowohl solche wie die Erde als auch andere. Auf ihn geht die Aussage zurück, dass wir akzeptieren müssten, „dass es auf allen Welten Lebewesen, Pflanzen und andere Dinge gibt, wie wir sie auf unserer Welt erblicken."[10] Dem Epikureer Metrodorus von Chios (ca. 5. Bis 4. Jahrhundert v. Chr.) lässt sich folgende Aussage zuordnen:

---

[9] Ward/Brownlee, S. 321

[10] Piper, S. 121

> „Die Erde als die einzige bevölkerte Welt im unendlichen All anzusehen, ist ebenso absurd wie die Behauptung, auf einem ganzen mit Hirse besäten Feld würde nur ein einziges Korn wachsen."

Ebenso hat der römische Philosoph Titius Lucretius Carus (99–55 v. Chr.) in seinem berühmten Lehrgedicht „De rerum natura" (dt.: „Über die Natur der Dinge") daran gezweifelt, dass die Erde die einzige belebte Welt im unendlich großen Kosmos sei und angenommen, dass sich Leben nicht nur auf der Erde entwickelt haben müsste. Auf Lucretius gehen auch Äußerungen über extraterrestrische Intelligenz zurück.[11]

Mit der kulturellen Ausbreitung des christlichen Abendlandes verbreitete sich die dominierende Vorstellung der Einzigartigkeit der irdischen Schöpfung. Imaginationen über andere, belebte Welten und deren Bewohner wurden unterdrückt und brutal sanktioniert. Die Vorstellung der Erde als Scheibe musste jahrhundertelang unerschütterlich akzeptiert werden.[12] Dennoch wurden weiterhin mutig abweichende Weltbilder erdacht. Der einflussreiche Philosoph und Theologe Thomas von Aquin (1225-1274) formulierte im 13. Jahrhundert die Vorstellung eines erdzentrierten Universums, in dem die Erde jedoch eine Kugel war statt einer Scheibe. Der Philosoph, Theologe und Mathematiker Nikolaus von Kues (1401-1464) vertrat die Auffassung, dass die Erde einer von vielen, auch belebten, Planeten im Raum sei. In seinem 1440 abgeschlossenen Werk „De docta ignorantia" beschreibt er vernunftbegabte Bewohner anderer Himmelskörper und behauptet, dass alle Welten jenseits der unseren belebt seien. Kues erdachte schon lange vor Kopernikus ein dezentrales Universum und betrachtete das geozentrierte Denken des Menschen als Folge einer Wahrnehmungstäuschung.[13] Nikolaus Kopernikus (1473-

---

[11] Scholz, S. 331
[12] Ward/Brownlee, S. 321
[13] Piper, S. 33; Heuser (2008), S. 58

1543) schließlich beseitigte die Vorstellung der zentralen Erde endgültig, als es ihm gelang, die Sonne erstmals als gemeinsames Zentrum der Planetenumlaufbahnen zu identifizieren. In seinem bahnbrechenden Buch „Commentrariolus" (1514) stellt er die Sonne als Zentrum des Universums dar. Jahre später ließ er die Erde und die anderen Planeten in „De revolutionibus orbium coelestium" (1543) um die Sonne kreisen.[14] Kopernikus zerstörte für immer den Mythos des geozentrischen Kosmos und prägte das Konzept der Pluralität der Welten, wonach es viele Planeten wie die Erde gäbe. Heute wird dies auch als Prinzip der Mittelmäßigkeit, Prinzip der Mediokrität oder auch als kopernikanisches Prinzip bezeichnet.[15] Die anderen Planeten unseres Sonnensystems sollten fortan nicht mehr nur bloße leuchtende Punkte am Himmel sein, sondern erhoben sich zu potentiell belebten Welten wie der Erde. Die kopernikanischen Erkenntnisse trieben die Vorstellung einer Vielzahl belebter Welten stark voran. Der Glaube, andere planetare Welten könnten Leben beherbergen, ähnlich dem irdischen, breitete sich in Wissenschaftskreisen aus. Alle Planeten seien demnach Erden, morphologisch ebenso gestaltet mit Bergen, Tälern, Meeren, Flüssen, Pflanzen und Tieren – vielleicht auch mit anderen, womöglich sogar höher entwickelten, Menschen.[16] Kopernikus konnte Sanktionen durch die Kirche weitgehend entgehen.

Dem Mathematiker und Astronomen Giordano Bruno (1548-1600) dagegen wurde das leidenschaftliche Ersinnen extraterrestrischer Perspektiven zum Verhängnis. Bruno wurde für seine Äußerungen und Überlegungen 1600 inquisitorisch verurteilt und schließlich auf dem Scheiterhaufen verbrannt. Er vertrat wie Kopernikus ein heliozentrisches, sonnenzentriertes Weltbild und gilt als einer der wichtigsten frühen Verfechter dessen. Er beschrieb konkret die

---

[14] Guthke, S. 47

[15] Ward/Brownlee, S. 322

[16] Guthke, S. 47

Existenz von Exoplaneten, also Planeten außerhalb des Sonnensystems:

> „Es gibt also zahllose Sonnen, zahllose Erden, die gleichermaßen ihre Sonne umkreisen, wie wir es an diesen sieben unsre Erde zunächst umkreisenden Planeten sehen. [...]; da das All unendlich ist, muß es mehrere Sonnen geben; denn es ist unmöglich, daß die Wärme und das Licht einer einzigen [...] sich durch die Unendlichkeit ergießen könnte. Daher ist anzunehmen, daß es unzählige Sonnen gibt, deren viele für uns in Gestalt kleiner Körper sichtbar sind; und manche mögen uns als kleine Sterne erscheinen, die viel größer sind, als andre, die uns als die größten erscheinen."[17]

Auch über Leben auf diesen Welten spekulierte Bruno:

> „Denn unmöglich kann ein vernünftiger und einigermaßen geweckter Verstand sich einbilden, jene unzähligen Welten, die entweder Sonnen sind, oder denen eine Sonne nicht weniger herrliche und befruchtende Strahlen zusendet, [...] von ähnlichen oder besseren Bewohnern beraubt seien."[18]

Giordano Bruno war sich sicher, dass im All höhere, „göttlichere" Wesen existieren, mit denen zu kommunizieren sich lohnen würde. Auch die hypothetische Raumfahrt war ein Thema, das Bruno beschäftigt hat. Seinem leidenschaftlichen, sehnsüchtigen extraterrestrischen Glauben, der stark konträr der bestehenden christlichen Dominanz gerichtet war, dabei doch seiner Zeit weit voraus, wurde von der Inquisition schließlich ein Ende gesetzt. Auf Bruno geht auch die zukunftsweisende Idee zurück, dass der Raum nicht, wie damals angenommen, vom Äther erfüllt sei sondern dass alles von einem Vakuum umgeben sei. Als revolutionär lässt sich mühelos auch Brunos Überlegung über die

---

[17] Hamel, S. 181f

[18] Hamel, S.182f

Notwendigkeit von Wasser auf einem Planeten für die Entstehung und Existenz von Leben bezeichnen.[19]

Teils richtige, teils falsche Vorstellungen und Mutmaßungen wurden im Laufe der Geschichte stetig von handfesten Erkenntnissen abgelöst. Die Erfindung des Teleskops brachte nach der kopernikanischen eine nächste große Revolution, die das Bild der Erde im Kosmos für immer grundlegend verändern sollte. Eine erste offizielle Teleskop-Lizenz erwarb 1608 der niederländische Optiker Johannes Lippershey, dessen Teleskop eine drei- bis vierfache Vergrößerung des Sichtfeldes erzielte. Das neue optische Instrument verbreitete sich rasch in Europa, denn die Idee und der Traum der Verstärkung des Blicks lassen sich zurückdatieren bis ins 13. Jahrhundert, als der englisches Philosoph Roger Bacon sich eine Apparatur zur Vergrößerung der Umwelt wünschte.[20] Als der Mathematiker Galileo Galilei (1564-1642) im Jahre 1609 ein ursprünglich nur zur Landbeobachtung vorgesehenes Lippershey-Teleskop erhielt und sich daraufhin eine eigene, verbesserte Variante dessen baute, sollte dies der Beginn einer ganz neuen Ära der gesamten Astronomie werden. Galileo schaute mit seinem verbesserten Teleskop, das zunächst eine neunfache Vergrößerung, später eine 30-fache erreichte, als erster nach oben in den sternenerleuchteten Nachthimmel. In seinem Buch „Siderius nuncius" (übersetzt: „Die Boten der Sterne", „Sternenbote" oder auch „Nachricht von den Sternen") veröffentlichte er seine Ergebnisse. Er beobachtete den Mond und den Jupiter, später Gaswolken und konnte ein Jahr später die Jupitersatelliten Io, Europa, Kallisto und Ganymed identifizieren, die heute auch als galileische Monde bezeichnet werden:

> „...drei zwar sehr kleine, aber sehr helle Sterne [...], genau auf einer geraden Linie parallel zur Ekliptik [...] und glänzender [...] als andere Sterne gleicher Größe."

---

[19] Heuser (2008), S. 65 und S. 70f
[20] Piper, S. 24

Und später im Text:

> „Jetzt haben wir nämlich nicht nur einen Planeten, der um einen anderen kreist, [...] sondern [...] vier Sterne, die Jupiter umkreisen wie der Mond die Erde, während alle zugleich mit Jupiter in einem Zeitraum von zwölf Jahren einen großen Kreis um die Sonne durchwandern."[21]

Hiernach konnte Galileo endgültig nachweisen, dass auch die Erde einer Umlaufbahn folgt, elliptisch um die Sonne. Er manifestierte mit seinem revolutionären astronomischen Instrument, was Kopernikus und Bruno vor ihm nur vermutet haben: Die Erde ist nur eines von unzähligen kosmischen Objekten. Aristoteles feste Vorstellungen einer universalzentralen Erde wurden endgültig und beweisträchtig widerlegt. Galileo bot Beobachtungen statt Spekulationen. Dennoch sollte es noch Jahrzehnte dauern, bis seine Erkenntnisse flächendeckend akzeptiert wurden.[22] Wie auch Bruno vor ihm, vermutete Galileo, dass es in der Milchstraße viel mehr Sterne geben müsse als bisher angenommen:

> „Die Galaxis ist nämlich nichts anderes als eine Ansammlung zahlloser, haufenförmig angeordneter Sterne."[23]

Galileo gilt heute als einer der bedeutendsten Wissenschaftler der Menschheitsgeschichte, nicht zuletzt, weil er – aufbauend auf der von Kopernikus losgetretenen Revolution des menschlichen Selbstverständnisses – für die klare Definition eines neuen Bewusstseins der Naturwissenschaft gesorgt hat. Teil seines Vermächtnisses ist der große Effekt, den diese Veränderung auf die Imagination der folgenden Generationen gehabt hat.[24]

---

21 Hamel, S. 217
22 Piper, S. 24
23 Hamel, S. 216
24 Guthke, S. 93

Später im Jahr 1609, dem Jahr, als Galileo erstmals gen Himmel blickte, gelang es seinem Zeitgenossen Johannes Kepler (1571-1630) Planetenbahnen sogar zu berechnen und Gesetze daraus abzuleiten. Sein Werk „Astronomia nova", enthält die ersten beiden Gesetze der „Keplerschen Bahnmechanik", die bis heute Gültigkeit besitzen. 1618 folgte „Harmonice munde libri V", in dem er das dritte Gesetz der Planetenbewegung formulierte. Noch heute spielen die drei Keplerschen Gesetze in Zusammenhang mit der Newtonschen Gravitationskonstante bei der Bestimmung der Parameter eines Exoplaneten eine maßgebliche Rolle.[25] Als Kepler ein Jahr später ebenso wie Bruno und Galileo zu dem Schluss kam, dass unsere Sonne nur einer von vielen Sternen ist und auch andere Sterne von Planeten umkreist werden, geriet er erstmals mit dem die Wissenschaft dominierenden Vatikan in Konflikt. Auch Kepler war davon überzeugt, dass es auf anderen Himmelskörpern und Planeten Leben geben müsse, auf dem Mond wie auch auf dem Jupiter.[26]

In der von Kepler veröffentlichten Erzählung „Somnium, seu opus posthumum de astronomia lunari" („Traum oder posthumes Werk über Astronomie des Mondes")[27], die heute als eine der ersten dem Genre Science-Fiction zugehörigen Geschichten bezeichnet werden kann und die erst 1634 nach seinem Tod durch seinen Sohn veröffentlicht wurde, lüftet er die „Geheimnisse des Himmels"[28] und beschreibt sehr detailliert und physikalisch fundiert eine fiktive Reise zum Mond, der von intelligenten, menschenartigen Wesen belebt wird. Seiner Zeit weit voraus war Keplers Überlegung, dass das Leben im Universum zufällig und an jedem anderen Ort im Universum entstehen könne, genauso wie es auf der Erde geschehen ist.[29]

---

25 Vgl. Kapitel 3, Abschnitt 3.1
26 Piper, S. 29f
27 Zaun, S. 17; Heuser (2008), S. 72
28 Guthke, S. 94
29 Michaud, S. 15

Die Übergangsepoche zwischen Mittelalter und Neuzeit, in der Naturwissenschaftler und Philosophen wie Nikolaus von Kues, Nikolaus Kopernikus, Giordano Bruno, Galileo Galilei und Johannes Kepler gewirkt haben, stellt den Beginn des umfassenden Überschreitens irdischer Grenzen dar und festigte für immer den Glauben daran, dass die Erde nur eine von vielen belebten Welten in Universum ist. Hierbei spielte auch immer die Imagination eine große Rolle, einerseits beim Überschreiten physikalischer Grenzen, andererseits bei der Begegnung des Menschen mit extraterrestrischem Leben.[30]

Zahlreiche weitere große Astronomen und Naturphilosophen beschäftigten sich fortan mit Theorien der Pluralität belebter Welten im Universum. Große Bedeutung hierfür hatten die Überlegungen des Optikers, Physikers, Mathematikers und Astronomen Christiaan Huygens (1629-1695), dem Begründer der Wellentheorie des Lichts, der auch einer neuen Generation verbesserter Teleskope den Weg bereitete. 1690 spekulierte Huygeens ebenfalls über außerirdisches Leben und brachte die Philosophie der Pluralität des Lebens als Gegenentwurf zur immer noch sehr dominanten Theologie weit voran.[31] Auch der einflussreiche französische Aufklärer Bernard le Bovier de Fontenelle (1657-1757) stellte in seinem 1686 veröffentlichten Werk „Gespräche über die Vielzahl der Welten" Überlegungen zur Vielzahl bewohnter Planeten an und konnte damit Thesen zur Extraterrestrik einer breiten Leserschaft bekannt machen.[32] Die gesamte astronomische Renaissance ist von einer fortschreitenden Dezentralisierung der Erde geprägt.

Eine frühe Theorie zur Planetenentstehung formulierte Immanuel Kant (1724-1804) im Jahr 1755, der wie viele andere Renaissance-Wissenschaftler Wolken im Andromeda-Sternbild beobachtete. Kant

---

[30] Heuser (2008), S. 55f

[31] Guthke, S. 202

[32] Scholz, S. 331

prägte daraufhin den Begriff des „Inseluniversums" für eine rotierende Gaswolke, die sich aufgrund ihrer eigenen Gravitation zu einer Scheibe verdichtet. Aus einer solchen Scheibe könnten Sonne, Erde und die anderen Planeten des Sonnensystems entstanden sein, schloss Kant. Der französische Mathematiker, Physiker und Astronom Pierre-Simon de Laplace (1749-1827) entwickelte diese Idee weiter: Unser Sonnensystem sei eines von vielen, die alle auf die gleiche Weise entstanden sind.[33] Kant hat ausgiebig über die Existenz und Entstehung von Leben auf anderen Planeten nachgedacht:

> „Indessen sind doch die meisten unter den Planeten gewiss bewohnt, und die es nicht sind, werden es dereinst werden."[34]

Der solare Planet Neptun wurde zwar schon 1612 und 1613 von Galileo beobachtet, doch seine Existenz konnte erst 1846 durch Berechnungen des Franzosen Urbain Le Verrier (1811-1877) endgültig nachgewiesen werden: Aufgrund des Einflusses seiner Gravitation auf seine Umgebung konnte Verrier beweisen, dass Neptun da sein musste. Diese Methode stellte eine astronomische Sensation dar. Heute werden Exoplaneten nicht nur beobachtet, sondern auch aufgrund des gravitatorischen Einflusses auf ihren Mutterstern identifiziert.[35]

Eine entscheidende Weiterentwicklung des Teleskops und seiner Okulare gelang Friedrich Wilhelm Herschel (1738-1822), der mit einer Eigenentwicklung am 13. März 1781 Uranus entdecken konnte. Das Fortschreiten der Teleskoptechnologien diente später auch dem italienischen Astronomen Giovanni Schiaparelli (1835-1910), der besonders aufgrund seiner Beobachtungen von Merkur, Venus und Mars Berühmtheit erlangte. Doch für ebenso viel Aufsehen sorgten seine Beobachtungen der Marsoberfläche im Jahr 1877, die die Grundlage für Schiaparellis Vermutungen zu Leben auf dem roten

---

[33] Ward/Brownlee, S. 323

[34] Hamel, S. 251

[35] Piper, S. 35; Mehr dazu in Kap. 3, Abschn. 3.2

Planeten bildeten. Er entdeckte zunächst zarte Linien auf dem Mars, die er für Flüsse hielt. Im Zuge der Aufmerksamkeit dieser Entdeckung und der daraus folgenden öffentlichen Debatte wurden Flüsse medial zu künstlich angelegten Kanälen umgedichtet, die als Bewässerungssystem einer hochentwickelten, aber bedrohten Zivilisation dienten.[36] Erst 1965, 88 Jahre später, konnte die Mariner-4-Sonde mit ihren Bildern für Klarheit sorgen und das bis dato ungelöste Rätsel über die Marskanäle lösen.

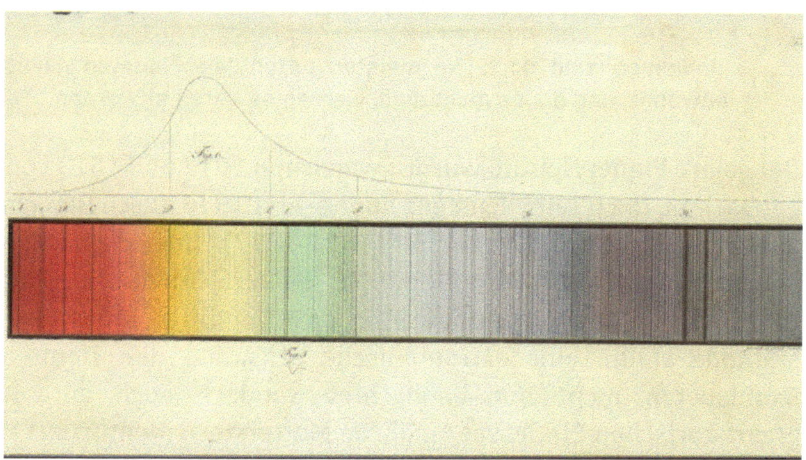

Abbildung 1: Dokumentation der schwarzen Linien im Lichtspektrum von Fraunhofer. Das Auftreten und die Ausprägung der Linien lassen Rückschlüsse auf die chemische Zusammensetzung und Temperatur der Gase eines Sterns zu. (Quelle: Deutsches Museum, München)

---

36 Röhrlich, S. 152; Der ganze „Canali"-Diskurs und seine Entstehung ist ausführlich erläutert in: Baumann, S. 73 ff

Zur Zeit der Aufklärung wurde eine ganze Reihe wissenschaftlicher Entdeckungen gemacht, die fundamental für die heutige Exoplanentensuche sind. Allen voran die Begründung der Spektrometrie und Spektralanalyse 1859, die auf Joseph Fraunhofers (1787-1826) Fraunhofer'sche Linien (Abb. 1) zurückzuführen sind. Hierbei wird das Licht prismatisch in seine Bestandteile zerlegt und anschließend gemessen, was unter anderem Rückschlüsse auf die innere Struktur (z.B. chemische Zusammensetzung) und Temperatur der Lichtquelle, z.B. der Sonne, zulässt. Ebenso spielt die Entdeckung der Parallaxe nach Friedrich Wilhelm Bessel (1784-1846) eine Rolle für die moderne Exoplanetenforschung. Parallaxe ist eine scheinbare Winkelverschiebung von nahen Sternen aufgrund der Bewegung der Erde um die Sonne, die als Grundlage der astronomischen Entfernungsbestimmung von fundamentaler Bedeutung ist. Auch der 1930 von Bernard Ferdinand Lyot (1897-1952) erfundene Coronagraph, mit dem man bei der Beobachtung der Sonne außerhalb einer Sonnenfinsternis erstmals das alles überstrahlende Licht ihrer Corona ausblenden konnte, lieferte entscheidende Grundlagenerkenntnisse.

Die Einführung der adaptiven Optik brachte die Teleskop-Technik auf eine neue Stufe. Störende atmosphärische Einflüsse konnten bei der Beobachtung des Alls fortan teilweise ausgeglichen werden. Im frühen 20. Jahrhundert gebaute riesige neue Teleskope ließen Beobachtungen zu wie nie zuvor. Weitere grundlegende Erkenntnisse und große Fortschritte für die Astronomie sind Edwin Hubble (1889-1953) zu verdanken, der 1929 mit einem neuen 2,5-Meter Teleskop zufällig beobachtete, dass Entfernungen zwischen Kants „Inseluniversen" liegen müssen. Er erkannte, dass die Nebelinseln keine Teile unserer Milchstraße, sondern noch weiter entfernte Objekte sind, bei denen es sich nur um andere Galaxien handeln konnte, die weit verstreut und mit großen Abständen zueinander im Raum verteilt liegen.[37] Hubble entdeckte anhand der Rotverschiebung[38] des Lichtspektrums einzelner Galaxien außerdem, dass sich die meisten Galaxien im Universum von der Milchstraße wegbewegen. Daraus schloss er, dass sich das Universum im Ganzen ausdehnen müsse. Dies passte zu der 1927 erstmals formulierten Urknalltheorie: Etwas, das sich ausdehnt, müsse schließlich auch einen Ursprungspunkt haben.[39]

Innerhalb von 2000 Jahren haben Forscher die Erde und damit den Menschen immer weiter von einem zentralen, kosmischen Standort zu einem einfachen, winzigen und unbedeutenden kleinen Teil eines immer größer werdenden Universums herab trivialisiert; auf eine Umlaufbahn um einen Stern, der einer von Milliarden in einer Galaxie ist, die eine von Milliarden in einem expandierenden Universum ist – vom Geozentrismus, über den Heliozentrismus hin zum Galakto-zentrismus und schließlich zum Kosmozentrismus, beziehungsweise der Idee eines dezentralen Universums.[40]

Die Geschichte der Astronomie und der Extraterrestrik hat das Weltverständnis des Menschen grundlegend verändert. Seit Kopernikus wurden Erde und Mensch mehr und mehr Mittelmaß. Einstein und Darwin verstärkten dies zusätzlich. Der Mensch war nicht mehr Krone der Schöpfung, sondern eine Spezies auf einem an Leben reichen Planeten. Ein Zufallsprodukt natürlicher universaler Kräfte, die möglicherweise auch an anderer Stelle in ähnlicher Weise wirken.[41]

---

[37] Ward/Brownlee, S. 323

[38] Dopplereffekt, vgl. Kap. 3, Abschn. 3.2

[39] Piper, S. 79 f

[40] Heuser (2008), S. 55

[41] Ward/Brownlee, S. 324ff

2.2 SETI-Bemühungen

> The thing to keep in mind is that we're still in the very
> early days when it comes to the search for
> extraterrestrial intelligence. Saying there's a silence
> is a bit like if Columbus, looking to discover a new
> continent, only sailed 10 miles off the coast of Spain
> before turning back to say, ‚Nothing out there!
> *– Seth Shostak, SETI Institute*[42]

Der Glaube an außerirdisches Leben ist ebenso alt wie der nachdenkliche Blick in den Sternenhimmel. Generationen von Astronomen haben ihre Vorstellungen über die Pluralität belebter Welten weitergegeben. Konstant hält sich die Frage nach der Existenz extraterrestrischen Lebens als eines der grundsätzlichsten, ungelösten Rätsel der Wissenschaft, über das sich lange Zeit nur spekulieren ließ. Die Idee, aktiv und systematisch nach Leben im All zu suchen, beziehungsweise Beweise für dessen Existenz zu finden und sogar mit außerirdischem Leben Kontakt aufzunehmen, die weitestgehend als SETI[43] bezeichnet wird, ist dagegen eine verhältnismäßig neue Idee. Doch schon vor der SETI-Ära gab es Vorstellungen zur Überwindung irdischer Grenzen zum Erreichen außerirdischer Nachbar-zivilisationen. Bereits im 19. Jahrhundert äußerte der wegweisende deutsche Astronom, Physiker und Mathematiker Carl Friedrich Gauß (1777-1855) den Vorschlag, in der sibirischen Steppe riesige geometrische Figuren in der Gräser-Vegetation landschaftsbaulich zu gestalten, um mögliche Mondbewohner auf das irdische Leben aufmerksam zu machen. Gauß soll ebenfalls erklärt haben, dass eine Kontaktaufnahme mit Mond- oder Marsmenschen für ihn von größerer Bedeutung wäre als die Entdeckung Amerikas.[44] Der amerikanische

---

[42] Vgl. Kap. 7, Abschn. 7.7.2

[43] Eine Abkürzung für englisch „Search for ExtraTerrestrial Intelligence"

[44] Zaun, S. 23

Raketentechnikpionier Robert Goddard (1882-1945) vertrat wie viele vor ihm die Ansicht, dass es viele weitere erdähnliche Planeten im All gäbe, auf denen folglich auch menschenähnliche Wesen existieren müssten. Goddard wies darauf hin, dass die Menschheit aktiv nach diesen suchen sollte. Auch der progressive Physiker Nikola Tesla (1856-1943) glaubte an die Existenz außerirdischer Intelligenz und war der Überzeugung während eines Experiments im Jahr 1899 die erste Nachricht einer extraterrestrischen Zivilisation empfangen zu haben.[45] Zahlreiche weitere namhafte Wissenschaftler haben sich im 19. und frühen 20. Jahrhundert mit der Idee der Kommunikation mit außerirdischen Intelligenzen auseinander gesetzt. Der Großteil aller Schriften, die sich vor 1916 in irgendeiner Weise mit dem Thema „Leben im All" auseinandersetzen, ist in der ersten Hälfte des 19. Jahrhunderts entstanden und behandelt überwiegend die mögliche Existenz von Mond- oder Marsbewohnern.[46] Nach den großen und grundlegenden astronomischen Entdeckungen des frühen 20. Jahrhunderts[47] wurde die Frage nach der Existenz hochentwickelter außerirdischer Zivilisationen mehr und mehr diskutiert. Einen seiner Höhepunkte erreichte dieser seriös geführte Diskurs weltweit in den 1960er Jahren, der Dekade, die den Beginn der wissenschaftlichen Suche nach extraterrestrischer Intelligenz mit Hilfe der Radioastronomie, die als SETI Geschichte schreiben sollte, markiert.

Bereits 1909 hatte der amerikanische Astronom David Peck Todd (1855-1939) den Gedanken, dass außerirdische Zivilisationen ebenso wie die Menschen Radiosignale erzeugen könnten, die man mit etwas Glück auch hören können müsste. Er wollte mit Forschungsballons, die sensible Radioempfangsgeräte in große Höhe transportieren sollten, extraterrestrische Radiosignale entdecken. Todd fand jedoch nie einen

---

45 Piper, S. 198; Detailliert nachzulesen in: Zaun, S. 28-30

46 Zaun, S. 22

47 Vgl. Abschn. 2.1

zahlungsbereiten Sponsor für seine Idee.[48] Einer der Pioniere der Radioastronomie war der Physiker und Radioingenieur Karl Jansky (1905-1950), der Anfang der 1930er Jahre damit beauftragt war, atmosphärische Störungen und andere Störquellen im irdischen Radiobereich zu untersuchen. Bei seinen Messungen stieß Jansky 1931 auf sehr starke Geräusche bei einer Wellenlänge von 14,60 Meter, die nicht von der Erde stammen konnten. Nachdem man die Sonne als mögliche Quelle ausschließen konnte, wurde Jansky bewusst, dass das vernommene Knistern von entfernteren Sternen, vielleicht sogar aus dem Zentrum der Milchstraße herrühren musste. Janskys Entdeckungen bildeten das Fundament der Radioastronomie und damit die technische Grundlage für die ersten Versuche, außerirdische Zivilisationen radioastronomisch aufzuspüren.[49] Der erste Wissenschaftler, der mit dieser Technik schließlich systematisch, ambitioniert und kostspielig nach extraterrestrischen Radiosignalen suchen konnte, war der Astronom und Astrophysiker Frank Drake von der Cornell University im US-Bundesstaat New York – neben Harward, Yale und Princeton eine der renommiertesten Universitäten der Welt – der als erster SETI-Forscher in die Geschichte eingehen sollte und heute eine Ikone der Suche nach extraterrestrischer Intelligenz ist. Statt mit Raumschiffen oder Sonden nach Leben im All zu suchen, griff er im Alter von 26 Jahren als Doktorand Janskys Grundlagen auf und schlug vor, mit großen Radioteleskopen nach außerirdischen Signalen beziehungsweise Auffälligkeiten zu horchen.[50] Drakes folgende Forschung markiert den Beginn der wissenschaftlichen Suche nach Leben im All.

Auch der renommierte Physiker Philipp Morrison (1915-2005), der in den 1940er Jahren unter anderem am Manhattan-Projekt beteiligt war, plädierte dafür, mit Radioteleskopen nach ungewöhnlichen

---

48 Zaun, S. 32

49 Zaun, S. 35f

50 Zaun, S. 37ff

Radiosignalen aus dem Weltraum zu horchen. Zusammen mit Giuseppe Cocconi (1914-2008), einem italienischen Elementarteilchenphysiker, der 1947 den Ursprung kosmischer Strahlung nachwies, formulierte er 1959 einen wegweisenden Artikel mit dem Titel „Suche nach interstellarer Kommunikation" für die wissenschaftliche Zeitschrift Nature. Auf Morrison geht der vielfach verwendete Begriff SETI zurück.[51]

Seine Hauptmotivation schilderte er folgendermaßen:

> „Die Erfolgswahrscheinlichkeit ist schwer einzuschätzen; aber wenn wir niemals suchen, ist die Chance auf Erfolg gleich null."[52]

Frank Drake, der schon im Rahmen seiner Dissertation 1956 über auffällige Radiosignale gestolpert war und diesen als Radioastronom ab 1958 weiter nachspürte, begründete schließlich 1959 das Projekt „Ozma"[53]. Hierbei sollte mit einem Radioteleskop des Green-Bank-Observatoriums in West Virginia im All zunächst nach auffälligen Signalen gesucht werden. Am 8. April 1960 begann die Suche mit dem Fokus auf den 11,9 Lichtjahre entfernten sonnenähnlichen Stern Tau Ceti im Sternbild Walfisch[54], ohne verzeichneten Erfolg, dafür mit einer Menge von irrtümlicherweise als extraterrestrische Signale identifizierten Radiowellen. Nach wenigen Monaten wurde das Projekt wieder beendet. Das Horchen in den Weltraum via Radioteleskop ist rein technisch eine eher schwierige Angelegenheit. Zum einen muss exakt dieselbe Frequenz abgehorcht werden, die potentielle Sender ebenfalls verwenden, zum anderen gibt es vielfältige Störungen der

---

[51] Erst 1977 im Rahmen einer Reihe von Workshops zum Thema „interstellare Kommunikation", bei der Morrison Vorsitzender war, wurde der Begriff SETI geprägt. (Michaud, S. 38)

[52] Zaun, S. 9

[53] Benannt nach einer Prinzessin aus der Welt von „Der Zauberer von Oz", die zahlreiche Figuren der Außenwelt eingeladen hat, mit ihr im Land „Oz" zu leben.

[54] Piper, S. 200

Radiosignale, die z.B. durch Strahlung (z.B. durch Pulsare oder Gamma Ray Bursts[55]) auftreten. Hinzu kommt, dass Radiowellen sich im Vakuum des Alls zwar geradlinig ausbreiten, dieses jedoch voller Magnetfelder, Gas- und Staubpartikel ist, wodurch sie absorbiert, reflektiert oder gebeugt werden können. Dies führt zu Täuschungen. Auch wirtschaftlich ist SETI eine schwierige Sache, denn vielfach wurden beispielsweise in den USA staatliche SETI-Programme aufgrund ausbleibender Ergebnisse finanziell gekippt.[56]

Im Anschluss an Projekt Ozma, jenes erste SETI-Experiment, fand 1961 eine erste SETI-Konferenz statt, die als Green-Bank-Konferenz in die Geschichte eingehen sollte, an der unter anderem auch Philipp Morrison, Gioseppe Cocconi und der berühmte und wegweisende amerikanische Astronom und Pulitzer-Preisträger Carl Sagan (1934-1996) teilnahmen. Hier stellte Frank Drake seine berühmte Formel zur Abschätzung der Menge existierender extraterrestrischer Zivilisationen, mit denen wir in Kontakt treten können, vor, die bis heute weitreichend diskutiert und variiert wurde. In Kapitel 4, Abschnitt 4.3, dieser Arbeit wird die „Drake-Formel", „Drake-Gleichung" oder auch „Green-Bank-Gleichung"[57] genauer betrachtet. Eine Motivation zur Aufstellung der Formel war das Fermi-Paradoxon. Nachdem man in den 1940er Jahren noch überall im Universum außerirdisches Leben und hochentwickelte Zivilisationen vermutete, nahm der italienische Kernphysiker und Physik-Nobelpreisträger Enrico Fermi diesem extraterrestrischen Enthusiasmus 1950 den Wind aus den Segeln. Auf ihn geht die Aussage zurück:

---

[55] GRBs, dt. Gammablitze. Sie können durch das Kollabieren massiver Sterne oder den Zusammenschluss von Neutronensternen ausgelöst werden, gehören zu den stärksten Energiequellen im Universum und können im gesamten Universum beobachtet werden. Alle paar hundert Jahre kann ein solches Ereignis von der Erde aus betrachtet werden. (Michaud, S. 45)

[56] Piper, S. 201-202

[57] Zaun, S. 64

„Wenn es überall Außerirdische gibt, wo sind sie dann?"[58]

Er wies damit auf einen bestehenden Widerspruch bei der Frage nach der Existenz extraterrestrischen Lebens hin: Bis zum heutigen Tag sind weder außerirdische Sonden noch Raumschiffe gefunden wurden, noch extraterrestrische Nachrichten oder Lichtemissionen empfangen wurden – obwohl Leben doch überall entstanden sein mag. So schlicht und simpel wie Fermis provokative Frage auch ist, so tiefgreifend hat sie die SETI-Forschung bis heute zum Nachdenken angeregt.[59] Mögliche Erklärungen des Fermi-Paradoxons werden in Kapitel 7, Abschnitt 7.1.4, behandelt. In Green Bank wurde 1961 die Existenz außerirdischer Intelligenz seriös und in großem Rahmen diskutiert.[60] Namhafte Wissenschaftler gaben auf Basis der Formel ihre Einschätzungen ab und boten Lösungsvorschläge für das Fermi-Paradoxon.[61]

Die SETI-Idee weitergedacht hat Carl Sagan, der zu Lebzeiten eine Mainstream-Ikone der Astronomie und führende Kraft der SETI-Bewegung war. Sagan war maßgeblich an den mit der Sonde Mariner 9 durchgeführten Untersuchungen des Mars beteiligt und wies als einer der ersten SETI-Forscher darauf hin, dass eine mögliche außerirdische Zivilisation uns womöglich technisch Millionen oder sogar Milliarden von Jahren voraus sein könnte, da die Sonne ein vergleichsweise junger Stern ist. Eine Kommunikation mit Radiowellen schien ihm unpassend für eine so fortschrittliche Zivilisation. Auch könnten deren Signale effizienter und deswegen verschlüsselt oder stark reduziert sein – und

---

[58] Piper, S. 214

[59] Röhrlich, S. 150

[60] Röhrlich, S. 150f

[61] Carl Sagan über die Green-Bank-Konferrenz: „Es war wunderbar. All diese guten Wissenschaftler verdeutlichten, dass es keineswegs Unsinn war, sich über das Thema Gedanken zu machen. [...] die Tatsache, dass sie kamen, belegte, dass sie das Ganze nicht für ausgemachten Humbug hielten. [...] Es war wie eine 180-Grad-Wende von diesem dunklen und peinlichen Geheimnis." (Zaun, S. 96)

damit schwerer zu entdecken.[62] Carl Sagen verhalf SETI zu breitem Voranschreiten und großer massenmedialer Popularität. Durch fortwährende und zahlreiche Schriften, Interviews und TV-Auftritte verbreitete er die Botschaft von SETI weltweit, weshalb er von konventionelleren Wissenschaftlern stark kritisiert wurde.[63] Auch außerhalb der USA fanden bald Konferenzen zum Thema „Extraterrestrisches Leben" statt, beispielsweise die sowjetisch-amerikanische Tagung zur Kommunikation mit extraterrestrischen Intelligenzen im September 1971 in Armenien, mitten im kalten Krieg.[64]

In den 1970er Jahren wurden schließlich nicht nur Versuche unternommen extraterrestrische Botschaften zu empfangen, sondern auch selbst mit möglichen außerirdischen Zivilisationen in Kontakt zu treten. Heute wird dies als „Active SETI" oder METI („Messaging Extra Terrestrial Intelligence") bezeichnet.[65] Carl Sagan war maßgeblich daran beteiligt, dass die Sonden Pioneer 10 und 11 in den Jahren 1972 und 1973 mit jeweils einer Botschaft für außerirdische Zivilisationen ausgestattet wurden. Zusammen mit Frank Drake entwarf Sagan goldbeschichtete Aluminiumplatten, auf denen neben den menschlichen Silhouetten beider Geschlechter, der kodierten Position der Sonne unter anderem auch eine Darstellung des Sonnensystems mit Start- und Austrittspunkt der Sonden schematisch abgebildet ist (Abb. 2).

---

[62] Piper, S. 201

[63] Michaud, S. 39

[64] Zaun, S. 96

[65] Der russische Radio-Ingenieur, Astronom und Seti-Forscher Aleksandr Leonidovich Zaitsev unterscheidet dies beides folgendermaßen: „Im Gegensatz zu ‚Active Seti' verfolgt Meti nicht eine lokale, sondern eine mehr globale Ansicht – nämlich das große Schweigen im Universum zu überwinden und den außerirdischen Nachbarn die lange erwartete Botschaft zu verkünden: Ihr seid nicht allein!" Nach Zaitsev beinhaltet METI das Entsenden von Nachrichten an erdnahe Sternsysteme, wohingegen Active SETI sich auch an weit entfernte Sternensysteme richtet. (Zaun, S. 245)

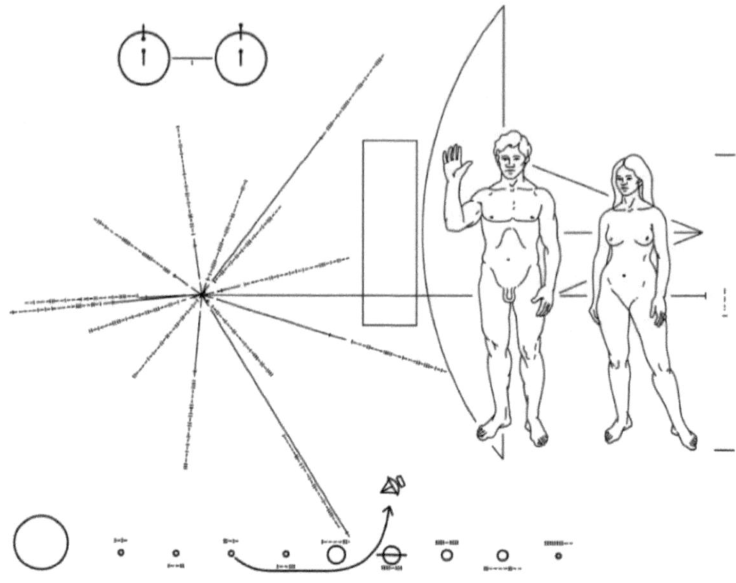

Abbildung 2: Auf den 23 x 15 x 0,1 cm großen Plaketten der Pioneer-Sonden 10 und 11 dargestellte Schemata. (Quelle: Nasa)

1974 war Frank Drake für das Senden einer binär verfassten Botschaft an Außerirdische in Form eines Piktogramms verantwortlich, die mit dem leistungsstarken Arecibo-Teleskop in Puerto Rico tief ins All gesendet wurde. Die Nachricht, auch bekannt als „Drake'sches Kosmogramm"[66] bestand aus 1679 Bits, die sich verteilt auf 73 Reihen zu je 23 Zeichen (Primfaktoren) zu einem Bild zusammensetzen ließen. Dargestellt wurden unter anderem das Zahlensystem, wichtige chemische Elemente, die Grundbausteine des irdischen Lebens und der DNA und Informationen über den Menschen und das Sonnensystem. Die Nachricht wurde in den zu diesem Zeitpunkt 25.000 Lichtjahre entfernten Kugelsternhaufen M13 im Sternbild Herkules, bestehend aus 300.000 Sternen, gesendet. Erfolgversprechend war dieses Signal nicht. Vielmehr war es als eine Art PR-Maßnahme initiiert worden, um

---

[66] Dorschner, S. 126

das nach umfangreichen Instandsetzungsmaßnahmen wiederbelebte Radioobservatorium zu feiern.[67] Mit einer Antwort ist aufgrund der großen Entfernung zu einem möglichen Empfänger erst in mehr als 52.000 Jahren zu rechnen.[68] Es wird heute außerdem als wahrscheinlich erachtet, dass die Nachricht ihr Ziel aufgrund eines Rechenfehlers nicht wie ursprünglich geplant erreichen wird.[69]

Auf Vorschlag eines Forscherteams um Carl Sagan, Philipp Morrison und Frank Drake, aber auch der Science-Fiction-Autoren Isaac Asimov, Arthur C. Clarke und Robert A. Heinlein, wurden 1977 nach dem Vorbild der Pioneer-Plaketten auch die gestarteten Sonden Voyager 1 und 2 mit einer Botschaft an Außerirdische in Form von vergoldeten Daten-Schallplatten versehen, die neben 115 gespeicherten Bildern der Erde auch Audiodaten enthalten, die Geräusche, Sprachen und Musik aus der ganzen Welt umfassen (Abb. 3).[70]

Auf der Oberfläche der Scheiben ist zusätzlich eine Art codierte Gebrauchsanweisung abgebildet, die von einer hochentwickelten Zivilisation entschlüsselbar sein sollte. Die Lebensdauer dieser Platten wird auf 500 Millionen Jahre geschätzt. Auch wenn es die Menschheit irgendwann nicht mehr geben wird, werden diese Platten lange Zeit Zeugnis über die Existenz des Menschen ablegen können, sofern die Sonden nicht einem kosmischen Unfall zum Opfer fallen.

---

[67] Im Rahmen der ausgelassenen Wiederbelebungsfeier wurde die Nachricht erdacht und schließlich gesendet. (Zaun, S. 44-51)

[68] Piper, S. 202

[69] Zaun, S. 254

[70] Kritisiert wurden die Inhalte der Scheiben als „unehrlich", da sie ein einseitiges, positiv-beschönigendes Bild der Menschen zeigen, das die Schattenseiten der menschlichen Kultur ausblendet.

Abbildung 3: NASA-Fotografie einer der beiden identischen Voyager-Sonden von 1977. Die „Voyager Golden Record" ist an der Außenhülle angebracht erkennbar. (Quelle: NASA)

Ende Juli 2012 hat Voyager 1 als erstes menschliches Artefakt überhaupt das Sonnensystem verlassen und befindet sich heute ca. 20.630.000 km (ca. 138 AU) von der Erde entfernt.[71] All diese Active-SETI-Botschaften verraten viel über die Existenz des Menschen und dessen Lebensraum und Standort, sofern sie entschlüsselt werden können. „Active SETI" birgt daher nach Ansicht einiger namhafter Wissenschaftler auch Risiken.[72]

Trotz ausbleibender Ergebnisse gingen die Projekte und Bemühungen der Suche nach extraterrestrischer Intelligenz weiter. Carl Sagan, der Planetenforscher Bruce Murray und der Astronaut Louis Friedman gründeten 1980 die renommierte Planetary Society, eine NGO, die die Erforschung des Sonnensystems und die Suche nach Leben im All

---

[71] Quelle: http://voyager.jpl.nasa.gov/where/index.html (Stand 20.12.2016, 13 Uhr) – abgerufen zuletzt am 20.12.2016; Die Sonden Pioneer 10 und 11 sowie Voyager 1 und 2 befinden sich als einzige von Menschen hergestellte Objekte außerhalb der Planetenbahnen. Quelle: http://www.dlr.de/next/desktopdefault.aspx/tabid-6596/10819_read-24426/ - abgerufen zuletzt am 20.12.2016

[72] Mehr dazu in Kap. 7, Abschn. 7.2

vorantreiben möchte. 1984 wurde das privat finanzierte SETI Institute gegründet.[73] Viele universitäre Einrichtungen, speziell in den USA, trieben SETI in den 1980er Jahren voran und starteten eigene Projekte. Die Nutzung von Radioteleskopen für SETI-Zwecke wurde weltweit ausgeweitet. In den 1990er Jahren wurde SETI nach großen Bemühungen der Befürworter, allen voran Carl Sagan, ein offizielles NASA-Projekt und mit einem Budget von 100 Millionen Dollar bis 2001 ausgestattet. Den Höhepunkt dieser Phase bildet das 1992 ins Leben gerufene NASA Projekt „MOP" (Microwave Observing Program), später HRMS (High Resolution Microwave Survey), bei dem ca. 1000 sonnenähnliche Sterne innerhalb einer Distanz von 100 Lichtjahren nach Signalen außerirdischer Zivilisationen abgesucht wurden. Das MOP stützte sich größtenteils auf effiziente neue Computertechnologien, wurde jedoch schon 1993 wieder eingestellt, weil der US-Kongress aufgrund fehlender Ergebnisse weitere Finanzierungen versagte. Schon Mitte der 1990er Jahre wurde SETI daher größtenteils privat getragen, von der kleinen, idealistischen sozialen Bewegung, zu der SETI geworden war, die immer noch euphorische Hoffnungen in ihre Arbeit setzte.[74] Nennenswert ist hier das 1995 vom SETI Institute gestartete Projekt Phoenix, bei dem bis ins Jahr 2004 710 sonnenähnliche Sterne in bis zu 200 Lichtjahren Distanz radioastronomisch abgehört wurden – ebenfalls ohne Ergebnis, obwohl Projekt Phoenix als das bis dato feinste Abhörprogramm der gesamten SETI-Geschichte gilt.[75] Privat finanziert und unabhängig weiter geführt werden SETI-Projekte bis heute. Die Initiative „SETI @ Home" beispielsweise ist ein von der Planetary Society seit 1999 unterstütztes Programm zur Auswertung gesammelter Datenmengen des Arecibo-

---

[73] Michaud, S. 40; Hauptsponsoren sind z.B. Wirtschaftsgrößen wie William Hewlett und David Packard (Hewlett & Packard), Paul Allen von Microsoft oder Gordon Moore von Intel.

[74] Michaud, S. 39f

[75] Michaud, S. 40; Ausführlich beschreibt Harald Zaun die Entwicklung und Abhörmethode des Projekt Phoenix: Zaun, S. 56-61

Teleskops über das Internet. Prinzipiell jeder mit dem Internet verbundene Computer kann sich bei SETI @ Home anmelden und mit seiner privaten Rechenleistung zur kollektiven Auswertung der gesammelten Daten beitragen. Seit 2005 läuft das Projekt unter dem Namen BOINC. Bislang sind 5,4 Millionen Nutzer aus 230 Ländern registriert. Erfolge konnten auch hierdurch bisher nicht verzeichnet werden.[76]

Ob SETI eines Tages tatsächlich auf Signale extraterrestrischer Zivilisationen stößt, lässt sich nicht sagen. Ebenso wenig lässt sich diese Möglichkeit aber ausschließen, seien die offensichtlichen Chancen auch noch so gering. Der Versuch ein künstliches, außerirdisches Signal aufzufangen, das Signalen der Erde gleicht, von daher extrem schmalbandig (wenige Millimeter bis Zentimeter) und hochfrequent (im Gigahertz-Bereich) und aufgrund der großen Distanzen im All sehr schwach wäre, lässt sich leicht mit der sprichwörtlichen Suche nach der Nadel im Heuhaufen vergleichen. Noch sinnbildlich-treffender ist wohl ein Vergleich mit den Erfolgschancen bei der Suche eines Tropfens Tinte im Atlantischen Ozean.[77] Der Optimismus der SETI-Forscher bleibt davon unbeeindruckt. Frank Drake schrieb 1992 über SETI:

> „[...] die größte Entdeckung ist nicht einfach zu machen. Wenn es bei SETI je Pessimisten gab, dann gibt es sie heute sicher nicht mehr."

Außerdem:

> „[...] das Entdecken einer Zivilisation wird beweisen, daß es noch viele andere gibt, die wir finden können. Ich bezweifle nicht, daß es geschehen wird. Meine Frage ist nur wann? Die Stille, die wir

---

76 Zaun, S. 110

77 Wabbel, S. 55

32

> bislang erfahren haben, ist keineswegs bedeutsam. Immer noch
> haben wir nicht lange genug oder intensiv genug gesucht."[78]

Carl Sagan, einer der größten Optimisten der Extraterrestrik, vertrat die Meinung, dass das Werkzeug der Radioastronomie auch dazu genutzt werden müsste, um nach Signalen zu suchen, sei es auch noch so schwierig. Sagan schrieb 1973:

> „Ich bin indes der Meinung, daß wir einiges dazu tun können, um die Wahrscheinlichkeit eines Erfolges zu vergrößern, und daß das normale Verfahren der Radioastronomie doch nicht ganz dasselbe ist wie eine gezielte Suche [...]."[79]

Als bisher größter Erfolg der SETI-Bemühungen seit 1961 ist lediglich ein auffälliges und bis heute ungeklärtes Signal zu verzeichnen, das als „Wow!"-Signal in die Geschichte einging. Dieser Name bezieht sich auf die Notiz des Astrophysikers Jerry Ehman, der das Wort „Wow!" auf einen Signalausdruck des „Big Ear"-Radioteleskops der Ohio State University neben einen auffälligen Signalwert handschriftlich notierte. Auffallend war, dass das im August 1977 eingefangene Signal 30 mal stärker als das übliche Hintergrundrauschen auftrat, also sehr intensiv. Es war zudem schmalbandig, wohingegen alle gängigen empfangenen Signale, z.B. von Quasaren (den Kernen von Galaxien) breitbandig sind. Eine weitere Besonderheit war, dass es 72 Sekunden lang konstant empfangen wurde, wohingegen ein mit dem „Big Ear"-Teleskop empfangenes Signal in der Regel nach 36 Sekunden seinen Höhepunkt erreicht und abfällt. Das Wow!-Signal wurde und ist bis heute ein exzellenter Kandidat für einen künstlichen Ursprung. Bis heute konnte es, trotz folgender, intensiver Messungen, nicht wieder eingefangen werden. Zahlreiche mögliche Fehlerquellen wurden untersucht, doch nach wie vor muss der Ursprung des Signals als ungeklärt bezeichnet werden.

---

[78] Drake/Sobel, S. 336f
[79] Sagan/Agel, S. 204

Inzwischen werden für SETI Radioteleskope eingesetzt, die Millionen von Kanälen gleichzeitig überwachen können. Die Suche nach extraterrestrischer Intelligenz, als OSETI (Optical Search for Extraterrestrial Intelligence) wird auch im optischen Bereich vorangetrieben. Ausschau gehalten wird nach künstlichen Lichtemissionen, z.B. durch Laser. Auch mit Hilfe moderner optischer Teleskope und deren Spektrometern werden bahnbrechende Erkenntnisse für SETI gemacht. Doch völlig neue Perspektiven für SETI bietet die Exoplanetenforschung, die neue Antworten und Untersuchungsgegenstände liefert und in Zukunft wichtige Erkenntnisse für die Suche nach außerirdischem Leben bringen wird.

3 DIE MODERNE EXOPLANETENFORSCHUNG

There are innumerable worlds of different sizes. In some there is neither sun nor moon, in others they are larger than in ours and others have more than one. These worlds are at irregular distances, more in one direction and less in another, and some are flourishing, others declining. Here they come into being, there they die, and they are destroyed by collision with one another. Some of the worlds have no animal or vegetable life nor any water.

– Democritus, 4. Jh. v. Chr.

Überlegungen zu anderen Planeten im Universum, zu belebten Welten, ähnlich der Erde, sind seit der frühesten Wissenschaftsgeschichte präsent. Zahlreiche wichtige Denker und wissenschaftliche Pioniere waren von einer Pluralität der Welten überzeugt. Die zweifelsfreie Identifikation des ersten Exoplaneten geschah jedoch erst in der jüngsten Geschichte – je nach Interpretation 1992 oder 1995 – und stellt ebenso einen Meilenstein wie einen Umbruch in diesem uralten Diskurs dar. Denn all den Vermutungen vergangener Zeiten liegen heute handfeste, wissenschaftliche Erkenntnisse zugrunde: Im Universum existieren tatsächlich unzählige Planeten, die eine überraschende Vielschichtigkeit aufweisen. Inzwischen sind tausende Planeten jenseits der Sonne entdeckt und bestätigt worden. Führende Wissenschaftler auf dem Gebiet der Exoplanetenforschung sprechen von einer goldenen Ära der Planetenentdeckungen. Führt man sich nun die unfassbare Menge der im Universum befindlichen Sternen und möglichen Exoplaneten vor Augen[80], scheint es nur eine Frage der Zeit – und des technologischen Fortschritts – bis Spuren von Leben, ob mikrobiotisch oder sogar hoch entwickelt, gefunden werden. Die Fragen, ob wir allein im All sind und ob es irgendwo eine oder mehrere andere Erden gibt, Grundfragen der Exoplanetenforschung, müssen seit Mitte der 1990er Jahre neu gestellt werden.

In diesem Kapitel wird vorab die Geschichte der ersten Exoplanetenentdeckungen dargestellt, bevor die Methoden der Planetenjäger und anschließend deren wichtigste Instrumente erklärt werden, eine neue Generation hochempfindlicher Observatorien, die leistungsstark vom Erdboden oder besonders effektiv direkt im Weltraum operieren. Teleskope wie Hubble oder Kepler haben nicht nur unser Verständnis vom Universum revolutioniert und verfeinert, sondern sind maßgeblich und wegweisend für die Entdeckung und Charakterisierung von Exoplaneten verantwortlich und sorgen dafür, dass die Spekulationen von einst durch Erkenntnisse ersetzt werden

---

[80] Vgl. Kap. 1

können. Die relativ junge Disziplin der Exoplanetenforschung setzt sich jedoch nicht nur mit der Suche und Identifikation von Exoplaneten im Raum auseinander, sondern auch mit deren Entstehung und Struktur (Atmosphäre, Magnetfeld, Strahlung, Plattentektonik, Vulkanismus, usw.). Die Suche nach Leben und lebensfreundlichen Orten im All ist dabei eine Hauptmotivation der Forschung.

Zunächst gilt es aber festzulegen, wie „Planet" definiert ist, denn hierüber bestand lange Zeit Uneinigkeit. Erst im Zuge eines 2006 in Prag abgehaltenen Treffens der Generalversammlung der Internationalen Astronomischen Union (IAU) wurde einig festgelegt, dass ein sich im All bewegendes Objekt mehrere Bedingungen erfüllen muss, um als Planet bezeichnet werden zu können. Zunächst muss ein Planet um einen Stern kreisen, ferner über eine bestimmte Mindestmasse verfügen und letztlich eine annähernd runde Form haben. Darüber hinaus muss ein Planet die Umgebung seiner Umlaufbahn von anderen Objekten „bereinigt" haben. Im Zuge dieser Debatte verlor auch der damals noch neunte Planet unseres Sonnensystems, Pluto, seinen Planetenstatus, da der letzte Punkt nicht auf ihn zutrifft.[81] Eine Untergrenze wurde somit definiert, die Obergrenze bleibt weiterhin nur grob umrissen. Zahlreiche Himmelskörper lassen sich nicht eindeutig zuordnen. Schwierig wird dies bei außergewöhnlich massereichen, jupiterähnlichen Planeten und leichtgewichtigen, kleinen Sternen, sogenannten „Braunen Zwergen", auch genannt „verhinderte" Sterne („failed stars"), die zwar mindestens 10 bis 15 Jupitermassen haben können, aber dennoch zu klein sind, um in ihrem Innern die Fusionsprozesse eines schwereren Sterns zu beherbergen. Zu klären ist also, ab welcher Größe ein Planet als Stern zu bezeichnen ist, beziehungsweise wann ein Stern zu den Planeten

---

[81] Pluto wurde nach einer Abstimmung als Zwergplanet klassifiziert, ebenso wie Ceres im Asteroidengürtel und die hinter Neptun befindlichen und Pluto in ihrer Größe und Form ähnelnden Objekte Charon und Eris.

zählen muss.[82] Braune Zwerge werden daher auch als extrasolare Objekte planetarer Masse bezeichnet.

Unter Exoplaneten oder auch extrasolaren Planeten versteht man darauf aufbauend Planeten, die um einen anderen Stern als unsere Sonne kreisen. Ein extragalaktischer Planet ist demnach ein Exoplanet, dessen Position sich außerhalb der Milchstraße befindet. Üblicherweise werden die Planeten eines Sterns in der Reihenfolge ihrer Entdeckung durchnummeriert, angefangen beim kleinen Buchstaben „b" hinter dem Namen des Muttersterns. Erwähnenswert ist sicherlich auch die Tatsache, dass es als „Planemo" bezeichnete, planetenähnliche Objekte gibt, die ohne Sternenbindung durchs All wandern. Diese werden daher auch als „Waisenplaneten" bezeichnet. Womöglich handelt es sich hierbei um ehemalige Planeten, die aus einem Sternensystem herauskatapultiert wurden, wobei bei diesen ausgeschlossen werden muss, dass es sich um Braune Zwerge handelt.[83] Planemos werden in dieser Arbeit, aufgrund ihrer fehlenden Sternumlaufbahn, einem grundlegenden Kriterium für Lebensfreundlichkeit, nicht weiter betrachtet.

---

[82] Piper, S. 97-100; Vgl. Abschn. 3.3.3
[83] Piper, S. 39-41

3.1 Erste Exoplanetenentdeckungen

Die Geschichte der ersten Exoplanetenentdeckungen beginnt schon im Jahr 1855, als Captain W. S. Jacob vom East Indian Observatory in Madras Anomalien um den Doppelstern 70 Ophiuchi auf die Existenz eines extrasolaren Planeten zurückführen wollte. 1963 war es der niederländisch-amerikanische Astronom Peter van de Kamp von der Sproul-Sternwarte in Philadelphia, der meinte einen neuen Planeten aufgrund periodischer Positionsschwankungen des Roten Zwergs Barnards Pfeilstern (auch: Munich 15040) entdeckt zu haben.[84] Vielversprechend waren auch die jahrelangen Untersuchungen des Kanadiers Gordon Walker, der aufgrund einer präzisen Untersuchung der Radialgeschwindigkeiten des Lichts sonnenähnlicher Sterne Rückschlüsse auf die Existenz jupiterähnlicher Planeten ziehen wollte.[85] Walkers Spur und die von ihm angewendete Methode sollten sich später als sehr ergiebig erweisen, dazu mehr im nachfolgenden Abschnitt. Nach den Ergebnissen und methodischen Entwicklungen der bis dahin erfolglosen Planetenjäger gilt auch der Astronom Otto von Struve als Wegbereiter für die heutigen tatsächlichen Entdeckungen. Struve formulierte und popularisierte in den 1950er Jahren die Idee, jupiterähnliche Planeten aufgrund ihrer Radialgeschwindigkeitssignatur auszumachen.

Den ersten nachweislich real existierenden extrasolaren Planeten entdeckte schließlich 1992 der polnische Astronom Aleksander Wolszczan von der Pennsylvania State University durch einen Zufall. Zusammen mit Dale Frail stolperte er bei der Untersuchung des seltenen und damals schwer zu findenden Pulsar-Sterns Lich (auch: PSR 1257+12) über ein unerklärliches im Raum befindliches Objekt. Zunächst ging man von einer Doppelstern-Formation aus, doch

---

84 Weder um 70 Ophiuchi, noch um Munich 15040 konnte bis heute ein Exoplanet bestätigt werden.

85 Piper, S.41f

erkannte bald, dass der Einfluss des kreisenden Objekts auf den Pulsar im Falle eines zweiten Sterns viel größer sein müsse. Nur ein Planet, der etwa erdgroß sein musste, konnte dahinter stecken.[86] Erst in den folgenden Jahren konnten in diesem System schließlich tatsächlich drei Planeten bestätigt werden: Draugr, Poltergeist und Phobetor.

Wirkliche mediale und populäre Aufmerksamkeit bekamen aber erst die sensationellen Entdeckungen der ersten Exoplaneten um Sterne, die unserer Sonne ähneln. Der erste entdeckte Planet dieser Gruppe war Pegasi 51 b (auch genannt Dimidium oder Bellerophon), der den Stern Pegasi 51, auch bezeichnet als Helvetios, im Sternbild Pegasus umkreist und fälschlicherweise häufig als der erste jemals entdeckte Exoplanet bezeichnet wird. Mithilfe einer neuen, computergestützten und dadurch extrem schnellen und präzisen Technik zur Bestimmung der Radialgeschwindigkeit entdeckten die Schweizer Forscher Michel Mayor und Didier Queloz 1995 Abweichungen im Lichtspektrum von Pegasi 51, die auf einen planetaren Begleiter hinweisen mussten. Durch verschiedene Messungen konnte ausgeschlossen werden, dass Pegasi 51 ein Pulsar ist, dessen Abweichungen ganz natürlichen Ursprungs wären. Ein Planet musste an dem Stern zerren und dadurch seine Lichtsignatur beeinflussen. Nach enormem Aufruhr in der Wissenschaftswelt und mehrfachem Nachrechnen war man sich einig: Pegasi 51 b existiert tatsächlich.[87] Weltweit berichteten Zeitungen, Radio und Fernsehen über die wissenschaftliche Sensation. Damit nicht genug: Praktisch nebenbei hat Mayor eine ganz neue Disziplin innerhalb der Astronomie begründet, die systematische Exoplanetenforschung per Untersuchung der Radialsignatur eingefangenen Lichts. Bemerkenswert ist, dass Pegasi 51 b unter sehr anderen Bedingungen um seinen Stern kreist als man sie aus dem Sonnensystem kennt: Er ist ein etwa halb-jupitergroßer Gasplanet, der

---

86 Piper, S. 43ff

87 Röhrlich, S. 31ff

jedoch sehr nah an seinem Mutterstern kreist, etwa sieben mal näher als Merkur an der Sonne. Dadurch muss seine Oberflächentemperatur ca. 1.000°C betragen. Hinzu kommt seine sehr kurze Umlaufzeit von nur 4,2 Erdtagen.[88] Durch diese Entdeckung wurden die bisherigen Vorstellungen und Überzeugungen von Planeten auf den Kopf gestellt. Aus dem Sonnensystem war man es gewohnt, dass große Gasplaneten langsam und weit von der Sonne entfernt kreisen, während die terrestrischen Planeten innen ihre Bahnen ziehen. Somit wurde Pegasi 51 b mit seinen bizarren Charakteristika der erste einer neuen Klasse von Planeten, den sogenannten „Hot-Jupiter"-Planeten. Fortan wusste man, wonach zu suchen sei. Auch mithilfe der sich rasch entwickelnden Computertechnologie konnte nach 1995 schließlich ein Hot-Jupiter nach dem anderen aufgespürt werden.

Auch die jahrelangen und wegweisenden Bemühungen des amerikanischen Astrophysikers, Astronomen und Planetenjägers Geoffrey Marcy waren endlich von Erfolg gekrönt, als er am 30. Dezember 1995, wenige Monate nach der Entdeckung Bellerophons seinem eigenen Beitrag zu dessen Bestätigung, den zweiten jemals bestätigten Exoplaneten um einen sonnenähnlichen Stern entdeckte. 70 Virginis b im Sternbild Virgo ist ein Planet der sogenannten „Eccentric Giants"-Klasse, deren Umlaufbahn extrem elliptisch um ihre Sonne verläuft und deren Oberfläche infolgedessen eine stark variierende Temperatur aufweist. Der dritte bestätigte ebenfalls jupiterähnliche Exoplanet, 47 Ursae Majoris b, wurde ebenfalls von Marcy entdeckt und wies eine damals neuartige Besonderheit auf: Sein großer Abstand zum Mutterstern, größer als der unserer Erde zur Sonne. Denn üblicherweise liegen Hot-Jupiter-Planeten viel näher an Sternen, weswegen sie leichter zu entdecken sind. Geoffrey Marcy gilt heute als Ikone in der Exoplanetensuche[89] und war maßgeblich daran beteiligt, dass bestehende wissenschaftliche Vermutungen über

---

88 Röhrlich, S. 29; Piper, S. 49
89 Piper, S. 51f

Planetensysteme in kürzester Zeit mehrfach auf den Kopf gestellt wurden.

Katalogisiert werden alle bestätigten Exoplaneten seit 1995 in der „(Europäischen) Enzyklopädie der extrasolaren Planeten" durch Jean Schneider vom Observatoire de Paris.[90] In der digitalen Enzyklopädie lassen sich die Exoplaneten nach Charakteristika wie Nachweismethode, Jahr der Entdeckung, Name, Masse, Umlaufzeit, Radius usw. sortieren. Die in dieser Arbeit genannten Daten zu Exoplaneten stammen größtenteils aus dieser Enzyklopädie. Aufgenommen werden alle Exoplaneten, die durch mindestens zwei verschiedene Nachweistechniken sicher bestätigt werden können.[91]

---

[90] Internetpräsenz der Enzyklopädie: http://exoplanet.eu/catalog. Laut dieser wurde der erste Exoplanet bereits 1988 entdeckt, was an einer rückwirkenden kalkulativen Bestätigung liegen kann. Laut exoplanet.eu wurden bis heute 3549 Exoplaneten um 2662 verschiedene Sterne bestätigt (Vgl. Kap. 1). Es existieren auch andere Kataloge, z.B. http://exoplanetarchive.ipac.caltech.edu/, hier werden 3.431 extrasolare Planeten bestätigt (Stand 20.12.2016).

[91] Zaun, S. 149

3.2 Techniken der Planetensuche und -identifikation

Exoplaneten zu finden ist nicht leicht, da sie viel zu lichtschwach sind und eine zu geringe Wärmestrahlung haben, um sie in der Nachbarschaft eines Sterns wahrzunehmen. Objekte im All können nur gesehen werden, wenn sie aus sich selbst heraus leuchten oder von einer anderen Lichtquelle angestrahlt werden. Das reflektierende Licht eines Planeten wird jedoch vom Licht seines Muttersterns milliardenfach überstrahlt.

Veranschaulichen kann man sich dieses Verhältnis, wenn man versucht, aus 1000 km Entfernung den Schein einer Kerze vor einem Leuchtturm zu erkennen. Ebenso schwierig ist es, die Wärmesignatur eines Planeten zu erkennen, denn auch im Infrarotbereich bleibt das Problem der massiven Überstrahlung bestehen. Auch kann man mit den heutigen Teleskopen nicht im optischen Bereich des elektromagnetischen Lichtspektrums suchen, da diese hierfür noch nicht weit genug entwickelt sind.[92] Um Exoplaneten zu finden und zu identifizieren benutzen Wissenschaftler daher verschiedene indirekte Methoden. Bereits erwähnt wurde, dass die Existenz von Neptun 1846 allein durch Berechnungen erfolgte[93], was aufwändig, aber möglich ist. Auch die Radialgeschwindigkeitsmessung zur Bestimmung der Existenz von Planeten wurde in Abschnitt 3.1 bereits erwähnt. Diese sogenannte Radialgeschwindigkeitsmethode (auch Dopplermethode oder Dopplerspektroskopie genannt) ist heute die zweitergiebigste Technik der Planetenidentifikation. Hierbei werden die Helligkeit und Eigenbewegung eines Sterns beobachtet. Verändert sich etwas, z.B. wenn der Stern schlingert, könnte das am Gravitationseinfluss eines ihn umkreisenden Planeten liegen. Diese gegenseitige Masseanziehung lässt sich mithilfe des Dopplereffekts erkennen: Wenn ein Stern sich

---

[92] Piper, S. 55; Röhrlich, S. 30f
[93] Vgl. Kap. 2, Abschn. 2.1

von der Erde entfernt, verschiebt sich sein beobachtbares Lichtspektrum ins Rötliche, wenn er sich nähert ins Bläuliche. Doch ist die Gravitationswirkung eines Planeten im Verhältnis zu seinem riesigen Mutterstern sehr gering, weswegen Exoplaneten häufig fälschlicherweise bestimmt werden oder noch durch eine andere Methode bestätigt werden müssen.[94] Schwierig hierbei ist außerdem das Relativieren und Herausrechnen der Eigengeschwindigkeit der Erde (fast 30 km/s), da es sich bei den Bewegungsvariationen eines beobachteten Sterns meist um geringe Veränderungen im 10-m/s-Bereich handelt. Somit lassen sich mit der Radialgeschwindigkeits-methode am ehesten große, jupiterähnliche Planeten finden, die nah um ihren Stern kreisen.[95] Bei erdähnlichen Planeten, die meist weiter weg liegen und kleiner sind, ist es schwieriger, da deren Einfluss eher um die 0,1 m/s beträgt und damit in einem Bereich liegt, in dem die natürlich vorkommenden Schwankungen in der Bewegung eines Sterns selbst schon größer und auch häufiger sind.[96] Erschwerend kommt bei der Radialgeschwindigkeitsmethode hinzu, dass man die genaue Masse des Sterns kennen muss und sich die Messdaten hierzu häufig unterscheiden. Auch ist es leider nicht möglich mit der Radialgeschwindigkeitsmessung den Radius eines Planeten zu bestimmen.

Bis ca. 2010 wurden die mit Abstand meisten Exoplaneten mit der Radialgeschwindigkeitsmethode entdeckt. Anschließend erwies sich eine andere Methode als noch erfolgreicher: die sogenannte Transitmethode. Etwa 80 % aller bis heute entdeckten Exoplaneten wurden aufgrund ihres Transits, vorbei am Mutterstern, entdeckt. Der Methode liegt eine pragmatische Idee zu Grunde. Zieht ein Planet an seinem Stern vorbei, befindet sich also zwischen Betrachter und Stern, verdunkelt er dabei das Lichtspektrum des Sterns, je nach Größe

---

[94] Röhrlich, S. 31

[95] wie z.B. Pegasi 51 b, vgl. Abschn. 3.1

[96] Piper, S. 56f

unterschiedlich intensiv. Diese Bewegung nennt man Transit und ist in unserem Sonnensystem häufig bei Merkur (Abb. 4) und seltener bei Venus erkennbar. Je größer ein Exoplanet ist, desto einfacher ist er per Transit zu finden. Leichter zu finden sind natürlich auch Planeten, deren Transits häufiger stattfinden, die also nah und schnell um ihren Stern kreisen. Dies ist ein Grund dafür, dass es so schwer ist, erdähnliche Planeten zu finden, da diese in der Regel klein sind und ihr Orbit sich in einem gewissen, weiten Abstand zum Stern befindet, wodurch die Änderung der Helligkeit sehr gering ist und seltener stattfindet. Auch muss, wie bei der Radialgeschwindigkeitsmethode, eine natürliche Schwankung des Sternenlichts ausgeschlossen werden können. Also beobachtet man viele Sterne gleichzeitig, um möglichst viele Treffer zu erzielen.

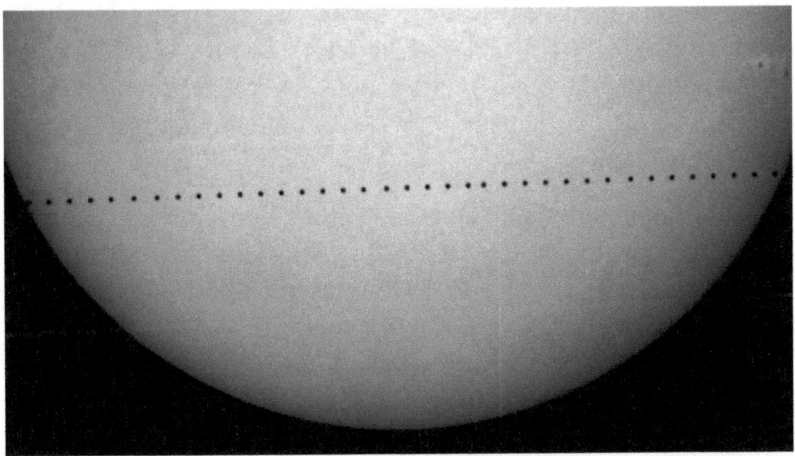

Abbildung 4: Mehrere Ablichtungen der Sonne im Bereich des sichtbaren Lichts machen zusammengesetzt diesen siebeneinhalb stündigen Transit des Merkur am 9. Mai 2016 deutlich erkennbar. Eine Passage des Merkur direkt zwischen Erde und Sonne geschieht etwa 13 Mal in einem Jahrhundert. (Quelle: NASA, Solar Dynamics Observatory)

Ebenso ist ein gewisses Maß an Glück nötig, denn ein Exoplanet kann via Transit nur dann entdeckt werden, wenn er aus der Perspektive des Beobachters zwischen Teleskop und seinem Stern liegt, seine Planetenbahn also im besten Fall ganz oder wenigstens nahezu senkrecht zur Himmelsebene liegt.[97]

Ist ein Exoplanet einmal entdeckt, ist es möglich mit Johannes Keplers dritter Planetenbewegungsgleichung[98] und der Newtonschen Gravitationskonstante anhand der Umlaufperiode des Planeten und der Masse des Sterns die Größe seiner Umlaufbahn zu berechnen, wobei gilt: Je näher sich ein Planet an seinem Mutterstern befindet, desto kürzer ist seine Umlaufzeit. Nun lässt sich auch die Größe des Planeten aus der Helligkeitsschwankung ableiten. Sogar dessen Oberflächentemperatur lässt sich aus der Temperatur des Muttersterns schätzen, was ein wichtiger Wert zum Ausschluss oder zur Möglichkeit der Lebensfreundlichkeit des Exoplaneten ist. Durch das empfangene Lichtspektrum lassen sich ebenfalls vereinzelte Rückschlüsse auf die chemische Zusammensetzung einer möglichen Atmosphäre des Planeten ziehen.

So erhält man allein aus dem Lichtschein ein recht umfangreiches Bild eines Planeten. Besonders Weltraum-Teleskope wie CoRoT oder Kepler nutzen die Transitmethode. Erstmalig gelang die Identifikation eines bis dahin noch unbekannten Exoplaneten durch Transit im Jahr 2003 (OGLE-TR-56 b). Es ist theoretisch auch möglich, Exomonde per Transitmethode aufzuspüren, doch bisher reicht die Auflösung der Teleskope nicht dafür aus.[99]

Es werden noch zahlreiche weitere Methoden zur Exoplanetensuche angewendet, die jedoch bei weitem nicht so ergiebig wie die Radialgeschwindigkeits- oder Transitmethode sind. Eine erwähnens-

---

[97] Zaun, S. 149

[98] Vgl. Kap. 2, Abschn. 2.1

[99] Mehr zu Exomonden in Kap. 5, Abschn. 5.2

werte Methode zur Planetenentdeckung nutzt den Mikrolinseneffekt nach Einsteins Relativitätstheorie: Durch eine natürliche Linse erscheint ein entferntes Objekt dem Betrachter größer. Die Wirkung einer solchen Linse kann im Raum durch ein massereiches Objekt entstehen, das das Licht eines anderen, weiter entfernten Objekts beugt. Daher spricht man im Raum auch vom Gravitationslinseneffekt. Allerdings steckt diese Methode noch in ihren Anfängen und birgt eine hohe Fehlertoleranz. Dennoch ist sie vielversprechend, da anhand dieser Methode auch sehr weit entfernte Planeten ausgemacht werden könnten. Die meisten Methoden bieten am ehesten die Möglichkeit dem Sonnensystem nahe Planeten zu bestimmen. Die Gravitationslinsenmethode kann Exoplaneten auch in über 1000 Lichtjahren Entfernung finden, vielleicht sogar außerhalb der Milchstraße, z. B. in der benachbarten Andromeda Galaxie. Erwähnt werden kann an dieser Stelle auch die Methode der kombinierten stellaren Interferometrie[100], die aufgrund ihrer erzielten sehr niedrigen Winkelauflösung in Zukunft vielleicht besonders beim Aufspüren erdähnlicher Planeten nützlich werden könnte und die Astrometrie, die Langzeitmessungen von Sternbewegungen, als Grundlage verwendet.[101] Eine Nachweismethode allein bringt in jedem Fall nicht genug Aufschluss über die Eigenschaften eines Exoplaneten. Das Wesen eines Exoplaneten wird am besten erkennbar, wenn man die Erkenntnisse mehrerer Methoden kombiniert. Selbst von Planeten, die wir noch nicht direkt gesehen haben, haben wir heute vereinzelt schon ein tieferes Verständnis ihrer Struktur und Atmosphäre.[102]

---

[100] Aus der Interferenz von Wellen eines Objekts, in Schall-, Licht- oder o.a. Bereich werden Informationen über Charakteristika abgeleitet. (Piper, S. 143)

[101] Piper, S. 60

[102] Piper, S. 56

3.3 Teleskope für die Exoplanetenforschung

Das entscheidendste Mittel zur Suche nach (insbesondere erdähnlichen) Exoplaneten sind „Weltraumobservatorien", Hochleistungsteleskope im erdnahen Raum, meist im Orbit. Da diese im Gegensatz zu bodenbasierten Teleskopen keine Nachteile durch Tag-Nacht-Wechsel, saisonale Bedingungen oder in erster Linie atmosphärische Störungen erfahren, sind sie das Mittel der Wahl bei der Exoplanetensuche. Jeder kennt das Flimmern der Sterne am Nachthimmel, welches entsteht, weil die Erdatmosphäre das einfallende Licht von Sternen streut. Zwar kann dem mit Hilfe adaptiver Optik[103] entgegen gewirkt werden, dennoch reicht das meist nicht, um Planeten um Sterne auszumachen. Ebenso gelangt nicht die ganze Breite des Lichts durch die Erdatmosphäre, da bestimmte Wellenlängen absorbiert oder blockiert werden (z.B. Röntgen- oder Gammastrahlen), was im Übrigen für das Überleben auf der Erde unabdingbar ist.

Die Idee, ein Teleskop mit einer Rakete in einen stationären Erdorbit zu befördern, wurde im Jahr 1923 erstmals vom deutschen Physiker und Raketentechnik-Pionier Hermann Oberth (1884-1989) formuliert. 1946 war es der Astronom und Astrophysiker Lyman Spitzer (1914-1997), der sich öffentlichkeitswirksam für die Verwendung von Weltraumteleskopen, wie sie heute benutzt werden, einsetzte.[104] Bis heute waren und sind mehr als 40 Weltraumteleskope im Einsatz, die verschiedene Frequenzbereiche des Lichts abdecken und in unterschiedlicher Entfernung um die Erde kreisen, teils auch in Erdnähe um die Sonne. Das erste Weltraumobservatorium war OAO-2 (Orbiting Astronomical Observatory), mit dem Spitznamen „Stargazer". Es wurde Ende 1968 gestartet und war zwei Jahre im Einsatz. Aber auch bodenbasierte Teleskope leisten einen wichtigen Beitrag zur Exoplanetenforschung. Bevor diese am Ende dieses Abschnitts

---

[103] Vgl. Kap. 2, Abschn. 2.1
[104] Piper, S. 65

Erläuterung finden, werden zunächst die wichtigsten orbitalen Teleskope beschrieben, die die größten Beiträge zur Exoplanetensuche und -erforschung leisten und geleistet haben.

3.3.1 Hubble

Zu den wohl bekanntesten und auch wichtigsten orbitalen Observatorien gehört das Hubble-Weltraumteleskop. Hubble ist den Menschen heute weltweit ein Begriff. Es steht stellvertretend für die gesamte Arbeit mit Weltraumobservatorien. Nicht zuletzt wegen der bahnbrechenden und hochauflösenden Bilder, die es von Anfang an geliefert hat (vgl. Abb. 5 und 6) gilt es als Flaggschiff dieser Apparate.

Im Jahre 1990 startete das gemeinsam von NASA und ESA betriebene Weltraumteleskop in den Orbit und vergrößerte das menschliche Sichtfeld ins All mit einem Schlag erheblich. Hubble stellt einen wichtigen technischen Meilenstein für die Astronomie und damit unser Verständnis vom Universum dar. Es ist mit mehr als 25 Jahren Betriebszeit außerdem das am längsten im Einsatz befindliche Weltraumteleskop der Geschichte. Bis heute stellt Hubble noch immer Rekorde auf. Erst Anfang März 2016 gab die NASA offiziell bekannt, dass mit Hubble in rund 13,4 Milliarden Lichtjahren Entfernung die bislang älteste bekannte Galaxie entdeckt werden konnte. Die Galaxie GN-z11 ist nur 400 Millionen Jahre nach dem Urknall entstanden, zu einer Zeit, in der das Universum noch sehr jung war.[105]

---

[105] Quelle: https://www.nasa.gov/feature/goddard/2016/hubble-team-breaks-cosmic-distance-record – abgerufen zuletzt am 20.12.2016

Abbildung 5: Die Größe des Himmelsausschnitts des XDF im Vergleich mit der Größe des Mondes. Diese Illustration zeigt nicht die wahre Position des XDF. Der Mond ist lediglich über den Ausschnitt gelegt. (Quelle: NASA/ESA)

Abbildung 6: Das XDF, das „eXtreme Deep Field" ist die bislang tiefste Ablichtung des Universums. Das Bild setzt sich aus Fotos zusammen, die über zehn Jahre mit dem Hubble-Teleskop aufgenommen wurden. Etwa 5500 Galaxien sind in dem winzigen Himmelsauschnitt erkennbar. Die lichtschwächsten Galaxien des XDF haben etwa ein Zehnmilliardstel der Helligkeit, die das Auge allein wahrnehmen kann. (Quelle: NASA/ESA)

Hubble ist in der Lage Licht in drei verschiedenen Bereichen zu sehen: im nahen UV-Bereich, im sichtbaren Bereich des elektromagnetischen Spektrums und im nahen Infrarotbereich. Mit einem speziell für UV-Licht ausgelegten Spektrografen kann es eingefangenes Licht als „Wellenlängen-Fingerabdruck"[106] darstellen, woraus Informationen über Temperatur, chemische Zusammensetzung, Dichte und Bewegung der Lichtquelle abgeleitet werden. Ein anderer Spektrograf an Bord ist für die Suche nach Schwarzen Löchern geeignet. Hubble verfügt außerdem über extrem hochauflösende und vielseitige Kameras.[107] Die Bilder, die Hubble damit bislang geliefert hat sind außergewöhnlich tief, haben eine große mediale Verwertbarkeit und finden heute in Form von Büchern, Kalendern, Postern, Wallpapers usw. ihren festen Platz in der astroaffinen Populärkultur.[108]

Für die Exoplanetenforschung ist Hubble zwar nicht in erster Linie entwickelt worden, es hat aber dennoch einen enorm großen und wichtigen Beitrag dazu geleistet. Die beeindruckendste Entdeckung Hubbles in diesem Feld ist wohl der frühe Nachweis von Sauerstoff und Kohlendioxid in der Atmosphäre des Exoplaneten HD 209458 b, Spitzname Osiris in 150 Lichtjahren Entfernung. Bei einer Suchkampagne, die 180.000 Sterne auf Transits untersuchte, konnte Hubble 16 Planetenkandidaten bestimmen, unter denen fünf Planeten einer bis dahin unbekannten Kategorie auftauchten, sogenannte Ultra-Short-Period-Planets (USPPs), die weniger als einen Tag für eine Umlaufbahn um ihren Stern benötigen. Hubble gelang es auch, den in 25 Lichtjahren Entfernung befindlichen Planeten Formalhaut b abzulichten. Damit lieferte das Teleskop das erste optische Bild eines extrasolaren Planeten überhaupt.[109] Hubble konnte das Licht des

---

[106] Piper, S. 81

[107] Piper, S. 78ff

[108] So taucht Hubble beispielsweise in den Hollywood-Blockbustern „Armageddon" (1998) und „Gravity" (2013) auf.

[109] Piper, S. 82-83; Vgl. Fußnote 139

Sterns so effektiv herausfiltern, dass der Planet als Lichtfleck optisch sichtbar wurde. Formalhaut b (auch: Dagon) ist ein Gasriese, dreimal so massereich wie Jupiter. Das Aufspüren Dagons war ein Glückstreffer, denn der Planet benötigt für eine Sternumrundung 870 Jahre.[110]

3.3.2 Spitzer

Einen entscheidenden Beitrag zur Exoplanetenforschung hat auch das Spitzer-Weltraumteleskop geleistet. Benannt ist es nach dem bereits erwähnten Astrophysiker Lyman Spitzer.[111] Sein Hauptspiegel hat einen Durchmesser von 0,85 m und erlaubt Infrarotmessungen in einem Wellenlängenbereich zwischen 3 und 180 µm. Verschiedene an Bord befindliche Instrumente, unter anderem ein Spektrograf, zerlegen das einfallende Licht in seine Bestandteile und übertragen hierdurch Informationen über die Struktur der Lichtquelle an die Erde. 2003 wurde Spitzer gestartet. Es war zu dieser Zeit das größte bisher ins All geschickte Infrarotteleskop. Ursprünglich sollte Spitzer nur 2,5 Jahre im Dienst sein, doch waren die Ergebnisse so erfolgreich, dass die Mission verlängert wurde, bis das zur Kühlung verwendete flüssige Helium im Mai 2009 vollständig aufgebraucht war. Das Kühlmittel war nötig, um Spitzers Instrumente auf einer Betriebstemperatur von 2,15 Kelvin (-271 °C) zu halten. Diese niedrige Temperatur nahe des absoluten Nullpunkts (0 K/-273,15 °C) verhindert Verfälschungen der empfangenen Daten durch die Eigenwärme des Teleskops. Spitzer wurde jedoch nicht abgeschaltet, sondern arbeitet seither bei einer erhöhten Temperatur von 31,15 K (-242 °C) weiter, wodurch jedoch nicht mehr alle Funktionen verfügbar sind. Zwei Beobachtungskanäle des Teleskops arbeiten noch. Beobachtungen im kurzwelligen und nahen Lichtbereich sind weiterhin möglich. Die Umlaufbahn von

---

[110] Zaun, S. 176

[111] Vgl. Abschn. 3.3

Spitzer weist eine Besonderheit auf: Jedes Jahr entfernt sich das Teleskop um 0,1 AU von der Erde.[112]

Der große Beitrag Spitzers zur Erforschung extrasolarer Planeten besteht darin, dass es bestehende Erkenntnisse über die Zusammensetzung von Planeten mehrfach erneuert und verfeinert hat. Vor Spitzers Beobachtungen ging man beispielsweise davon aus, dass Wasserstoff, Kohlenstoff, Sauerstoff und Methan bei Temperaturen über 1000 K auf natürliche Weise vorkommen müssten. Auf der neptungroßen Welt GJ 436 b, die diese Bedingung erfüllt, fand Spitzer jedoch einen deutlichen Mangel an Methan. Ein Team um den Astronomie-Professor Drake Deming von der Universität Maryland konnte mit Spitzer 2005 außerdem erstmals die Oberflächentemperatur eines Planeten messen. Auf HD 209458 b aka Osiris[113] herrschen ca. 850 °C. Auch interessante Ergebnisse zur Hitzeverteilung auf Planeten und eine erste Kartografierung der Oberflächentemperatur eines Exoplaneten, des Hot-Jupiters HD 189733 b in 63 Lichtjahren Entfernung, ebenso wie die außergewöhnliche Entdeckung von Wasserdampf auf dieser Welt[114], sind Spitzer zu verdanken. Auch grundlegende Erkenntnisse über die Möglichkeit der Entstehung von Leben auf extrasolaren Planeten gehen auf Spitzers Beobachtungen zurück. Forscher untersuchten mit dem Teleskop die Umgebungen unterschiedlicher Sterntypen[115] auf präbiotische Chemikalien, jene Verbindungen, die zur Entstehung von Leben auf irdischer DNA-Grundlage wichtig sind. Diese wurden zwar bei sonnenähnlichen Sternen gefunden, nicht aber um kühlere Zwergsterne, was eventuell ein Anzeichen dafür ist, dass Leben auf

---

[112] Piper, S. 75f

[113] Vgl. Abschn. 3.3.1

[114] in Zusammenarbeit mit dem Hubble-Teleskop, das dort außerdem Kohlendioxid und das organische Molekül Methan entdeckte, was einen wissenschaftlichen Durchbruch darstellte. (Piper, S. 82)

[115] Vgl. Spektralklassen von Sternen, Kap. 4, Abschn. 4.1.2

einem Planeten, der um einen solchen kühleren Stern kreist, anders aufgebaut sein müsste, als wir es von der Erde gewohnt sind.

3.3.3 CoRoT

CoRoT war eine europäische Raumfahrtmission unter französischer Führung, die maßgeblich zur Erforschung von Exoplaneten beigetragen hat. Der Name CoRoT steht für „COnvection, ROtation et Transits planétaires" (deutsch: „Konvektion, Rotation und Transits von (Exo)-Planeten").[116] Das CoRoT-Weltraumteleskop startete im Dezember 2006 in eine polare Erdumlaufbahn, arbeitete seit Februar 2007 in über 826 km Höhe[117] und hat bereits im darauffolgenden Frühling den ersten Exoplaneten entdeckt, einen Hot-Jupiter in etwa 1500 Lichtjahren Entfernung mit zwanzigfacher Erdmasse, der in einer für diese Klasse typischen, hohen Geschwindigkeit in 1,5 Tagen um seinen Stern rast. Nach dem Buchstabensystem für Exoplanetenbezeichnungen bekam er den Namen CoRoT 1 b.[118]

An Bord des Teleskops befindet sich ein CCD-Teleskop mit sechs Linsen und zwei Spiegeln, davon ein 27-cm-Spiegel, mit dem auch geringe Veränderungen im Lichtspektrum eines Sterns erkannt werden können. CoRoT ist 4,20 m lang und hat einen Durchmesser von 2 m. Es zeichnet sich durch hohe Präzision aus[119] und verfolgt zwei wesentliche Ziele: Die Sternenphotometrie und die Exoplanetensuche. Anhand der Beobachtung des Lichtkurvenverlaufs heller Sterne können mit CoRoT Fragen der Astroseismologie und des Sternenaufbaus beantwortet werden. In einer Exoplanetensuchkampagne überwachte es 12.000

---

[116] Ebenfalls der Name des berühmten französischen Landschaftsmalers Jean-Baptiste Corot (1796-1875).

[117] Zaun, S. 148; Die Angaben sind in der Literatur abweichend: 896 km in Piper, S. 67.

[118] Vgl. Kap. 3, Einleitung

[119] CoRoT ist so präzise, dass es eine Mücke, die an einer Flutlichtanlage vorbeifliegt aus 800 km Entfernung ausmachen könnte. (Zaun, S. 149)

Sterne gleichzeitig, jeweils 150 Tage lang, abwechselnd in den Sternbildern Einhorn, Adler, Schild und Schlange, und beobachtete dabei periodische Schwankungen im sichtbaren Bereich des Lichts, was, wie bereits beschrieben, ein erster Hinweis auf die Anwesenheit eines Exoplaneten ist.[120] Aus den Veränderungen im Lichtspektrum leitet das Teleskop auch Informationen über die physikalischen Eigenschaften entdeckter Planeten ab. Die tatsächliche Existenz eines Exoplaneten bestätigt CoRoT streng erst dann, wenn er auch per Radialgeschwindigkeitsmessung deutlich nachgewiesen wurde. Auch kleine erdähnliche Planeten von gerade einmal doppelter Erdmasse können durch CoRoT erkannt werden.

Die in der Einleitung zu Kapitel 3 beschriebene Entdeckung, dass es manchmal schwer ist, zwischen einem Planeten und Braunen Zwergstern zu unterscheiden, geht auf CoRoTs Beobachtungen zurück. CoRoT 3 b ist etwa so groß wie Jupiter, aber 21,6 mal schwerer. Jupiterähnliche Planeten sind in der Regel maximal bis zu 12 mal schwerer als Jupiter. Braune Zwerge und andere kleine Sterne normalerweise aber ca. 70 mal schwerer. Bis zur Entdeckung von CoRoT 3 b kannte man nichts dazwischen. Ist CoRoT 3 b also ein Brauner Zwerg oder ein Planet?[121]

Aufgrund eines Computerdefekts im November 2012 musste die CoRoT-Mission aufgegeben werden. Geplant war eine Durchführung bis März 2013. 2014 wurde CoRoT endgültig abgeschaltet.

3.3.4 Kepler

Ähnlich populäre Aufmerksamkeit wie Hubble genießt das Kepler-Weltraumteleskop, das sich als extrem bedeutend für die Exoplanetenforschung erwiesen hat. Die mit Abstand meisten

---

[120] Vgl. Transitmethode, Abschn. 3.2

[121] Piper, S. 66ff; Zaun, S. 148ff

Planetenentdeckungen gehen auf Kepler zurück. Allein im Frühjahr 2016 wurden 1284 neue, durch Kepler identifizierte Exoplaneten durch die NASA bekannt gegeben.[122]

Im März 2009 startete das nach dem bedeutenden Astronomen Johannes Kepler benannte NASA-Weltraumteleskop – genau 400 Jahre nach der Veröffentlichung zweier der drei Kepler'schen Bahngesetze von 1609.[123] Bis 2013 hat Kepler in erster Linie mit der Transitmethode Exoplaneten aufgespürt. Als es dann einen Defekt gab, wurde die Mission von der NASA als für beendet erklärt. Bis heute ist Kepler allerdings als erweiterte Mission beschränkt im Einsatz. Die ursprüngliche Kepler-Mission war Teil des 1992 gegründeten Discovery-Programms der NASA, dem auch der Mars-Lander Pathfinder und die Raumsonde Dawn angehören und mit dem „kleinere, schnellere, günstigere und bessere"[124] Planetenmissionen umgesetzt werden sollten. Kepler sollte im Zuge dieses Programms die erste Mission sein, die nach den zahlreichen Funden jupitergroßer Exoplaneten speziell darauf fokussiert ist, kleinere, erdgroße Exoplaneten auszumachen. Das Kepler-Observatorium umkreist der Erde folgend die Sonne, befindet sich also nicht in einem Erdorbit. Dies dient dazu, die Beobachtungen des Teleskops vor den Einflüssen der Erde zu schützen. Keplers Blick ist permanent und dauerhaft vom störenden Schein unserer Sonne abgewendet (Abb. 7), und richtet sich auf die sternenreiche Cygnus-Lyra-Region innerhalb der Milchstraße, wo bislang weit über 100.000 Sterne auf Hinweise von Planeten untersucht werden konnten.

Kepler arbeitet mit einem 1,4 m großen Hauptspiegel im sichtbaren und im Infrarotbereich des Lichts und kann mit seiner 95-Megapixel-

---

[122] Vgl. Kap. 1

[123] Vgl. Kap. 2, Abschn. 2.1

[124] Die Aussage „Faster, Better, Cheaper" geht auf den ehemaligen NASA-Administrator Daniel S. Goldin zurück. Quelle: http://history.nasa.gov/dan_goldin.html – abgerufen zuletzt am 20.12.2016

Kamera ein außergewöhnlich großes Sichtfeld ablichten, wobei es nicht nur einzelne Lichtbereiche aufzeichnen kann, sondern das ganze Spektrum. Mit seinen hochpräzisen Instrumenten ist es in der Lage, unter bestimmten Bedingungen sogar einen winzigen Planeten von der Größe des Merkur zu entdecken. Keplers Untersuchungen dienen auch dazu stellare Charakteristika von Wirtssternen[125] auszumachen. Auch bilden Keplers Ergebnisse die Grundlage für zukünftige Missionen, die potentiell habitable Exoplaneten weiter untersuchen werden und dazu auch von Kepler gesammelte Daten über Sternaktivitäten nutzen sollen.[126]

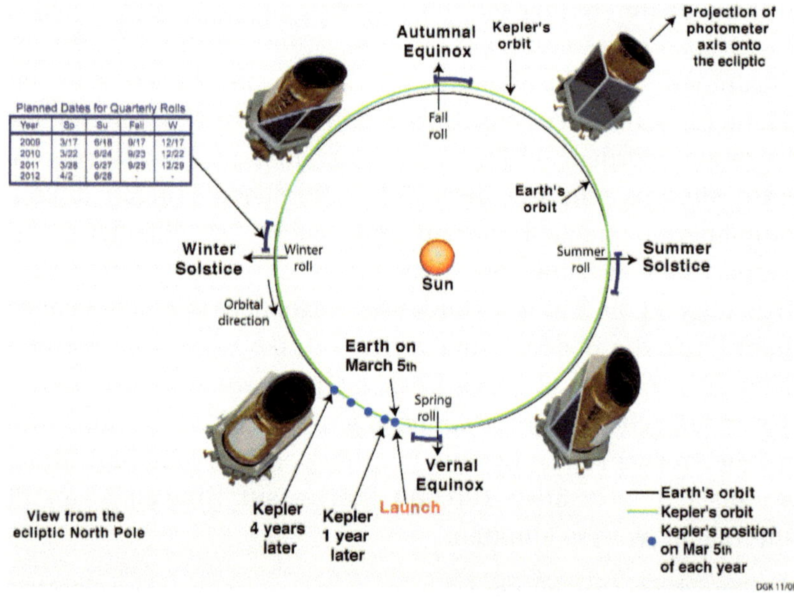

Abbildung 7: Darstellung des Orbits des Kepler-Teleskops. Zu sehen sind u.a. die jeweils zum Wechsel der Jahreszeiten stattfindenden „Rolls" des Observatoriums zu den Sonnenwenden („Solstices") und Tagundnachtgleichen

---

[125] Sterne, um die Planeten kreisen
[126] Vgl. Kap. 6

("Equinoxes"), um dauerhaft von der Sonne abgeschirmt operieren zu können. (Quelle: Nasa)

Wie auch CoRoT trägt Kepler mit zum Verständnis der Astroseismologie bei. Besonders untersuchen Forscher mit von Kepler erstellten Infrarotsignaturen des elektromagnetischen Lichtspektrums Exoplaneten in der lebensfreundlichen Zone eines Sterns, dem Bereich in einem bestimmten Abstand zum Stern, in dem Wasser aufgrund der milden Temperaturen flüssig wäre.[127] Atmosphärische Gase wie Kohlendioxid oder Methan sind durch das Aufzeichnen von Infrarotsignaturen nachweisbar und können ein Hinweis auf lebensfreundliche Bedingungen sein. Auch Wasserdampf ist im Infrarotspektrum Keplers und anderer Weltraumteleskope nachweisbar, da diese nicht von der Erdatmosphäre gestört werden.[128]

Die Liste der von Kepler entdeckten Planeten ist endlos. In der „Enzyklopädie extrasolarer Planeten" finden sich allein 2290 bestätigte extrasolare Planeten, die den Namen Kepler am Beginn ihrer Bezeichnung tragen.[129] Damit Kepler einen Exoplaneten zweifelsfrei bestätigen kann, müssen mindestens drei Transits beobachtet worden sein, was bei einer Planetenumlaufbahn von beispielsweise mehreren hundert Jahren jedoch schwierig ist.[130]

Nicht zuletzt ist die SETI-Gemeinde sehr an den Ergebnissen der Kepler-Mission interessiert. Schließlich dient das Entdecken von erdähnlichen Planeten und der Nachweis organischer Stoffe in

---

[127] Mehr dazu in Kap. 4, Abschn. 4.1.2

[128] Piper, S. 70ff

[129] Quelle: http://exoplanet.eu/catalog/, sortiert nach „Kepler" (Stand 20.12.2016) - abgerufen zuletzt am 20.12.2016

[130] Piper, S. 73; Dass es dennoch so viele in den Katalog geschafft haben, liegt womöglich an den Bestätigungskriterien der Enzyklopädie, wonach ein Planet durch zwei Methoden bestätigt werden muss. (Vgl. Abschn. 3.1)

Atmosphären auch einem übergeordneten Ziel, dem möglichen zukünftigen Nachweis von exobiologischem Leben.[131]

3.3.5 GAIA

Seit Dezember 2013 befindet sich der von ESA betriebene Satellit GAIA im Erdorbit auf der Lissajous-Bahn um den zweiten Lagrange-Punkt[132], 1,5 Millionen Kilometer von der Erde entfernt. Dort soll er bis 2019 arbeiten.[133] Die Abkürzung steht für „Globales Astrometrisches Interferometer für die Astrophysik". GAIA ist mit zwei synchronisierten, dreispiegeligen Teleskopen ausgestattet und führt die bislang größte im All befindliche Digitalkamera mit sich.[134] Die Hauptaufgabe GAIAs ist es, mit hochpräzisen Radialgeschwindigkeits-messungen eine dreidimensionale Karte der Milchstraße zu erstellen. Etwa 1% der gesamten Sterne unserer Galaxie (also über eine Milliarde Sterne) sollen mit einem an Bord befindlichen Multifarben-Fotometer analysiert werden. Jeder der Zielsterne soll dabei über 70 Mal auf Position, Distanz, Bewegung und Helligkeitsveränderung untersucht werden, um möglichst präzise Aussagen über seine Charakteristika treffen zu können. Ebenso sollen Objekte wie Asteroiden, eisige Körper und eben auch Exoplaneten in Blickrichtung entdeckt werden. GAIA liefert unzählige Daten, deren Auswertung Jahre in Anspruch nehmen

---

[131] Zaun, S. 152

[132] Nach dem italienischen Mathematiker und Astronoemen Joseph-Louis de Lagrange benannte Punkte L1 bis L5 im All. Nach Lagrange gibt es in jedem orbitalen System aus zwei Schwerkörpern fünf Punkte, an denen sich die Anziehungskräfte der beiden Körper ausgleichen. (Piper, S. 154)

[133] Quelle: http://www.esa.int/ger/ESA_in_your_country/Germany/ Die_Mission_Gaia_im_Ueberblick – abgerufen zuletzt am 20.12.2016

[134] Quelle: http://www.esa.int/ger/ESA_in_your_country/Germany/ Die_groesste_Digitalkamera – abgerufen zuletzt am 20.12.2016

wird.[135] Am 14. September 2016 hat die ESA den ersten von GAIA erbrachten Datensatz veröffentlicht.[136]

3.3.6 Bodenbasierte Teleskope

Weltraumteleskope haben deutliche Vorteile gegenüber Erdobservatorien. Sie werden weder durch saisonale Bedingungen, Wetter und Wolken, Tag- und Nachtwechsel, den Schein des Sonnenlichts noch durch Störungen der Erdatmosphäre beeinträchtigt. Doch ebenso wichtige Beiträge zur Exoplanetenforschung und nicht zuletzt deren erste wichtige Erkenntnisse wurden vom Erdboden aus erbracht. Entfernt von Städten, Smog, künstlichem Licht und aufsteigender Warmluft, hoch auf Bergen gebaut, liefern erdgebundene Teleskope umfangreiche und wertvolle Informationen.

So zum Beispiel das William Keck Observatory auf dem Mauna Kea auf Hawaii, das in einer Höhe von 4,145 m erbaut wurde. Das Keck-Observatorium mit seinen zwei jeweils 270 Tonnen schweren 10-Meter-Teleskopen gehört zu den größten Observatorien der Welt. „Keck I" arbeitet seit 1993, „Keck II" seit 1996, dem Jahr, in dem auch die NASA Teil des Projekts wurde. Von hier aus wird im optischen und nahen Infrarotbereich gemessen. Das Observatorium verfügt über adaptive Optik und ein Sensor misst zusätzlich die atmosphärisch bedingte Krümmung des einfallenden Lichts, welche die formbaren Spiegel mit bis zu 2.000 Anpassungen pro Sekunde anhand der erhaltenen Daten wieder ausgleichen.[137] Beide Keck-Teleskope können auch synchron arbeiten und so ein 85-Meter-Teleskop imitieren. Die Teleskope sind ebenfalls in der Lage das überstrahlende Licht eines

---

[135] Piper, S. 152-154; Quelle: http://www.esa.int/ger/ESA_in_your_country/ Germany/Wissenschaftliche_Ziele/ – abgerufen zuletzt am 20.12.2016

[136] Quelle: http://sci.esa.int/gaia/58275-data-release-1 – abgerufen zuletzt am 20.12.2016

[137] Piper, S. 83ff

Sterns teilweise auszublenden, was hilfreich ist um die Umgebung eines Sterns klarer zu erkennen.[138] Das Observatorium kann per Interferometrie[139], einer Methode zur Steigerung der Auflösung, auch weit entfernte Objekte untersuchen. Mit den „Kecks" wurden bereits zahlreiche Exoplaneten entdeckt oder bestätigt. Unter anderem konnte Geoffrey Marcy vom Keck-Observatorium aus auch den ersten gefundenen Exoplaneten, Pegasi 51 b, bestätigen.[140]

Ebenso wertvoll für die Exoplanetenforschung ist die von 14 Ländern unterstützte europäische Südsternwarte ESO („European Southern Observatory"), deren Hauptquartier bei München liegt. Zum ESO gehört unter anderem das auf 2635 m Höhe in der chilenischen Atacama-Wüste – einer der trockensten Regionen der Erde – gelegene VLT, das „Very Large Telescope". Das VLT verfügt über vier stationäre 8,2-Meter-Verbund-Spiegelteleskope, die ihm zu einer außerordentlichen Leistungsfähigkeit verhelfen. Das VLT gilt daher als ESO-Flaggschiff. Es ist seit 1999 im Einsatz. Neben neuen schwarzen Löchern, noch unbekannten Galaxien und Gammastrahlenblitzen konnten mit dem VLT auch neue Exoplaneten entdeckt und bestätigt werden. Das Teleskop ist in der Lage, direkte Spektralsignaturen von Exoplaneten zu erstellen, wie es erstmalig 2010 bei drei massereichen Riesenplaneten um den Stern HR 8799 im Bild Pegasus in rund 1300 Lichtjahren Entfernung zur Erde unter Beweis gestellt werden konnte. Nach einer fünfstündigen Belichtungszeit konnten die ESO-Astronomen zum ersten Mal überhaupt ein einzelnes Planeten-Spektrum aus dem Licht des mehrere tausend mal helleren Sterns herausfiltern.[141] Bis zu diesem Zeitpunkt gelang die Bestimmung exoplanetarer Spektren nur mit Weltraumteleskopen und nur

---

[138] Diese Methode soll in Zukunft auch mit orbitalen Verdunklern genutzt werden. Mehr dazu in Kap. 6.

[139] Vgl. Abschn. 3.2

[140] Vgl. Abschn. 3.1

[141] Biosignaturen konnten nicht gefunden werden.

indirekt.[142] Auch wurde mit dem VTL erstmals ein Exoplanet abgelichtet.[143] Ein anderes für Exoplanetenforschung wichtiges ESO-Observatorium ist das La-Silla-Observatorium in 2400 Meter Höhe in der Nähe von Santiago de Chile. Dort befindet sich HARPS (High Accuracy Radial velocity Planet Searcher), ein hochpräziser Spektrograf der von Michel Mayor[144] mitentwickelt wurde. Mit Hilfe von HARPS wurden zahlreiche Planeten entdeckt, unter anderem Gliese 581 d[145], die erste „Super-Erde" in der „habitablen Zone", jenem Abstand zum Stern mit lebensfreundlichen Temperaturen.[146]

Erwähnung finden sollte auch das spektrografische Instrument NESSI, das „New Mexico Exoplanet Spectroscopic Survey Instrument", zu dessen erklärten wissenschaftlichen Zielen unter anderem die gezielte Untersuchung von 100 gefundenen Exoplaneten ist. Per sogenannter „Transit-Spektroskopie" sollen die chemischen Zusammensetzungen der Atmosphären der Planeten bestimmt werden. NESSI ist das erste Instrument, das speziell für die Exoplanetenforschung in Betrieb genommen wurde. Seit 2014 unterstützt es das 2,4-Meter-Teleskop des Magdalena Ridge Observatory in New Mexico.[147]

---

[142] Piper, S. 88; Zaun, S. 147

[143] Steht in Widerspruch zur ersten Ablichtung eines Exoplaneten, die Hubble für sich beansprucht (Vgl. Fußnote 105). ESO-Astronom Gael Chauvin: „Our new images show convincingly that this really is a planet, the first planet that has ever been imaged outside of our solar system." (Quelle: http://www.eso.org/public/news/eso0515/ - abgerufen zuletzt am 20.12.2016)

[144] Vgl. Abschn. 3.1; Entdeckung des ersten Exoplaneten, Pegasi 51 b

[145] Mehr zum Planetensystem um Gliese 581 in Kap. 5, Abschn. 5.1.4

[146] Piper, S. 85 ff, Ausführlich zur habitablen Zone in Kap. 4, Abschn. 4.1.2

[147] Quelle: http://physics.nmt.edu/Department/homedirlinks/mce/nessi.html – abgerufen zuletzt am 20.12.2016

3.4 Extrasolare Welten

Die bislang bestätigten 3549 Exoplaneten[148] unterscheiden sich teilweise sehr stark voneinander. In der Geschichte ihrer Entdeckungen sind zahlreiche überraschende Eigenschaften aufgezeigt. Da es noch keine internationale Klassifizierungsrichtline für Exoplaneten gibt, sortiert man sie in Kategorien, die auf den Unterschieden der Planeten unseres Sonnensystems basieren. Sortiert wird nach ihrer Zusammensetzung, Größe und der Entfernung zum Wirtsstern. Übergeordnet unterteilt wird in Gesteinsplaneten (Terrestrische Planeten) und Gasplaneten (Gasriesen), die Unterkategorien ergeben sich aus Temperatur (als Folge der Entfernung zu ihrem Stern) und Masse (Abb. 8).

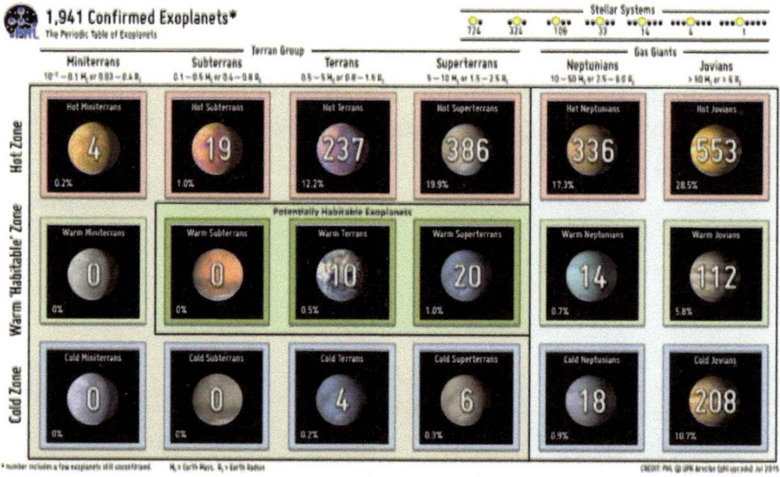

Abbildung 8: Diese übersichtliche Grafik vom Juli 2015 des PHL (mehr dazu in Kap. 5, Abschn. 5.1) gibt einen Überblick über die verschiedenen Typen bekannter Exoplaneten. Die Werte berücksichtigen auch Kandidaten (unbestätigte Exoplaneten)

---

[148] Vgl. Kap. 1

und werden vom Arecibo Observatorium regelmäßig aktualisiert veröffentlicht. (Quelle: PHL/UPR Arecibo)

Die interessanteste Gruppe sind hierbei natürlich die terrestrischen, also erdähnlichen Planeten, die die Phantasie der Forscher und ihrer Zuhörer besonders anregen, da auf ihnen unter bestimmten Voraussetzungen die besten Bedingungen für die potentielle Entwicklung von Leben vorherrschen können.[149] Hierzu zählt man einen Durchmesser von rund 10.000 km, felsigen Untergrund und eine Dichte mindestens fünf mal höher als Wasser. In unserem Sonnensystem erfüllen Merkur, Venus, Mars und natürlich die Erde diese Bedingungen. Terrestrische Planeten aufzuspüren ist aufgrund ihrer geringen Masse und Größe schwierig, doch seit den späten 2000er Jahren werden durch fortschreitende Technologien und verbesserte Datenanalysemethoden immer wieder Planeten in Erdgrößenordnung identifiziert. Terrestrische Planeten mit einer bis zu zehnfachen Erdmasse werden als „Super-Erden", noch größere Varianten als „Mega-Erden" bezeichnet.

Grundsätzlich ist es sehr schwierig, terrestrische Planeten während eines Transits zu identifizieren. Somit passiert es eher selten, dass durch die dabei erfolgende Spektralanalyse Informationen über ihre Atmosphäre erbracht werden können. Es ist grundsätzlich sogar schwierig überhaupt zu sagen, ob ein erdähnlicher Planet eine Atmosphäre hat.[150] Es gibt darüber hinaus Vermutungen, dass es terrestrische Planeten gibt, die nicht nur teilweise – wie die Erde – sondern sogar gänzlich mit Wasser bedeckt sind.[151] Zu dieser Annahme führten Computersimulationen, die den Wasseranteil von zahlreichen erdähnlichen Planeten berechneten. Über Super-Erden lässt sich außerdem sagen, dass sie aufgrund ihrer hohen Masse und der damit einhergehenden starken Oberflächengravitation allgemein ziemlich

---

[149] Mehr dazu in Kap. 4

[150] Piper, S. 109-111

[151] Mehr dazu im folgenden Abschn. 3.4.1

flach sein könnten. Das führte Forscher zu der auf weitere Computer-simulationen gestützten Annahme, dass es Super-Erden geben könnte, die, ähnlich wie auch kleinere terrestrische Planeten, komplett mit Wasser bedeckt sein könnten. Solche Wasserwelten wurden bislang allerdings noch nicht mit Sicherheit gefunden.[152]

Die größte Gruppe der bis heute entdeckten extrasolaren Planeten bilden die Gasriesen, die sich wiederum in zwei Hauptgruppen aufsplitten lassen. Zum einen gibt es jupiterähnliche („jovianische") Planeten (engl.: „Jovians"), die wie Jupiter und Saturn in unserem Sonnensystem in mittlerer Nähe zur Sonne liegen und eine Masse vergleichbar mit der des Jupiter haben.[153] Zum anderen gibt es neptunähnliche Planeten (engl. „Neptunians"), die wie die von unserer Sonne weiter entfernten Planeten Neptun und Uranus sehr kalt sind und 10 bis 50 Mal so massereich sind wie die Erde.[154] Die größte und bekannteste Gruppe der Gasriesen bilden die bereits in Abschnitt 3.1 erwähnten Hot-Jupiter-Planeten, deren Masse sich ebenfalls in der Jupiter-Größenordnung bewegt. Dass diese die größte Gruppe der bisher gefundenen Exoplaneten bilden, liegt schlicht und ergreifend daran, dass sie mit Transit- und Radialmessungsmethode am einfachsten zu finden sind. Zum einen aufgrund ihres schnellen Orbits in niedriger Entfernung zum Stern, was häufige Transits bedingt; zum anderen aufgrund ihrer enormen Größe, die eine stärkere Gravitationswirkung auf den Stern bedingt.[155] Hot-Jupiter Planeten kreisen meist in wenigen Tagen um ihren Stern und haben aufgrund der

---

[152] Piper, S.112f

[153] 50 Erdmassen und mehr

[154] Vgl. Abbildung 8; Jupiter selbst besitzt ca. 318 Erdmassen (Quelle: http://nssdc.gsfc.nasa.gov/planetary/factsheet/jupiterfact.html – abgerufen zuletzt am 20.12.2016), Saturn 14 Erdmassen (Quelle: http://nssdc.gsfc.nasa.gov/planetary/factsheet/saturnfact.html – abgerufen zuletzt am 20.12.2016) und Neptun 17 Erdmassen (Quelle: http://nssdc.gsfc.nasa.gov/planetary/factsheet/neptunefact.html – abgerufen zuletzt am 20.12.2016).

[155] Vgl. Abschn. 3.2

Nähe zu ihrem Stern und des dadurch hohen Gravitationseinflusses größtenteils eine gebundene Rotation (auch genannt „Korotation"). Sie drehen sich während eines Sternumlaufs genau einmal um ihre eigene Achse und zeigen dem Stern immer die gleiche Seite, so wie der Mond der Erde. Dadurch ist auf einer Seite des Planeten ständig Tag, auf der anderen ständig Nacht, was zu großen Temperaturunterschieden der beiden Planetenseiten führt. Der nahe Abstand führt auch dazu, dass die Ellipse der Planetenbahn fast ideal kreisförmig ist. Der erste jemals entdeckte Exoplanet (Pegasi 51 b) ist ein Hot-Jupiter.[156] In der Atmosphäre des Jupiter sind bis zu 20 Wolkenbänder erkennbar. Man nimmt an, dass Hot-Jupiter-Planeten aufgrund der Nähe zum Stern und der gebundenen Rotation nur ca. drei, dafür aber viel dickere Bänder besitzen.[157] Überraschend war die Entdeckung von Exoplaneten, die entgegen der Rotationsrichtung ihres Sterns rotieren. Unter anderem mit dem HARPS-Spektografen[158] wurden mehrere Hot-Jupiter beobachtet, deren Orbit stark gegen die Rotationsrichtung ihres Sterns geneigt ist.[159]

3.4.1 Exemplarische Exoplaneten

Die Vielfalt der mit den neuen Teleskop-Technologien entdeckten Exoplaneten hat zuvor nicht vorstellbare Welten gezeigt. Schnell war klar: Die Maßstäbe des Sonnensystems für Planetencharakteristika gelten keinesfalls für den Rest des Universums, sondern stellen sogar eher eine Besonderheit dar. Um eine Vorstellung von der Vielfalt der Unterschiede der Exoplaneten zu bekommen und davon, wie sehr andere Planetensysteme sich von unserem Sonnensystem unterscheiden, finden sich im folgenden Abschnitt exemplarische

---

[156] Vgl. Abschn. 3.1

[157] Piper, S. 115f

[158] Vgl. Abschn. 3.3.6

[159] Piper, S. 134f

Beschreibungen einiger extremer Exoplaneten. Die Informationen hierzu stammen größtenteils aus der Enzyklopädie der extrasolaren Planeten.[160]

Der masseärmste bisher gefundene Exoplanet wurde 2015 bestätigt und trägt die Bezeichnung WD 1145+017 b. Mit nur ca. 0,0007 Erdmassen ist er deutlich kleiner als Merkur. Er umkreist seinen Mutterstern in einem bislang unbekannten, jedoch mit Sicherheit sehr geringen Abstand, in nur 4,5 Stunden. Der dagegen massereichste bisher entdeckte Planet wurde 2009 entdeckt und heißt HD 87883 b. Er ist ca. 82 mal schwerer als Jupiter, was ca. 26.000 Erdmassen entspricht und kreist in 7,5 Jahren in einem Abstand von 3,6 AU[161] um seinen Mutterstern. Ca. 35 weitere Exoplaneten mit einer Masse von über 10.000 Erdmassen sind bekannt. Der kleinste bisher entdeckte Exoplanet trägt die Bezeichnung Kepler 37 b und hat einen Radius von 0,32 Erdradien und ist damit nur etwas größer als der Mond.[162] Dem gegenüber misst der größte bisher entdeckte Exoplanet, 38 Vir b, ca. 50,6 Erdradien, was ca. 4,5 Jupiterradien entspricht.[163] Das Verhältnis dieser beiden Planeten entspricht etwa dem Größenunterschied zwischen einer Erbse und einem Gymnastikball. Die Sternumlaufzeiten von Exoplaneten gehen ebenfalls sehr weit auseinander. Sie reichen von nur 78 Minuten im Fall des erst 2016 entdeckten Hot-Jupiter J1433 b bis zu 2000 Jahren beim Gasriesen 11 Oph b. Den weitesten bisher bekannten Abstand zu seinem Wirtsstern weist der erst 2016 entdeckte Planet 2M J2126-81 b mit sagenhaften 6900 AU auf. Bisher wurden nur 32 Planeten entdeckt, die mehr als 100 AU von ihrem Stern entfernt

---

[160] Vgl. Abschn. 3.1

[161] 1 AU = 1 Erdbahnradius = ca. 150.000.000 km; 1 AU bezeichnet eine „astronomical unit" (eine astronomische Einheit) und ist ein astronomisches Längenmaß, das etwa den mittleren Abstand zwischen Erde und Sonne angibt (präzise: 149.597.870.700 Meter).

[162] Der Mondradius beträgt in etwa 0,27 Erdradien

[163] Quelle: exoplanet eu/catalog – abgerufen zuletzt am 20.12.2016

sind. Den Großteil der uns bekannten Exoplaneten, ca. 3000 der 3540 bisher entdeckten Planeten, bilden sternnahe Planeten mit einem Sternabstand von weniger als 1 AU.[164]

Durch eine besonders außergewöhnliche Ellipse zeichnet sich der Gasriese HD 80606 b aus. Sein Orbit liegt auf Abständen zum Stern zwischen 0,03 und 0,85 AU. Ein Umlauf dauert 111 Tage, wobei der Planet den Großteil dieser Zeit in weiter Entfernung zum Stern verbringt. Theoretisch können die Temperaturen auf HD 80606 b aufgrund dieser Ellipse in kurzer Zeit von 880 K auf 1500 K steigen. HD 80606 wurde mit der Dopplermethode[165] entdeckt.[166] Überhaupt unterscheiden sich Exoplaneten stark durch die extremen Temperaturunterschiede, die zwischen ihnen herrschen. Einer der heißesten bisher gefundenen Exoplaneten wurde 2002 entdeckt. OGLE-TR-56 b ist ein Gasriese mit 1,3 Jupitermassen und benötigt für eine Umkreisung seines Sterns in einem Abstand von 0.0225 AU nur 1,2 Tage. Seine Oberflächentemperatur beträgt im Schnitt 1.600°C. Die Schwerkraft dieses Planeten muss hoch sein, denn er verdampft nicht, sondern bindet seine heiße Masse an sich. OGLE-TR-56 b könnte der heißeste jemals entdeckte Exoplanet sein[167] und ist wegen seiner einzigartigen Bedingungen auch Teil einer neuen, seltenen Klasse, der „Very-Hot-Jupiter"[168], Gasriesen, die ihren Stern extrem dicht korotativ umkreisen und dadurch extrem heiß sind. Dabei ist der Einfluss des Sterns so stark, dass die oberen Atmosphärenschichten auf der dem Stern zugewandten Seite nahezu aufgelöst werden, was außerdem zu einer niedrigen Dichte dieser Planeten führt.[169] Ähnliche Extrembedingungen herrschen auch auf dem Hot-Jupiter HD 209458 b,

---

[164] Quelle: exoplanet eu/catalog – abgerufen zuletzt am 20.12.2016

[165] Vgl. Abschn. 3.2

[166] Piper, S.127

[167] Röhrlich, S. 35f

[168] Auch genannt Super-Roaster (Röhrlich, S. 35)

[169] Piper, S. 116f

der ca. 0,66 Jupitermassen trägt und 3,5 Tage für einen Orbit benötigt. In einem Abstand von nur 6,92 Millionen Kilometern ist seine Rotation ebenfalls gebunden. Seine Atmosphäre wird vom Stern so sehr angegriffen, dass er eine Art Schweif aus verdampfendem Wasserstoff wie eine Fontäne an seiner sternabgewandten Seite hinter sich herzieht.[170] Daher wird er inoffiziell auch „Osiris" genannt, nach dem altägyptischen Gott, der von seinem Bruder getötet wurde. Mit dem Hubble-Weltraumteleskop konnte man in der Atmosphäre von HD 209458 b große Anteile Wasserdampf, Sauerstoff und Kohlenstoff entdecken. Außerdem wehen Winde mit bis zu 10.000 km/h über diesen besonderen Planeten.[171] Auch die 490 Lichtjahre von uns entfernte Super-Erde CoRoT 7 b ist ein extrem heißer Exoplanet. Mit einem Radius von nur 1,67 Erdradien gehört er zu den kleinsten bisher entdeckten Planeten. Auch seine Masse ist mit 7,42 Erdmassen eher gering. Mit 0,0172 AU kreist er korotativ in 20 Stunden um seinen Mutterstern, ca. 23 Mal näher als der Merkur um die Sonne. Seine Oberflächentemperatur beträgt im Schnitt 1000 bis 1.500°C (ca. 2.000°C auf der Tag- und ca. -200°C an der Nachtseite). Auch wenn es sich um einen terrestrischen Planeten handelt, wäre die dem Stern zugewandte Seite sicherlich vollständig mit flüssiger Lava bedeckt, wohingegen die abgewandte Seite möglicherweise vereist ist, sofern Wasser auf dem Planeten vorkommt. Eine Atmosphäre, die die Temperaturunterschiede teilweise ausgleichen würde, ist wahrscheinlich nicht vorhanden. CoRoT 7 b wurde monatelang mit dem HARPS-Spektrografen untersucht.[172] Laut Enzyklopädie der extrasolaren Planeten ist der heißeste gemessene Planet mit einer Temperatur von 2987 K und ca. 60 Jupitermassen PZ Tel b[173]; der

---

[170] Röhrlich, S. 36

[171] Piper, S. 126f

[172] Piper, S. 69 und S. 130-132; Quelle auch: http://exoplanet.eu/catalog/ corot-7_b/ – abgerufen zuletzt am 20.12.2016

[173] Quelle: http://exoplanet.eu/catalog/pz_tel_b/ – abgerufen zuletzt am 20.12.2016

Planet mit der heißesten berechneten Temperatur Usco1602-2401 b. Er soll 2790 K heiß sein, trotz einem Sternenabstand von ca. 1000 AU.[174]

Dem allem gegenüber steht der kälteste bislang entdeckte Exoplanet. Es handelt sich um OGLE-2005-BLG-390L b oder kürzer OGLE-2005-390L b[175], der womöglich eine Super-Erde ist. Sein Mutterstern befindet sich in ca. 21.500 Lichtjahren Entfernung zur Erde, nahe dem Zentrum der Milchstraße in Richtung Skorpion. OGLE-2005-390L b wurde 2006 als einer der am weitesten entfernten, bekannten Exoplaneten entdeckt. Er hat eine Masse von 5,4 Erdmassen und kreist in einer verhältnismäßig hohen Entfernung von 314 Millionen Kilometern (2,1 AU) um seinen Wirtsstern.[176] Man schätzt seine Temperatur auf ca. 50 K (-220 °C). Wenn er terrestrisch ist, besteht seine Oberfläche womöglich teilweise aus gefrorenem Ammoniak, Methan und Stickstoff. Wenn er doch ein Gasplanet sein sollte, dann gehört er zur Klasse der „Icy Gas"-Planeten wie Uranus. Bemerkenswert ist, dass ein so kleiner Planet in einer so ungewöhnlich großen Entfernung zu seinem Stern gefunden werden konnte. Normalerweise befinden sich Exoplaneten dieser Art in unter 1 AU Entfernung zu ihrem Zentralstern. Sein Orbit dauert zudem 10 Jahre, was die Entdeckung dieses Planeten zusätzlich zu einem Glücksfall macht. Die Enzyklopädie der extrasolaren Planeten gibt als kälteste gemessene Exoplaneten WASP 120 b und WASP 122 b mit einer Temperatur von jeweils 50 K an. Der kälteste berechnete Exoplanet soll laut der Enzyklopädie Kepler 167 e mit einer Temperatur von 131 K sein.[177]

---

[174] Quelle: http://exoplanet.eu/catalog/usco1602-2401_b/ – abgerufen zuletzt am 20.12.2016

[175] Von der NASA inoffiziell auch als „Hoth" bezeichnet, nach dem Eisplaneten im „Star Wars"-Film „Das Imperium schlägt zurück" (1980)

[176] Quelle: http://exoplanet.eu/catalog/ – abgerufen zuletzt am 20.12.2016

[177] Quelle: http://exoplanet.eu/catalog/ – abgerufen zuletzt am 20.12.2016

Im vorherigen Abschnitt wurde über die mögliche Existenz von Exoplaneten gesprochen, deren gesamte Oberfläche von Wasser bedeckt sein könnte. In Frage hierfür kommt z.B. GJ 1214 b, eine Super-Erde, die 2009 per Transitmethode entdeckt wurde. Der Planet hat ca. 6,46 Erdmassen und einen Radius von 2,67 Erdradien und befindet sich mit 0,01 AU nah am Stern, weshalb man seine Oberflächentemperatur auf durchschnittlich 200°C schätzt. Das Innere dieser Super-Erde könnte trotzdem aus Eis bestehen. GJ 1214 b ist die erste Super-Erde, bei der eine Atmosphäre nachgewiesen werden konnte, deren Dicke man auf etwa 200 Kilometer schätzt. Durch Beobachtungen von Hubble haben sich Hinweise darauf ergeben, dass sich ihre Atmosphäre größtenteils aus Wasserdampf zusammensetzen könnte, was Rückschlüsse darauf zulässt, dass der Planet selbst überwiegend aus Wasser bestehen könnte.[178]

Es wurden schon zahlreiche Exoplaneten gefunden, auf denen Moleküle, die für die Entstehung von Leben notwendig sind[179], nachgewiesen wurden. Beispielsweise WASP 43 b, auf dem unter anderem Methan, Ammoniak, Kohlenstoff, Kohlendioxid und Wasser vorkommen. Leider ist dieser Exoplanet ein Hot-Jupiter mit ungefähr zweifacher Jupitermasse und einer Entfernung zu seinem Stern von nur 0,015 AU, was ihn viel zu heiß macht, um Leben beherbergen zu können.[180]

Eine Besonderheit befindet sich im Doppelsternsystem 55 Cancri, dessen Sterne mehr als 1000 AU auseinander liegen. Umkreist wird einer der beiden von fünf Planeten in Entfernungen zwischen 0,0156 AU und 5,76 AU. Der große Abstand verhindert gravitatorische Einflüsse des zweiten Sterns auf die Planeten. Die Umlaufperioden der

---

[178] Piper, S. 128

[179] Vgl. Kap. 4, Abschn. 4.1.1

[180] Quelle: http://exoplanet.eu/catalog/wasp-43_b/ – abgerufen zuletzt am
    20.12.2016

fünf Planeten liegen zwischen ca. 17,6 Stunden und 14,3 Jahren.[181] Ein besonders bemerkenswerter Planet befindet sich hier: 55 Cancri e, auch Janssen genannt. Er wurde von Spitzer im Jahre 2004 per Radialgeschwindigkeitsmethode entdeckt und ist der innerste des Planetenquintetts. Da seine Masse für einen Planeten in diesem Abstand verhältnismäßig gering ist und sein Radius etwa dem doppelten der Erde entspricht, wird 55 Cancri e als Super-Erde eingestuft. Diese Eigenschaften deuten auch auf ein kohlenstoffreiches Inneres hin, bestehend größtenteils aus Eisen, Kohlenstoff und Silizium. Aufgrund der hohen Temperaturen auf 55 Cancri e von tagsüber bis zu 2.400°C[182] und des Drucks, dem der Planet ausgesetzt ist, könnte der im Innern befindliche Kohlenstoff in Form von Diamant vorliegen. Das würde einen großen Unterschied zur Erde darstellen, deren Inneres praktisch keinen Kohlenstoff aufweist.[183]

Der älteste bisher entdeckte Exoplanet ist PSR B1620-26 b. Der 2,5 Jupiterradien große Gasriese existiert seit rund 12,7 Milliarden Jahren, länger als unser ganzes Sonnensystem (ca. 4,6 Milliarden Jahre alt) und hat in seiner Existenzzeit schon eine Supernova überstanden. Er benötigt 100 Jahre für einen Sternumlauf. Schon 1993 entdeckte man Unregelmäßigkeiten an einem benachbarten Pulsarstern, die auf ein Objekt hindeuteten, das aber zu klein war, um ein anderer Stern sein zu können. Man ging von einem Braunen Zwerg aus[184], bis Hubble 2003 die Existenz eines Exoplaneten bestätigte.[185]

Extrasolare Planeten unterscheiden sich auch in der Anzahl ihrer Zentralsterne („Host"-Sterne). Es gibt zahlreiche Planeten in Dreifach-Sternensystemen, zu denen auch das Nachbarsternsystem der Erde,

---

[181] Piper, S. 132f

[182] Die Temperaturen schwanken sehr stark: Nachts maximal 1.100°C

[183] Quelle: „Five Planets Orbiting 55 Cancri", in: The Astrophysical Journal, 675:790-801, 1. März 2008; https://arxiv.org/abs/0712.3917 – abgerufen zuletzt am 20.12.2016

[184] Vgl. Kap. 3, Einleitung

[185] Piper, S. 129f

Alpha Centauri, gehört. Es besteht aus einem Paar Gelber Zwerge (Alpha Centauri A und B) und dem von diesen abgelegenen Roten Zwerg Proxima Centauri. Auch Polaris, der Polarstern oder auch Nordstern, ist ein Dreifach-Sternensystem. Es existieren womöglich sogar zwei Systeme aus sieben Sternen, AR Cassiopeiae (kurz AR Cas) im Sternbild Kassiopeia und V Scorpii (auch Jabbah oder 14 Scorpii genannt) im Sternbild Skorpion. Dies ist aber noch nicht endgültig bestätigt worden.[186] Es sind zahlreiche Planeten in Dreifach-Sternensystemen bekannt, beispielsweise der erst im August 2016 entdeckte terrestrische Planet Proxima b im Alpha-Centauri-System, der als Kandidat für Lebensfreundlichkeit betrachtet wird.[187] Der Exoplanet Kepler 64 b ist der erste bekannte Planet eines Vierfach-Sternensystems.[188]

Das System mit den meisten Planeten wiederum befindet sich um den sonnenähnlichen Stern HD 10180. Möglicherweise umkreisen ganze neun Planeten diesen Stern, von denen sechs durch das HARPS der ESO bereits bestätigt werden konnten. Die Planeten in diesem 127 Lichtjahre entfernten System haben zwischen 13,1 und 64,4 Erdmassen und verteilen ihre Orbits auf einer Entfernung von bis zu 3,4 AU und in Umlaufzeiten zwischen 5 und 2.222 Tagen. Es wird vermutet, dass es in diesem Planetensystem mehrere terrestrische Planeten gibt, was dieses System unserem Sonnensystem sehr ähnlich erscheinen lässt und es daher besonders interessant macht.[189] Ausführlicher wird im Kapitel 5, Abschnitt 5.1, dieser Arbeit auf terrestrische Planeten und deren mögliche Lebensfreundlichkeit, beziehungsweise „Habita-

---

[186] Argyle, S. 9

[187] Mehr zu Proxima b in Kap. 5, Abschn. 5.1.1

[188] Quelle: http://www.nasa.gov/mission_pages/kepler/news/kepler-ph1.html –
abgerufen zuletzt am 20.12.2016

[189] Piper, S. 132

bilität"[190], eingegangen. außerdem werden mögliche Erdzwillinge betrachtet. Zunächst soll im folgenden Kapitel 4 jedoch geklärt werden, was Leben im All überhaupt bedeutet, benötigt und bedingt.

---

[190] Die Bezeichnung Habitabilität (lat. „habitare" = wohnen) geht zurück auf den chinesischen Astronomen Su-Shu Huang, der den Begriff Ende der 1950er Jahre im Zusammenhang seiner Untersuchung zur möglichen biologischen Evolution in der Nähe verschiedener Sterntypen verwendete. (Scholz, S. 329)

3.5 Exoplanetenforschung und SETI

Die unerwartet extremen Eigenschaften der extrasolaren Planeten faszinieren Wissenschaftler der unterschiedlichsten Sparten. Die einst als astronomische Träumer belächelten Planetenjäger wurden mit den ersten Entdeckungen Pioniere eines handfesten und populären Wissenschafts-zweigs, den sie nachhaltig prägen konnten, immer auch in dem Wissen, dass die Suche nach extrasolaren Welten eigentlich auch eine Suche nach lebensfreundlichen Orten und nach extraterrestrischem Leben darstellt. Denn nichts fasziniert die Exoplanetenforscher so, wie die Entdeckung erdähnlicher, potentiell habitabler Planeten. Die Suche nach diesen ist im Wesentlichen auch eine Suche nach Leben im All, eine Suche, der sich seit Jahrzehnten viele Wissenschaftler verschrieben haben, seit die Raumfahrt in der Mitte des 20. Jahrhunderts nicht mehr nur ein Traum war, sondern Realität wurde. Vertreter zahlreicher Wissenschaftszweige – Exoplaneten-Jäger und SETI-Forscher, aber auch Astrobiologen, Bioastronomen oder Xenobiologen – versuchen Erkenntnisse über eine mögliche Vielfalt des Lebens im Universum zu gewinnen. Die Suche nach Leben im All ist durch die Exoplanetenentdeckungen „salonfähig und en vogue wie nie zuvor"[191] und nicht mehr nur das Horchen, sondern heute auch das Hinblicken weckt die höchsten Hoffnungen.

Von allen Wissenschaften, die sich in den vergangenen Jahrzehnten mit der Suche nach Leben im All beschäftigt haben, ist die junge Exoplanetenforschung dabei die vielversprechendste. Die unerwartete Vielzahl der Planetenfunde hat der Suche nach Leben im All neue Impulse gegeben und für einen neuen Optimismus und ungebremsten Enthusiasmus gesorgt. Alle Wissenschaftszweige, die sich mit Leben im Universum befassen, profitieren von den Ergebnissen, die unsere Vorstellungen von extraterrestrischem Leben reformiert und zurück in den Bereich des tatsächlich Möglichen gerückt haben. So arbeiten SETI-Forscher und Planetenjäger inzwischen immer häufiger Hand in Hand

---

[191] Zaun, Prolog S. xi

und zeigen sich gegenseitig an den Erkenntnissen der Kollegen interessiert, wobei die Entdeckungen der Exoplanetenforscher, deren Teleskope von Generation zu Generation leistungsstärker werden, für die SETI-Gemeinde Gold wert sind. SETI-Pionier Frank Drake sagte einst über diese Kooperation:

> „Ja, wir arbeiten Hand in Hand. Sollte ein Planetenjäger einen vielversprechenden Exoplaneten entdecken, werden wir unsere [Radio-]Teleskope auf den Himmelskörper ausrichten, sofern unsere finanziellen Mittel dies zulassen."[192]

Selbst Planetenjäger-Ikone Geoffrey Marcy hat zusammen mit dem Astronomen Paul Butler 1998 ein eigenes OSETI-Projekt ins Leben gerufen, das Archivdaten aus 500 Stunden Aufzeichnungen von Sternen auf auffällige Veränderungen im Lichtspektrum untersucht, die möglicherweise künstlich durch Laser herbeigeführt sein könnten.[193]

In den vorausgegangenen Abschnitten ist deutlich geworden: Exoplanetenforscher konzentrieren ihren Fokus in erster Linie auf Planeten, die der Erde ähneln könnten. Sie erhalten aussagekräftige und sichere Daten über Masse, Größe, Dichte, Orbit, Alter, Temperaturen u.v.m., doch ist über atmosphärische Zusammensetzungen noch wenig bekannt. Erst die nächste Generation von Teleskopen wird in der Lage sein, hierzu präzise Informationen zuzulassen. Vielleicht sind die Teleskope sogar eines Tages so stark, dass irgendwann Spuren von Leben in Form städtischer Formationen oder sonstiger Artefakte auf den Oberflächen von Exoplaneten optisch sichtbar gemacht werden können.[194] Die vielversprechenden und überraschenden Ergebnisse der Teleskope dienen heute größtenteils zunächst als sogenannte Pathfinder-Missionen, die die Basis für

---

192 Zaun, S. 144

193 Zaun, S. 145; bislang ohne Ergebnis

194 Zaun, S. 152; mehr dazu in Kap. 6

zukünftige Ziele aufbauen sollen, deren Ergebnisse dann besonders für Astrobiologen und auch SETI-Forscher interessant sein werden.

Man möchte Exoplaneten finden, in deren Atmosphären Methan, Sauerstoff, Wasser, Ammoniak und weitere Grundbausteine des Lebens vorkommen. Werden auf einem terrestrischen Planeten gleichzeitig mehrere dieser Lebensmoleküle gefunden, ist das ein wichtiger Indizienbeweis für extraterrestrisches Leben auf irdisch-biologischer Basis, auf Leben „wie wir es kennen". Denn als Vorbild dient die Erdatmosphäre, in der Sauerstoff als Nebenprodukt pflanzlicher, bakterieller oder durch Algen durchgeführter Photosynthese dauerhaft besteht. Fände man schließlich zusätzlich noch die Sauerstoffvariante O_3 (Ozon) wäre das ein starker Hinweis in die richtige Richtung, gilt das Vorkommen von Ozon doch als sehr starkes Indiz für vorhandenes Leben. Eine normale sauerstoffhaltige Atmosphäre kann jedoch auch durch zahlreiche nicht-biologische Prozesse entstehen. Und auch Ozon stellt, wie viele andere Bioindikatoren, leider keinen eindeutigen Beweis für die Existenz von Leben auf einem Exoplaneten dar.[195] SETI-Wissenschaftler würden dennoch alles tun, um eine solche Welt ganz genau unter die Lupe, oder das Okular, nehmen zu können.

---

[195] Zaun, S. 154

4 LEBEN IM UNIVERSUM

If atom stocks are inexhaustible, Greater than power of living things to count If nature's same creative power were present too To throw the atoms into unions – exactly as united now, Why then confess you must That other worlds exist in other regions of the sky, And different tribes of men, kinds of wild beasts.

– Titus Lucretius Carus, „De rerum natura", 1. Jh. v. Chr.

Um sich mit der Frage nach extraterrestrischem Leben auseinandersetzen zu können, ist es unerlässlich, zu verstehen, was Leben eigentlich ist, was es benötigt, wie es entstanden ist und wie es auch in anderen Teilen des Universums entstanden und gestaltet sein könnte. Wissen über all dies bietet die Astrobiologie auf Basis der Gegebenheiten des irdischen Lebens. Im Umkehrschluss bietet dieser Wissenschaftszweig auch neue Erkenntnisse über den Ursprung des Lebens auf der Erde, der bis heute noch nicht vollständig geklärt ist. Die Astrobiologie setzt sich als interdisziplinäre Wissenschaft zwischen Biologie und Astronomie, aber auch Chemie, Physik und Geowissenschaften im Wesentlichen mit fünf Themenkomplexen auseinander um Fragen des Ursprungs des Lebens auf der Erde und im extraterrestrischen Universum zu beantworten[196]:

---

[196] Scholz, S. 2f

1. Die Entstehung, die Evolution und die Vielfalt des Lebens auf der Erde. Besondere Aufmerksamkeit erhalten Lebensformen in extremen Umweltbedingungen, sogenannte Extremophile. Auch die Zukunft des Lebens auf der Erde ist Untersuchungsgegenstand.

2. Die kosmischen und planetaren Bedingungen, die für die Entstehung lebender Materie nötig sind. Hierbei werden auch die Entstehung und Entwicklung von terrestrischen Planeten untersucht. Hauptaugenmerk dabei ist das Vorhandensein molekularer Bausteine für eine eventuelle präbiotische Umgebung. Große Bedeutung hat hierbei die Bestimmung von habitablen Zonen (HZ) um Sterne.

3. Erkenntnisgewinn über potentiell belebte Exoplaneten und die Vorbereitung zukünftiger Analysen dieser. Im Fokus steht dabei die Suche nach atmosphärischen Bioindikatoren.

4. Die Suche nach Spuren extraterrestrischen Lebens im Sonnensystem.

5. SETI, wobei dies eher eine untergeordnete Rolle spielt.

Ob Leben intelligent sein kann und wie es intelligent werden konnte – damit einhergehend auch die Frage danach, was Intelligenz eigentlich ist – spielt für die Darstellung in diesem Kapitel nur sekundär eine Rolle, denn alles intelligente Leben muss wie auf der Erde einen mikrobiotischen Ursprung haben. Der Mensch besteht neben ca. 10 Billionen Körperzellen auch aus ca. 100 Billionen, größtenteils lebensnotwendigen Mikroorganismen. Diese treten in 1.000 bis 1.500 verschiedenen Arten auf und bilden ganze 10% der menschlichen Körpermasse. Ähnliches trifft auf alle höheren Lebewesen der Erde zu. Mikroben sind eindeutig die dominierende Lebensform auf dem Planeten.[197] Welche Bedingungen für die Entstehung von höherem Leben als notwendig betrachtet werden, wird in Abschnitt 4.2 dieses Kapitels dargestellt.

Primär soll im Folgenden zunächst erklärt werden, unter welchen Bedingungen Leben außerhalb der Erde entstanden sein oder entstehen könnte. Und was zu diesem plötzlichen Auftreten, das als Abiogenese bezeichnet wird, geführt haben kann. Das Rätsel der Spontanerzeugung von Leben aus anorganischer Materie ist eine bislang ungelöste und grundsätzliche Frage der Astrobiologie.[198] Wie das Leben sich nach seiner Etablierung fortentwickelt hat, ist dabei das kleinere Problem.

Die Mikrobiologin Lynn Margulis, Carl Sagans erste Ehefrau, die unter anderem die Gaia-Hypthese[199] mitentwickelt hat, sagte dazu einst treffend:

---

[197] Scholz, S. 326

[198] Scholz, S. 6

[199] Die Gaia-Hypothese besagt, dass die Gesamtheit der Biosphäre eines Planeten die Bedingungen, die für das Bestehen von Leben und dessen Evolution wichtig sind, selbst kreiert, entwickelt und erhält. Das Leben auf der Erde hat den Planeten demnach über Milliarden von Jahren so geformt, wie es ihn idealerweise benötigt. Nach der Gaia-Hypothese ist das Leben auf einem Planeten eine globale Einheit.

> „To go from a bacterium to people is less of a step than to go from a mixture of amino acids to a bacterium."[200]

Somit stehen in erster Linie Mikroorganismen im Fokus der astrobiologischen Suche nach Leben im Universum. Auf der Erde sind Mikroben die am häufigsten vorkommende und älteste Lebensform. Einfache Mikroorganismen gibt es auf der Erde wahrscheinlich seit 3,5 Milliarden Jahren. Sie sind also nur wenige hundert Millionen Jahre nach der Entstehung der Erde selbst erstmals aufgetreten, die ca. 4,6 Milliarden Jahre alt ist.[201] Führt man sich im Vergleich dazu den Ursprung der höheren Lebensformen auf der Erde genauer vor Augen, gerät man schnell ins Staunen: Der Urmensch Australopithecus entwickelte sich vor gerade einmal vier bis zwei Millionen Jahren, der Cro-Magnon-Mensch erst vor 40.000 Jahren. Die Dinosaurier starben vor ca. 65 Millionen Jahren aus und existierten insgesamt sogar ca. 190 Millionen Jahre. All diese Lebensspannen sind nichts im Vergleich zu den Milliarden von Jahren der Herrschaft der Mikroorganismen.

Die Biosphäre auf der Erde besteht heute je nach Schätzung aus zwischen 2,5 und 100 Millionen verschiedenen Arten von Tieren, Pflanzen und Pilzen, wobei nur ein winziger Bruchteil dieser wissenschaftlich katalogisiert ist.[202] Hinzu kommt die Summe der Mikroben, die unser Vorstellungsvermögen weit übersteigt.

Bei astrobiologischen Überlegungen immer zu bedenken ist die Tatsache, dass wir nur Leben suchen und untersuchen können, das wir kennen, also Leben auf Kohlenstoffbasis. Ausnahmslos alles Leben auf der Erde basiert auf Kohlenstoffchemie. Die Frage, ob auch anderes

---

Offen ist die Frage, ob dieses Modell grundsätzlich auch auf andere Planeten anwendbar ist. (Michaud, S.74f)

[200] Scholz, S. 135

[201] The New Encyclopædia Britannica, Vol. 7, S. 346; Fossile Funde weisen darauf hin, dass prokaryotische (zellkernlose) Bakterien und Blaualgen die frühesten (bekannten) Lebensformen auf der Erde waren.

[202] 260.000 Pflanzen, 50.000 Wirbeltiere, 750.000 Insekten (Röhrlich, S.17f)

Leben möglich ist, wird im Verlauf dieser Arbeit immer wieder aufgeworfen und wird in Kapitel 7, Abschnitt 7.3, final behandelt. Alles Leben auf der Erde bildet aus seiner Kohlenstoffgrundlage DNA in Doppelhelix-Aufbau, die sich zusammensetzt aus vier Bausteinen in Codes, ähnlich einem binären System. Ein DNA-Molekül setzt sich aus 100 Milliarden Atomen zusammen. Die DNA ist außerdem Träger der Gene und damit ein wichtiger Bestandteil der Reproduktionsfähigkeit des Lebens, einer der wichtigsten Grundeigenschaften von Leben.

In den folgenden Abschnitten soll nun genauer dargestellt werden, was wir unter Leben genau verstehen, wie und wodurch Leben auf der Erde entstanden sein könnte und unter welchen planetaren und kosmischen Bedingungen es auch außerhalb der Erde entstehen könnte. Die Entstehung des höheren Lebens auf der Erde wird im Anschluss behandelt, bevor schließlich auf Basis der Drake-Gleichung[203] der Frage nachgegangen wird, was sich über die Wahrscheinlichkeit des Auftretens von intelligentem Leben außerhalb der Erde sagen lässt.

---

[203] Vgl. Kap. 2, Abschn. 2.2

4.1 Voraussetzungen für die Entstehung von Leben

In einem Universum, in dem es Rohstoffe für das Leben so
überreich gibt, können wir nicht allein sein!
– John Gribbin, Astrophysiker, 2002

Die schlichte, aber schwer zu beantwortende Frage „Was ist Leben?"
füllt ganze Bücher. Es gibt unzählige unterschiedliche Definitionen von
„Leben". Grundsätzliche und wichtige Gedanken zu „Was ist Leben?"
formulierte bereits 1944 der Quantentheoretiker und Nobelpreisträger
Erwin Schrödinger (1887-1961) in seinem gleichbetitelten Buch.
Schrödinger setzt sich in diesem Werk als Physiker mit Fragen der
Biologie auseinander, konkret mit dem Wesen der Vererbung und der
Thermodynamik lebender Wesen. Schrödingers Ausführungen bildeten
damals den Beginn der Entdeckung und Erforschung der DNA.[204] Laut
einer vielfach rezipierten NASA-Defintion des Scripps Research
Institute ist Leben ein „sich selbst erhaltendes, chemisches System, das
eine Evolution durchlaufen kann". Diese Aussage setzt die
Grundannahmen voraus, dass Leben auf Chemie basiert und Energie
und Atome aus seiner Umgebung aufnehmen, verändern und für seinen
Erhalt und seine Entwicklung hin zu mehr Komplexität nutzen kann.[205]
Die Definition der Encyclopædia Britannica, mitverfasst von Carl Sagan,
beschreibt Leben als eine Form materieller Komplexität, die die
Fähigkeit besitzt bestimmte funktionale Aktivitäten durchzuführen,
darunter Metabolismus oder Stoffwechsel (die Gesamtheit der

---

[204] Schrödinger, S. 6; Schrödinger erklärt, dass Leben ein geordnetes und
gesetzmäßiges Verhalten der Materie ist, mit der Tendenz, eine bestehende
Ordnung aufrechtzuerhalten, statt in Unordnung überzugehen. Aufrecht erhalten
bleibt sie durch Stoffwechsel, zu Grunde liegt ihm ein thermodynamisches
Gleichgewicht.

[205] Röhrlich, S. 19

chemischen Prozesse in Lebewesen), Wachstum, Reproduktion und eine Art von Adaption und Reagibilität, z.B. in Form von Evolution. Leben ist hier weiter allgemein bestimmt von der komplexen Umwandlung organischer Moleküle, wonach es sich erfolgreich zu größeren Einheiten wie Protoplasma, Zellen oder Organismen organisiert beziehungsweise zusammenfindet.[206] In seinem 2016 erschienen Buch „Astrobiologie" fasst der Physiker Mathias Scholz acht „Säulen des Lebens" zusammen. Neben den vier bereits genannten – *Stoffwechsel, Wachstum, Reproduktion, Anpassung* – nennt er zusätzlich: *Kompartimentierung*, also die Aufteilung der lebenden Materie in verschiedene biochemische Reaktionsräume, wie es schon in einzelnen Zellen passiert; *Katalyse*, die Variierbarkeit einer biochemischen Reaktion; *Regulation*, die Feinabstimmung aller Stoffwechselprozesse; und schließlich *Programm*, eine Art codierter Informationsspeicher.[207] Eine Merkmalliste des Lebens ist nicht ohne weiteres abschließbar. Während der von der NASA abgehaltenen Konferenz „Astrobiologie" im Jahre 2002 wurden rund 100 Kennzeichen von Leben zusammengetragen, die nur in der lebenden Natur vorkommen.[208]

4.1.1 Biochemische Voraussetzungen für die Entstehung von Leben

Die Meinungen über den Ursprung des Lebens gehen weit auseinander. Wissenschaftlich am vertretbarsten ist die Theorie, dass das irdische Leben sich in einem frühen Entwicklungsstadium des Planeten durch eine Reihe andauernder chemischer Reaktionen spontan gebildet hat. Demnach haben sich aus anorganischen Verbindungen von Methan, Ammoniak und Wasserdampf, wovon es einst reichlich auf der Erde gab, durch den zusätzlichen Einfluss von Energie aus atmosphärischen elektrischen Entladungen und ultravioletter Strahlung des

---

[206] The New Encyclopædia Britannica, Vol. 7, S. 346

[207] Scholz, S. 10-16

[208] Scholz, S. 9

Sonnenlichts erste einfache, organische Moleküle gebildet. Wie aus diesen einfachen Aminosäuren schließlich deutlich organsiertere und sich vermehrende Systeme entstehen konnten, die als lebendig bezeichnet werden können, ist schwer zu beantworten und bis heute weitgehend ungeklärt.[209]

Die Spontanerzeugung des Lebens beziehungsweise der ersten Lebensbausteine wird auch als Abiogenese bezeichnet. Abiogenese zu ergründen ist deshalb kompliziert, weil es keine fossilen Entstehungshinweise aus der Zeit des ersten Lebens mehr auf der Erde gibt. Auch experimentell ist Abiogenese nicht untersuchbar. Es bestehen daher diverse Theorien hierzu.[210] Der Komplexitätsunterschied zwischen anorganischer und organischer Materie erscheint unüberwindbar groß. Die Probleme beim Aufklären der Abiogenese subsummierte der Chemiker und Photosynthese-Forscher Melvin Calvin[211] unter dem Begriff „chemische Evolution". Calvin formulierte vier Details, die hierbei für den Erkenntnisgewinn geklärt werden müssen: Die Umgebungsbedingungen (1), die biochemisch wichtigen präbiotischen Moleküle (2), die lokale Anreicherung dieser (3) und die Bildung von entwicklungsfähigen Reaktionsnetzwerken dieser (4).[212] Abiogenese wird heute als

---

[209] The New Encyclopædia Britannica, Vol. 7, S. 346

[210] Z.B. die in Fachkreisen zunehmend diskutierte Theorie der „Panspermie", die besagt, dass das irdische Leben von außerhalb des Planeten stammt. Einfachsten Lebensformen sei es demnach möglich, über große Distanz hinweg durch das All bewegt zu werden, ohne zu sterben. Treffen sie auf einen anderen Himmelskörper, könnte dieser mikrobakteriell mit Leben „infiziert"/„angesteckt"/"befruchtet" werden. Hierfür gibt es allerdings keine Beweise und die Theorie ist umstritten. Sicher ist nur, dass die Anfänge des Lebens auf der Erde durch von Asteroiden auf die Erde gebrachte organische Moleküle beschleunigt wurden. (Piper, S.160ff; Zaun, S. 29f); vgl. hierzu auch Kap. 7, Abschn. 7.2.2.1 (ALH 84001)

[211] Teilnehmer der berühmten Green-Bank-Konferenz 1961. Im selben Jahr bekam er für die Entdeckung des nach ihm benannten „Calvin-Zyklus" in der Photosynthese den Nobelpreis.

[212] Scholz, S. 136f

naturgesetzlicher Vorgang betrachtet, der unter viablen Bedingungen immer und überall stattfinden kann. Hieraus lässt sich schließen, dass (zumindest mikrobiotisches) Leben auch auf anderen geeigneten Planeten als der Erde entstehen könnte.[213]

Im Jahr 1953 bekam der damalige Student und spätere renommierte Biologe und Chemiker Stanley Lloyd Miller mit einem grundsteinlegenden Experiment zur Abiogenese weltweite Aufmerksamkeit im Kreis der Evolutions- und Lebensforscher. Auf Basis der Ideen zu den chemischen Grundbausteinen des Lebens seines Mentors, des Nobelpreisträgers Harold Clayton Urey[214] und der Darwin'schen Urtheorie zur chemischen Entstehung des Lebens durch Sonne und Wasser[215] entwickelte er ein Experiment, das heute als Miller-Urey-Experiment zu den bekanntesten Versuchen der Wissenschaft gehört. Im Labor rekreierte Miller in sauerstofflosen Verhältnissen eine theoretische Version der Ur-Erde aus destilliertem Wasserdampf, vermengt mit Methan, Ammoniak und Wasserstoff. Das Gemisch wurde mehrere Wochen von elektronischen Funken durchblitzt. Schließlich gelang es Miller zunächst Glycin, die einfachste der 23 Aminosäuren, und später auch zahlreiche weitere Aminosäuren in der von ihm künstlich erschaffenen „Ursuppe" nachzuweisen. Aminosäuren sind die Bauteile der Proteine, die neben der DNA die zentralen Einheiten lebender Zellen bilden.[216] Millers simples Experiment bewies vermeintlich, dass die Grundbausteine des Lebens tatsächlich überall entstehen könnten – sofern die Atmosphäre der Ur-

---

[213] Scholz, S. 290

[214] 1934 erhielt er für die Entdeckung des Deuteriums, eines natürlich vorkommenden, schwereren Wasserstoff-Isotops, den Nobelpreis für Chemie.

[215] Darwin formulierte im Jahr 1871 folgenden Gedanken: „Wenn wir uns einen kleinen, sonnenerwärmten Tümpel vorstellen könnten, mit allen möglichen Ammoniak- und Phosphorsalzen, mit Licht und Hitze und Elektrizität, dann könnte darin auf chemischem Wege ein Protein entstehen, das dann noch verschiedene komplexe Veränderungen durchlaufen müsste." (Röhrlich, S. 87)

[216] Röhrlich, S. 87-89

Erde auch tatsächlich Millers Versuchsaufbau geähnelt hat, denn heute ist bekannt, dass die Atmosphäre der frühen Erde eher unwirtlich aus Kohlendioxid, Stickstoff und Wasserdampf bestanden haben muss. Methan bildete sich erst, als Mikroben anfingen Kohlendioxid und Wasserstoff in dieses umzuwandeln – ein Widerspruch.[217] Carl Sagan vertrat die Meinung, dass das Experiment überzeugende Hinweise darauf gäbe, dass Leben im Kosmos häufig vorkommt.[218] Doch auch durch zahlreiche Wiederholungen des Experiments in unterschiedlichen Variationen konnten bis heute noch nicht alle für das (irdische) Leben notwendigen Aminosäuren synthetisiert werden.[219] Dennoch stellt das Miller-Urey-Experiment einen wichtigen Schritt zur Erkenntnis über die biochemischen Voraussetzungen für Leben dar. Organische Moleküle können tatsächlich spontan entstehen. Aber selbst wenn man alle Aminosäuren hätte synthetisieren können – unklar bliebe weiterhin, wie es von deren Entstehung, zu einer weiter und weiter gehenden Konzentration und schließlich zum nächsten Entwicklungsschritt kommen kann, der Bildung von DNA und Protein, die beide komplizierte Makromoleküle sind, und in Wechselwirkung die Grundlage der Entwicklung lebender Zellen ausmachen.[220]

An dieser Stelle soll es jedoch genügen, sich auf den weiter oben beschriebenen Konsens zu einigen, dass Abiogenese ein naturgesetzlicher Vorgang sei. Der 2013 verstorbene belgische Biochemiker und Nobelpreisträger[221] Christian De Duve formulierte hierzu:

---

[217] Röhrlich, S. 91

[218] Piper, S. 159

[219] Scholz, S. 243

[220] Hallo S. 91-92; Hierbei steht die Wissenschaft vor einem Dilemma, denn es ist bis heute unklar, ob DNA oder Protein zuerst da waren, da sie sich doch beide gegenseitig bedingen.

[221] 1974 für die Entdeckung und Isolierung der Zellbestandteile von Lysosomen und Peroxysomen. (Wabbel, S. 237)

> „Unter den Bedingungen, die vor etwa 4 Milliarden Jahren auf der
> Erde vorherrschten – beziehungsweise wann und wo immer
> irdisches Leben begann – mussten die chemischen Prozesse, die
> Leben hervorbrachten, zwangsläufig stattfinden. Gäbe es die
> gleichen Bedingungen an einem anderen Ort, müsste dort auf
> ähnliche Weise Leben entstehen. [...] Wir gehören [...] zu einem
> Universum, in dem Leben ein notwendiger Bestandteil und nicht
> eine außergewöhnliche Erscheinung ist. Diese Aussage impliziert
> folgendes: Wenn es, wie viele Astronomen glauben, viele andere
> Planeten in unserer Galaxie oder an anderen Orten im Universum
> gibt, die der Erde ähneln, gibt es auf diesen Planeten
> wahrscheinlich in einer Form Leben, die sich hinsichtlich ihrer
> zentralen chemischen Eigenschaften nicht wesentlich von der
> Form unterscheidet, die auf der Erde anzutreffen sind."[222]

Laut dem Eintrag für „Extraterrestrisches Leben" in der Encyclopædia
Britannica benötigt Leben, das im Universum außerhalb der Erde
existiert oder existiert hat mindestens: 1. ein geeinigtes Medium für
chemische Reaktionen (z.B. Eine Flüssigkeit wie Wasser) und 2.
atomares, häufig im All vorhandenes strukturell veränderbares
Material.[223] Für irdisches Leben spielen nur 21 der 92 im Universum
natürlich vorkommenden Elemente eine Rolle. Die wichtigsten dieser
biogenen Elemente sind Kohlenstoff, Wasserstoff, Sauerstoff, Stickstoff,
Schwefel und Phosphor. Man ist sich darüber hinaus heute einig, dass
außerdem eine geeignete Energiequelle für den Stoffwechsel
unabdingbar ist. Für die meisten Lebewesen auf der Erde ist diese das
Sonnenlicht, mit dem beispielsweise Pflanzen Photosynthese
betreiben, ein Vorgang, in dem das in den Blattteilen enthaltene
Chlorophyll (Blattgrün) die roten Anteile des Lichts absorbiert und
auftrennt. Durch die so entstehende Spannung können Kohlendioxid
und Wasser schließlich in Zucker und Sauerstoff umgewandelt
werden.[224] Heute weiß man, dass nicht einzig das Licht eines Sterns wie

---

[222] Duve, S.29f

[223] The New Encyclopædia Britannica, Vol. 4, S. 638

[224] Piper, S.163

der Sonne Energiequelle für Leben sein kann. „Extremophiles" Leben auf der Erde hat unsere Vorstellungen von den Bedingungen des Lebens über den Haufen geworfen und uns gezeigt, dass Leben in viel größerem Rahmen, als bisher angenommen, existieren kann. Als Extremophile werden Lebensformen bezeichnet, die sich im Laufe der Evolution perfekt an extreme natürliche Bedingungen angepasst haben. Der Begriff wurde 1974 erstmals durch den NASA-Wissenschaftler R. D. MacElroy geprägt. Gemeint sind Organismen, die beispielsweise an eher lebensfeindlichen Orten wie vulkanischen Quellen, Methanhydratlagerstätten am Meeresboden, an extrem trockenen oder an extrem kalten Orten, in tiefen Gesteinsschichten, in Uranerzlagerstätten oder in der Tiefsee, wo sie hohem hydrostatischem Druck ausgesetzt sind, leben können. Extremophile sind nicht ausschließlich Mikroorganismen. Ebenso zählen zu ihnen komplexere Lebewesen wie Schwämme, Blumentiere, Würmer, Krebstiere, Weichtiere und Stachelhäuter.[225]

Bekannte Beispiele sind z.B. Mikroben, die bei Bergbauarbeiten in einer 3,5 km tiefen Goldmine in Südafrika entdeckt wurden, wo der Druck etwa doppelt so hoch ist, wie an der Erdoberfläche und eine Temperatur von rund 60°C herrscht. Hier zerfallen Uranatome im Erdboden und lösen Wasserstoffgas aus dem Grundwasser, während der Wasseranteil dabei zerstört wird. Zusammen mit gelösten Schwefelverbindungen dient der freigewordene Wasserstoff den Bakterien zum Stoffwechsel.[226] Es existieren auch Bakterien, die kilometertief im Erdboden Eisen- und Manganverbindungen als Energielieferanten nutzen.[227] Auch hat die Existenz von Extremophilen gezeigt, dass Leben in einer weitaus größeren Temperaturspanne

---

[225] Scholz, S. 121-122

[226] Röhrlich, S. 108

[227] Wenn Bakterien anorganische Materie zum Aufbau von organischen Verbindungen verwenden, spricht man von Chemosynthese, gegensätzlich zur Photosynthese (Piper, S. 165)

existieren kann als einst gedacht. Orte, die man bisher für völlig steril hielt, wurden als lebensfreundlich erkannt.[228] Relativ jung ist z.B. die Entdeckung von Extremophilen, die in der Umgebung sogenannter „Black Smoker", vulkanischer Quellen am Meeresboden in mehreren tausend Kilometern Tiefe und bei völliger Abwesenheit von Sonnenlicht, extremer Hitze ausgesetzt sind. Wo das Wasser bis zu 350°C heiß werden kann, und hoher Druck herrscht, finden sich einzigartige geschlossene symbiotische Ökosysteme, in denen blinde Schlotgarnelen sich von Mikroben oder Muscheln, die wiederum durch die Aufnahme von Schwefel am Leben bleiben, ernähren. Gefunden wurden diese erstmals 1977 vor den Galapagos-Inseln, wo durch plattentektonische Bewegungen Öffnungen in der Erdkruste entstehen.[229] Auch unter extrem kalten Bedingungen können Mikroorganismen leben und überleben. Das Bakterium Polaromonas Vacuolata existiert dauerhaft in 0 bis 4°C kaltem Meereseis. Gefunden wurde es erstmals 1986 vor der Küste der Anvers-Insel in der Antarktis. Man weiss heute, dass mikrobielles Leben bei bis zu -18°C reproduktiv bleiben kann. Viele Mikroorganismen lassen sich bei -196°C sogar konservieren.[230]

Extremophile sind auch deshalb ein so interessanter Untersuchungsgegenstand und wichtig für die Untersuchung von Leben, weil die Bedingungen auf der Erde zur Zeit der ersten Lebensformen ebenso extrem waren[231], genauso wie die Bedingungen auf den bisher gefundenen terrestrischen Exoplaneten. „Extrem" liegt hierbei natürlich im Auge des Betrachters. Nach irdischen Maßstäben ist extremophiles Leben außergewöhnlich und grenznah. Leben, dass unter extraterrestrischen Bedingungen entstanden sein mag, wäre aber

---

[228] Scholz, S. 121

[229] Piper, S. 164

[230] Scholz, S. 123

[231] Scholz, S. 132; Manche Wissenschaftler vertreten daher die Ansicht, dass Extremophile die ersten Lebensformen auf der Erde gewesen sein könnten.

an diese angepasst und hat womöglich andere, entsprechende Ausformungen. Was für uns extromophil ist, könnte in einer anderen Welt eine dominante Form des Lebens sein. Dies untermauert die Vorstellung, dass Leben, wie es auf der Erde, unter den ganz speziellen irdischen Bedingungen, entstanden ist, eine Seltenheit darstellen muss – und je nach Standpunkt ebenso extrem ist.[232]

Der Radiowissenschaftler und Planetenforscher Von R. Eshleman hat den interessanten Gedanken geäußert, dass oberflächliche und unterirdische Lebensformen möglicherweise völlig getrennt und unabhängig voneinander existieren und dass die verschiedenen Leben daher vielleicht auch unabhängig voneinander entstanden sind. Mikroben, die tief in der Erde leben und entstehen, könnten auch die frühen Asteroideneinschläge vor ca. 3,9 Milliarden Jahren überlebt haben und demnach die ersten Lebensformen der Erde gewesen sein.[233]

Die Erkenntnisse über Extremophile haben ein Umdenken verursacht. Leben kann auch anders funktionieren, als bisher angenommen. Die Rahmenbedingungen sind erweiterbar. Mehr und mehr Wissenschaftler geben daher zu bedenken, dass Leben auch auf einem anderen Grundpfeiler als Kohlenstoff entstehen könnte.[234] Auch andere organische Stoffe, die Ketten bilden, kommen in Frage: Bor, Stickstoff, Phosphor, Germanium oder Schwefel.[235] Silizium jedoch wird als Alternative am häufigsten genannt, da es dem Kohlenstoff sehr ähnlich

---

[232] Michaud, S. 76

[233] Michaud, S. 75f

[234] Die Annahme, dass universelles Leben grundsätzlich aus Kohlenstoff bestehen müsse und nur aus Kohlenstoff bestehen könne, wird polemisch auch als „Kohlenstoffchauvinismus" bezeichnet. Dieser Begriff geht zurück auf den Molekularbiologen Joshua Lederberg (1925-2008), der den Chauvinismus des Karbaquismus (ein Kreuzwort aus Karbon und Aqua) kritisiert hat. (Baumann, S. 230); Mehr dazu Kap. 7, Abschn. 7.3

[235] Scholz, S. 32f

ist. Es kann bis zu vier Wasserstoffatome an sich binden und ist auch in der Lage sich mit Sauerstoff zu verbinden[236]. Es hat ähnliche Eigenschaften wie Kohlenstoff, insbesondere in kalter Umgebung. Silizium ist ein wichtiger Baustein der irdischen Tier- und Pflanzenwelt. Die Zellhülle der Kieselalge besteht größtenteils aus Siliziumoxid und auch manche Mikroben können bei Abwesenheit von Kohlenstoff wachsen, sofern Silizium verfügbar ist. Doch der Großteil der Lebensforscher ist sich einig darüber, dass kohlenstoffbasiertes Leben die dominierende Form im Universum sein muss, da Kohlenstoff überall im Universum in großen Mengen vorkommt und im Gegensatz zu Silizium außerdem besonders wandelbar ist. Es kann mit Wasserstoff, Sauerstoff oder Stickstoff als Einfach-, Zweifach oder Dreifachbindung unzählige, verschiedenartige Formen von stabilen, anpassungsfähigen Strukturen bilden. Für Leben ist eine Kohlenstoffbasis also weit solider als eine Siliziumbasis.[237]

Weitgehende Einigkeit herrscht auch darüber, dass Wasser das dominierende Entstehungsmedium des Lebens ist. Kein anderes bekanntes Lösungsmittel ist besser im Stande, die für die Entstehung von Leben notwendigen chemischen Reaktionen zu tragen. In Wasser können komplexe, dreidimensionale Moleküle entstehen. Es tritt außerdem in einer sehr breiten Temperaturspanne flüssig auf (100 °C), ein größerer Bereich als bei allen anderen in Frage kommenden Lösungsmitteln.[238] Wasser kann sogar unter seinem Gefrierpunkt noch flüssig sein, wenn z.B. sein Salzgehalt besonders hoch ist; ebenso aber auch weit über dem Siedepunkt, sofern hoher Druck herrscht, wie z.B.

---

[236] Siliziumdioxid, SiO_2, oder auch einfach Granit ist als Hauptgrundlage für irdisches Leben viel zu fest und zu starr.

[237] Piper, S. 167; Röhrlich S. 164-166

[238] z.B. Ammoniak, dessen Flüssigkeitsspanne bei einem Schmelzpunkt von -78°C und einem Siedepunkt von -33°C nur 45°C beträgt; oder Methan, bei dem die Spanne mit einem Schmelzpunkt von -182°C und einem Siedepunkt von -164°C nur 18°C beträgt. (Jakosky, 1998, S. 111)

am Grund der Ozeane. Zudem ist Wasser als sehr einfaches Molekül ebenso wie Kohlenstoff im ganzen Universum natürlich und häufig auffindbar. Die Lebewesen auf der Erde bestehen – ausnahmslos – zu 70 bis 90 % aus Wasser.[239] Es ist für die irdische Wahrnehmung und Wissenschaft also schwer vorstellbar, dass universelles Leben auch ohne Wasser entstehen könnte.

Dennoch weisen namhafte Forscher immer wieder darauf hin, dass Leben auch außerhalb der uns bekannten Grenzen existieren könnte. So z.B. Erwin Schrödinger 1944:

> „[...] nach allem, was wir von der Struktur der lebenden Materie gehört haben, müssen wir darauf gefaßt sein, daß sie auf eine Weise wirkt, die sich nicht auf die gewöhnlichen physikalischen Gesetze zurückführen läßt, und zwar nicht deswegen, weil eine ‚neue Kraft‘ oder etwas ähnliches das Verhalten der einzelnen Atome innerhalb eines lebenden Organismus leitete, sondern weil sich dessen Bau von allem unterscheidet, was wir je im physikalischen Laboratorium untersucht haben."[240]

Da jedoch nur Aussagen über das bekannte Leben „wie wir es kennen" formulierbar sind, steht die Wissenschaft vor dem Dilemma, nicht zu wissen, wonach sonst zu suchen wäre. Raumfahrtexperte und Mars-Forscher Bruce Jakosky, zuständig für planetare Geologie und extraterrestrisches Leben beim NASA Astrobiology Institute, gab 1998 zu bedenken, dass die Erde nur ein einzelnes Beispiel für die Struktur von Leben bietet und die Überzeugung, Leben müsse sich zwangsläufig so entwickeln wie auf der Erde, mit Vorsicht zu genießen sei, denn die biochemischen Voraussetzungen hierfür ließen sich nicht generalisieren. In der Biologie gäbe es viele Beispiele dafür, dass die Entwicklung und Ausformung des Lebens evolutionär nicht immer den einfachsten und bequemsten Weg gewählt hat. Extraterrestrisches

---

[239] Piper, S. 165f; Jakosky (1998), S. 110f

[240] Schrödinger, S. 109

Leben könnte sich also grundlegend von terrestrischem Leben unterscheiden und unabhängig von einer Wasser- oder Kohlenstoff-Dominanz evolvieren.[241] Clifford Pickover vom IBM Watson Research Center vertritt die Ansicht, dass Leben immer die Struktur annimmt, die bestmöglich seinem Zweck entspricht.[242] Der NASA-Astrobiologe Christopher McKay äussert in dem 2015 erschienenen Dokumentarfilm „The Visit" die Theorie, dass kohlenstoffbasiertes Leben zur Zeit der Entstehung des Lebens auf der Erde möglicherweise nur eine von vielen Formen des Lebens gewesen sei, die sich im Zuge der Evolution gegen andere Formen durchgesetzt und diese schließlich vollständig verdrängt habe. Nicht zuletzt Carl Sagan gab zu bedenken, dass die Menschen dazu neigen, mögliche alternative Naturgesetze des Lebens zu übersehen. Es könne sein, dass die Erde ein besonderer Fall und Ort ist, der Leben, das irdischen Maßstäben folgt, besonders gut unterstützt.[243] Daher ist es nicht ausgeschlossen, dass extra-terrestrisches Leben, das einer völlig anderen Grundstruktur folgt, im Universum verbreitet sein könnte.

Das große Dilemma der Astrobiologie besteht also darin, in irdischen Maßstäben gefangen zu sein. So beschränkt sich die Suche nach Leben im All seit jeher auf die Suche nach Leben im Universum, dem irdische Entstehungsparameter zugrunde liegen, auch wenn diese selbst noch nicht vollständig geklärt sind.

4.1.2 Kosmische und planetare Voraussetzungen für Leben

Wichtig für die Möglichkeit der Entstehung und Existenz von Leben ist neben der biochemischen Grundlage auch der kosmische und planetare Rahmen. Damit es im Zuge der Selbstorganisation systematischer chemischer Verbindungen, der Abiogenese, zur Entstehung von Leben

---

[241] Jakosky (1998), S.117f

[242] Michaud, S. 74

[243] Michaud, S. 74

kommen kann, müssen bestimmte planetare Bedingungen erfüllt sein, die wir abschätzen können, wenn wir den habitablen Planeten Erde als Maßstab nehmen.

Da es möglich ist, Aussagen über die Gesamtbedingungen zu treffen, die auf dem Planeten Erde vor ca. 3,8 Milliarden Jahren herrschten, als die biochemische Evolution ihren Anfang nahm,[244] lässt sich ableiten, welche Bedingungen ein Planet erfüllen muss, um Leben zu begünstigen, beziehungsweise zu beherbergen, sprich habitabel zu sein. Aussagen über die potentielle Habitabilität eines Planeten lassen sich heute in erster Linie per Spektralanalyse[245] treffen. Durch das spezifische Lichtspektrum kann das Vorkommen bestimmter Gase, sogenannter „Biosignaturen" oder „Biomarker", in den Atmosphären von terrestrischen Exoplaneten nachgewiesen werden[246], von denen eine Konzentration in bestimmter großer Höhe nötig ist. Bestimmte Biomarker sind einfacher nachzuweisen als andere. Das vielversprechende Ozon beispielsweise lässt sich als einfache Form des Sauerstoffs sehr leicht bestimmen. Methan dagegen ist nur in einer Entfernung von bis zu einigen Lichtjahre zu entdecken, da es nur im nahen Infrarotbereich erkennbar ist.

Besonders interessante Biomarker sind Gase, die aufgrund von Stoffwechselvorgängen von Lebewesen entstehen und dadurch eine Konzentration erreichen, die nicht mit den sonstigen Grundbedingungen des Planeten in Einklang zu bringen ist, Sauerstoff zum Beispiel. Die Stickstoffatmosphäre der Erde kann nur deshalb einen hohen Anteil von ca. 21% Sauerstoff halten, weil dieser durch das Leben auf der Erde immer wieder erneuert wird. Aufgrund seiner hohen chemischen Reaktionsfreudigkeit wäre der Sauerstoff auf der

---

[244] Scholz, S.132

[245] Vgl. Kap. 2, Abschn. 2.1

[246] Z.B. Sauerstoff, der als Biomarker am ehesten in Form von Ozon relevant ist (vgl. Kap. 3, Abschni. 3.5), Wasser (meist in Form von Wasserdampf), Kohlenstoffmonoxid oder Methan

Erde ohne diese biologische Reproduktion längst verschwunden. Methan kann ebenfalls ein direkter Hinweis auf Leben sein, da es unter anderem von Lebewesen metabolisch produziert wird. Ein relevanter Anteil des in der Erdatmosphäre befindlichen Methan ist auf riesige Rinderherden zurück zu führen. Passt das hohe Aufkommen von Methan nicht zu den Verhältnissen einer sauerstoffreichen Atmosphäre, könnte dies ein Hinweis auf mögliche biologische Aktivität sein.[247] Aber auch Vulkanismus und Plattentektonik können hierfür verantwortlich sein. Chlorophyll gilt ebenso als ein wichtiger Biomarker, da es ein starker Hinweis auf Photosynthese ist.[248] Auch Wolken in einer Atmosphäre können Hinweise auf Leben geben. Wolken sind durch das Spektrum im optischen und Infrarotbereich leicht nachweisbar. Sie zeigen, dass eine Atmosphäre in Bezug auf die Strahlungsverteilung und damit den Energiehaushalt dynamisch ist. Daraus folgende Niederschläge können eine flächendeckende Verteilung einer lebensnotwendigen Flüssigkeit wie Wasser gewährleisten.[249]

Bei der Untersuchung von Biosignaturen muss man auch den Spektraltyp des Muttersterns eines Planeten berücksichtigen. Denn bestimmte Typen von M-Sternen erzeugen eine so intensive Strahlung, dass sauerstoffhaltige Moleküle wie CO_2 aufgebrochen werden, wodurch und eine hohe Konzentration von Sauerstoff erzeugt wird, die das Gleichgewicht der Atmosphäre deutlich beeinflussen würde, was man irrtümlich als biologische Aktivität interpretieren könnte.

Der Spektraltyp (die Spektralklasse) eines Sterns ergibt sich aus der Farblichkeit seines Lichtspektrums und der damit zusammenhängenden Oberflächentemperatur, die zwischen rund 400 und 40.000 K liegen kann (Abb. 9). Der Stern „WISE 1828+2650" im

---

247 Scholz, S. 502f

248 Piper, S. 106; Vgl. Abschn. 4.1.1

249 Piper, S. 107

Sternbild Lyra beispielsweise ist ein Y-Klasse-Stern mit einer niedrigen Temperatur von 250 bis 400 K, der im infraroten Bereich strahlt und nur drei bis sechs Jupitermassen schwer ist. Er zählt zu den Braunen Zwergen[250], den kältesten, kleinsten und dunkelsten Sternen.

Das Hertzsprung-Russel-Diagramm

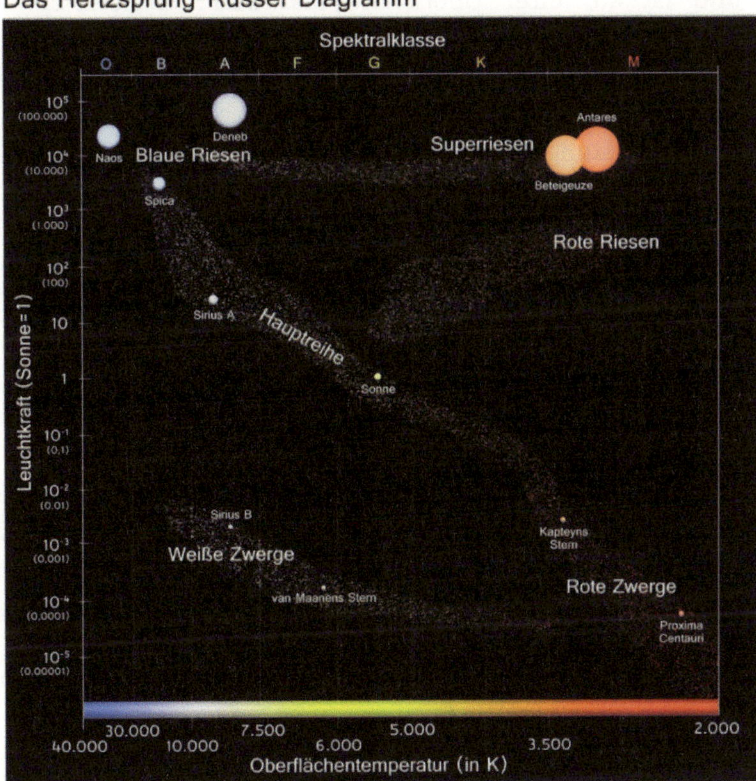

Abbildung 9: Spektralklassen der Sterne im Hertzsprung-Russel-Diagramm. Die Sterne verteilen sich nach Leuchtkraft und Oberflächentemperatur in verschiedenen Klassen. (Quelle: Conz3D)

---

[250] Vgl. Kap. 3, Einleitung

Dagegen ist Mintaka, der westlichste der Sterne des Orion-Gürtels ein heißer O-Klasse-Stern, dessen Licht blau strahlt und dessen Oberflächen-temperatur zwischen 20.000 und 25.000 K beträgt. Er gehört mit ca. 22 Sonnenmassen zu den Blauen Riesen. Die Sonne gehört zu den Hauptreihensternen oder auch Zwergesternen vom Typ G und ist auf ihrer Oberfläche fast 5800 K heiß. Es hat sich herausgestellt, dass das Aufkommen und die Art eines Exoplaneten von der Spektralklasse eines Sterns abhängt. Bei der Suche nach habitablen Exoplaneten wird daher besonders auf Sterne mit niedriger Strahlungsleistung (auch: Stellar Flux, Spektralkraft, Strahlungsenergie) der kälteren Spektralklassen M, K, G und F geblickt, die als sonnenähnlich gelten.[251] Besonders M-Sterne, die als „Rote Zwerge" bezeichnet werden, stehen im Fokus der Exoplanetenjäger, da diese den Großteil der in der Milchstraße vorhandenen Sterne ausmachen (70-85 %). Rote Zwerge haben nicht einmal ein Zehntel der Größe der Sonne. Ihre Strahlung ist hauptsächlich langwellig und rot scheinend, bis in den infraroten Bereich, ihre Oberflächentemperatur ist wesentlich kühler als die der Sonne. Sie variiert zwischen 2200 und 3800 K, wodurch die habitable Zone, der Bereich um einen Stern, in dem Oberflächenwasser eines Planeten flüssig wäre, bei ihnen in deutlich näherer Entfernung beginnt. Diese Nähe hat teilweise auch einen sogenannten „tidal heating"-Effekt zur Folge, der als Energiequelle lebensförderlich sein kann. Hierbei erwärmt sich ein Planet durch die auf ihn wirkenden Gravitationskräfte (beispielsweise des Muttersterns), die ihn förmlich durchkneten und so aufheizen. Dies wird auch als „Gezeitenheizung" bezeichnet.[252]

Gegen die Lebensfreundlichkeit von terrestrischen Planeten um Rote Zwerge spricht jedoch das häufige Aufkommen von Sonneneruptionen (Sterneruptionen), die Leben bedrohen können.[253] Das vermehrte

---

[251] Zaun, S. 57

[252] Auch Jupiter wirkt so auf seine Monde. Mehr dazu in Kap. 5, Abschn. 5.3.1.1
[253] Piper, S. 212

Entdecken von Exoplaneten um Rote Zwerge hängt auch damit zusammen, dass die Transitmethode bei ihnen ergiebiger ist: Ein großer Stern mit hoher und heller Strahlung überstrahlt einen Planeten eher als ein kleiner, schwach strahlender Stern.

Neben den kosmischen spielen auch die planetaren Bedingungen selbst eine Rolle für die Habitabilität. In Abschnitt 4.1.1 wurde gezeigt, dass flüssiges Wasser als zwingende Notwendigkeit für die Entstehung von Leben betrachtet wird. Neben dem Druck spielt hierfür natürlich die durchschnittliche Oberflächentemperatur in einem Bereich zwischen 0°C und 100°C eine Rolle, denn Wasser ist prinzipiell nur unter dieser Bedingung flüssig. Zum einen hängt die auf einem Planeten herrschende Temperatur von der Zusammensetzung der Atmosphäre ab. Eine hohe Konzentration des Treibhausgases CO_2 erwärmt die Oberfläche beispielsweise. Ein Planet mit Treibhauseffekt könnte auch ohne ausreichende Wärmeenergie seines Sterns über flüssiges Wasser verfügen. Zum anderen bestimmt die Nähe zum Mutterstern die Temperatur maßgeblich.[254] Hieraus lässt sich für jeden Stern in Abhängigkeit seiner Strahlungsenergie eine bestimmte ihn umgebende, diskusförmige Entfernungszone bestimmen, in der Planeten flüssiges Wasser beherbergen können.[255] Diese wird als „habitable Zone" (HZ) bezeichnet.[256] Es erscheint trivial: Die habitable Zone eines kleinen, schwächer strahlenden Sterns beginnt und endet in geringerem Abstand, als die eines größeren, stark strahlenden Sterns.[257] Das Wasser eines Planeten, der zwischen HZ und Stern kreist, verdampft, während das Wasser eines Planeten, der sich hinter der HZ befindet,

---

[254] Jakosky (1998), S. 267

[255] Die Strahlung eines Sterns lässt sich unter Bezugnahme seiner Masse leicht berechnen oder messen. Daraus lässt sich sehr direkt eine Schätzung der Temperatur eines Planeten abgegeben – ohne Berücksichtigung atmosphärischer Einflüsse. (Jakosky, 1998, S. 268)

[256] Oder veraltet: „Ökosphäre", bzw. im englischen „Goldilocks Zone", auch „Liquid Water Zone" (Scholz, S. 361)

[257] Jakosky (1998), S. 272

gefriert. Dennoch kann die Bestimmung der habitablen Zone kompliziert werden, denn nicht nur der Sternentyp bestimmt, ob ein Planet heiß oder kalt ist. Auch ist die Strahlungsgeschichte eines Sterns von Bedeutung. Denn hat sich die variable Strahlungsenergie eines Sterns im Laufe seiner Existenz beispielsweise erhöht, so hat sich die habitable Zone dieses Planeten mit der Zeit nach hinten verschoben. Ein Planet könnte nicht immer in der habitablen Zone gelegen haben. So spricht man auch von der „kontinuierlichen habitablen Zone" eines Sterns (CHZ, „continuously habitable zone"), des zentralengeren Bereichs, der lange genug im richtigen Abstand zum Stern lag, um Leben Gelegenheit zur Entstehung gegeben zu haben. Im Falle der Sonne befindet sich der Bereich, in dem flüssiges Wasser seit ca. 4,5 Millionen existieren kann[258], zwischen 0,75 AU und 1,5 AU.[259] Die HZ um die Sonne ist nicht besonders eng, die Erde liegt ziemlich mittig in ihr. Am inneren Rand befindet sich die Umlaufbahn der Venus (0,72 AU), am äußeren Rand die Umlaufbahn des Mars (1,52 AU). Generell muss die HZ auch unter dem Gesichtspunkt der galaktischen Strahlenbelastung bestimmt werden.[260] Daher ist auch seine Lage in der Galaxie wichtig, denn je weiter sich ein Stern im Zentrum seiner Galaxie befindet, desto stärker ist er elektromagnetischer Strahlung, Partikelstrahlung und Gravitationskraft eines im Zentrum befindlichen supermassiven Schwarzen Lochs ausgesetzt, was die Entstehung lebensfreundlicher Planeten stark beeinflussen kann. Hinzu kommt eine bestimmte Supernovaerate, die ebenfalls durch die Lage in der Galaxie bestimmt ist.[261] All dies berücksichtigt man bei der Festsetzung der „Galaktischen

---

[258] Jakosky (1998), S. 260f

[259] Jakosky (1998), S. 270

[260] Scholz, S.364ff

[261] Treten zu wenige Supernovae auf, herrscht eine zu geringe Metallizität für die Bildung von Gesteinsplaneten. Treten zu viele Supernovae auf, könnten die Ausbrüche Leben auf Planeten vernichten. (Scholz, S. 349)

Habitablen Zone" (GHZ)[262], die man sich nicht wie HZ und CHZ als ringförmige Scheibe innerhalb einer Galaxie vorstellen darf, sondern vielmehr als eine Vielzahl einzelner Bereiche innerhalb der galaktischen Scheibe, meist zwischen den Spiralarmen.[263] Als Kandidaten für Habitabilität kommen grundsätzlich nur terrestrische Planeten in Frage, deren Menge durch die habitable Zone (HZ, CHZ und GHZ) stark eingeschränkt wird, auch wenn es Ausnahmen gibt, deren Temperatur auch außerhalb dieser Zonen flüssiges Wasser zulassen könnte. Die Habitabilität eines Planeten wird außerdem beeinflusst von weiteren Faktoren, wie der Flussrate von Meteoriten, die Umweltkatastrophen auslösen und das Leben bedrohen können[264], durch die Thermik eines Exoplaneten, die in Zusammenhang mit eventueller Plattentektonik und Vulkanismus steht, oder dessen Achsenstabilität. Auch Planeten mit nahezu kreisförmiger Ellipse können wie die Erde geneigt sein, was warme Sommer und kalte Winter erzeugt.

Die Suche nach Spuren von Leben erweist sich im Sonnensystem als vielversprechender als im extrasolaren Raum, denn Sonden, Lander, Rover und Orbiter können hier unschätzbar wertvolle Erkenntnisse sammeln. So z.B. die 1989 gestartete, nach dem berühmten astronomischen Revolutionär benannte Galileo-Sonde[265], die auf dem Gasriesen Jupiter mithilfe eines Infrarotspektrometers Signaturen von Wasser und Kohlenstoffdioxid, Ozon und Methan nachweisen

---

[262] Scholz, S. 349

[263] Scholz, S. 354

[264] „Meteoritenflussrate": Aufgrund ihrer enorm hohen kinetischen Energie können selbst im Bezug auf die Größe eines Planeten verhältnismäßig kleine Asteroiden oder Kometenkerne eine große Gefahr für das Leben, bis hin zur völligen Sterilisation eines Planeten, darstellen. Besonders höheres Leben ist hierdurch gefährdet. Die Häufigkeit solcher Einschläge wird durch die Meteoritenflussrate angegeben. (Scholz, S.340f)

[265] Vgl. Kap. 2. Abschn. 2.1

konnte.[266] Ebenso bahnbrechend war die Reise der Sonde Juno, die im August 2011 ebenfalls zur Untersuchung des Jupiters aufbrach, um die genauen chemischen Anteile der Jupiteratmosphäre und dessen Magnetosphäre zu untersuchen. Die Cassini-Huygens-Mission startete schon 1997 und untersuchte ab 2004 den Saturn und dessen Monde, setzte 2005 sogar den Lander Huygens[267] auf der Oberfläche des Saturnmondes Titan ab. Die neuesten Erkenntnisse über das Sonnensystem brachte die New-Horizons-Sonde, die 2006 den Weg ins ferne Pluto-System und den Kuiper-Gürtel antrat und dort 2015 geologische und atmosphärische Untersuchungen vornahm. Die Charakteristika der viele Lichtjahre entfernten Exoplaneten hingegen werden wir leider wohl noch eine ganze Weile nur oberflächlich mit den zur Verfügung stehenden und den geplanten Teleskopen[268], bloß anhand der Analyse des Lichtspektrums untersuchen können.

---

[266] Piper, S. 105

[267] Vgl. Kap. 2, Abschn. 2.1

[268] Mehr dazu in Kap. 6

4.2 Voraussetzungen für die Entstehung höheren Lebens

Dass Leben sich zu höheren, vielzelligen Organismen – zu Neumündern wie z.B. Säugetieren oder Reptilien oder zu Urmündern wie z.B. Insekten oder Spinnen – entwickelt, setzt eine komplexe planetare Struktur voraus. Ein Planet, der solch höher organsiertes Leben tragen soll, müsste terrestrisch sein und eine Masse von ca. 0,3 bis 10 Erdmassen besitzen. Ein Planet mit niedrigerer Masse könnte wahrscheinlich keine notwendige Atmosphäre halten, ein Planet mit höherer Masse wäre höchstwahrscheinlich ein Gasplanet. Ebenso geht man davon aus, dass höheres Leben eine Plattentektonik benötigt, damit beispielsweise Methan, Kohlendioxid und Wasserdampf, angetrieben durch Prozesse radioaktiven Zerfalls im Erdinnern, durch Öffnungen zwischen den Platten an die Oberfläche geraten können. Dies würde die globale Durchschnittstemperatur stabil im positiven Celsius-Bereich halten. Dieser natürliche Treibhauseffekt verhindert im Fall der Erde, dass die höchsten Atmosphärenschichten aufgrund der niedrigen Temperaturen vereisen.[269] Man nimmt ebenfalls an, dass Plattentektonik die Evolution auf der Erde entscheidend beeinflusst hat. Ohne Plattentektonik wäre die Erde wahrscheinlich ein flacher Wasserplanet ohne größere Landmassen.[270] Die vielfältige Topographie der Erde und das verbreitete Aufkommen von Bodenöffnungen in Form von heißen Quellen, Vulkanen etc. bildet eine wichtige Grundlage der Artenvielfalt, stabilisiert den Kohlenstoffzyklus und das globale Klima[271], das essentiell wichtig ist für komplexes Leben. Plattentektonik ist außerdem an der Kühlhaltung des Erdkerns beteiligt, was im Laufe der Erdentwicklung auch dazu geführt hat, den Kohlendioxidanteil in der Atmosphäre zu reduzieren. Man nimmt an,

---

[269] Piper, S.168-170

[270] Scholz, S. 259

[271] Röhrlich, S. 181

dass bei über 80°C wohl kein höheres, nur noch extremophiles Leben möglich ist.[272] Ein Planet, dessen Inneres sich immer weiter aufheizt, verwandelt sich irgendwann zwangsläufig in eine heiße, venusartige Welt. Der Erde hätte ohne tektonischen Ausgleich das gleiche Schicksal gedroht wie Venus. Das Zusammenspiel von Plattentektonik, Verwitterung der Umwelt und Biologie hat über hunderte von Millionen Jahren ein Gleichgewicht der Gaskonzentrationen geschaffen, ohne das das höher entwickelte Leben, wie es sich heute zeigt, nicht hätte entstehen können. Daher wird angenommen, dass Plattentektonik als eine wichtige Grundvoraussetzung für die Weiterentwicklung von Mikroben auf einem Planeten gegeben sein muss. Ein Planet ohne Plattentektonik kann im Laufe seiner Entwicklung entweder zu kalt werden, wie Mars, oder zu heiß, wie Venus.[273] Höheres Leben hätte nicht genug Zeit, sich langfristig zu etablieren.

Ebenso wichtig für höheres Leben sind die klimatischen Bedingungen eines Planeten, die abhängig sind von der Zusammensetzung der Atmosphäre und der Menge der absorbierten Wärmeenergie des Muttersterns, welche wiederum durch die Verortung in der habitablen Zone bestimmt ist. So wie die Plattentektonik ein dauerhaftes Klimagleichgewicht in der langen Zeit der Planetenentwicklung gewährleistet, sorgt auch das zirkulative Wetter für einen ständigen Ausgleich der Temperaturen zwischen Pol und Äquator eines Planeten oder der dem Stern zu- und abgewandten Seite im Falle einer gebundenen Rotation. Winde können sogar bei korotativen Planeten für einen zumindest teilweisen Ausgleich zwischen heißer Tag- und kalter Nachtseite sorgen. Auch die Wolkenbildung hängt vom Wetter ab. Wolken helfen einem Planeten dabei, seine Atmosphäre zu bewahren, weil sie die zersetzende Wärmestrahlung des Muttersterns

---

[272] Piper, S. 173

[273] Röhrlich, S.182 und 184

teilweise abschirmen. Ebenso sorgen Wolken für eine breite Niederschlagsverteilung.[274]

Auch wird das Vorhandensein eines Mondes als nötige Voraussetzung für die Entstehung höheren Lebens betrachtet. Denn ein Mond stabilisiert und bremst die Rotation der Planetenachse. Dieses Verhindern von Taumeln trägt ebenfalls maßgeblich zu stabilem Klima bei. Ein Mond darf hierfür nicht zu weit entfernt von seinem Planeten, nicht zu groß und nicht zu klein sein.[275] Ein weiterer Faktor, der die Wahrscheinlichkeit der Entstehung höheren Lebens sicherlich stark erhöht, ist auch das Vorhandensein eines großen Nachbarplaneten auf einer Umlaufbahn hinter einem in Frage kommenden Planeten – ähnlich wie Jupiter in äußerer Nachbarschaft der Erde. Ein solcher Planet würde mit seinen gewaltigen Gravitationskräften dazu dienen, Kometen, Asteroiden usw. abzufangen, deren mögliche Einschläge auf einem Planeten aufgrund ihrer hohen kinetischen Energie höheres Leben vernichten oder dessen Entwicklung grundsätzlich verhindern könnten.[276] Ebenso stabilisiert Jupiter mit seinen starken Kräften die Umlaufbahnen anderer Planeten.[277] Denn damit ein Planet in der habitablen Zone das ganze Jahr über annähernd gleiche klimatische Bedingungen aufweist, was für die Entstehung höheren Lebens wichtig ist, muss seine Umlaufbahn nahezu kreisförmig sein.[278]

Einige Bedingungen für die Entstehung höheren Lebens lassen sich also nennen. Darüber, was zur Entstehung von intelligentem Leben notwendig ist, ist nichts Erwiesenes bekannt und lediglich Spekulationen und Theorien versprechen Antworten. Grundsätzlich

---

[274] Piper, S.172f; vgl. Abschn. 4.1.2

[275] Piper, S. 171; Es gibt Theorien darüber, dass die Plattentektonik der Erde durch den Mondimpakt ausgelöst wurde. (Scholz, S. 259)

[276] Vgl. Meteoritenflussrate, Abschn. 4.1.2

[277] Piper, S. 170f

[278] Röhrlich, S. 39

müsste hierfür zunächst geklärt werden, was Intelligenz eigentlich ist, insbesondere was den Menschen vom Tier unterscheidet, und was auf der Erde dazu geführt hat, dass die Intelligenz des Menschen der Gattung Homo Sapiens sich von allen anderen Arten so deutlich abheben konnte – ein Rätsel, das die Wissenschaft wohl noch sehr lange beschäftigen wird.[279]

4.2.1 Höheres Leben auf der Erde – ein seltener Fall?

Der berühmte Astrophysiker Stephen Hawking hat geschlussfolgert, dass die Entstehung von höherem Leben auf der Erde eine eher unwahrscheinliche Entwicklung war. Dies zeige der lange Verlauf der Evolution. Die Entwicklung von Einzellern zu Vierzellern, den Wegbereitern höheren Lebens, hat 2,5 Milliarden Jahre in Anspruch genommen. Stellt man dies in Relation zur Gesamtexistenzzeit des Lebens auf der Erde von 3,5 Milliarden Jahren und der Gesamtlebenszeit der Sonne von ca. 4,6 Milliarden Jahren – auch in Anbetracht der Tatsache, dass sie nur noch ca. 5 Milliarden Jahre existieren wird, bevor sie sich zu einem Roten Riesen aufbläht, der die Erde vernichten wird, erscheinen diese 2,5 Milliarden Jahre als ein sehr langer Zeitraum. Die Entwicklung von höherem Leben wirkt vor diesem Hintergrund wie ein Glücksfall.[280] Die Erde als typisches Beispiel für Leben, sogar für höheres und intelligentes Leben im Universum zu betrachten, das ähnlich geformt häufig im All entstanden sein könnte, wird von vielen Forschern daher als sehr optimistische Annahme bezeichnet. Eine eher pessimistische Betrachtungsweise besagt dagegen, dass die Umstände, die dazu geführt haben, dass auf der Erde höheres Leben entstehen konnte, so komplex, selten und einzigartig gewesen seien, dass es sehr unwahrscheinlich sein muss, dass Leben an vielen anderen Orten im All entstanden ist. Für diese Einschätzung

---

[279] Piper, S. 171

[280] Hawking, S. 26

108

bekannt geworden sind der Geologe und Paläontologe Peter Ward und der Astronom und Astrobiologe Donald Brownlee, auf die die „Rare-Earth-Hypothese" zurück geht.[281] Ward und Brownloee behaupten in ihrem vielfach rezipierten Buch „Rare Earth: Why Complex Life is Uncommon in the Universe"[282], dass es im Universum kaum höheres Leben gibt, auch in Anbetracht der unglaublich großen Menge an Sternen und Planeten. Das Leben auf der Erde ist allerhöchstens eines von sehr wenigen existierenden Vorkommen. Die Erde und ihr höheres Leben sind deshalb einzigartig, weil die erforderlichen Faktoren und die Geschichte bis zur Entwicklung des reichhaltigen Lebens aufgrund ihrer spezifischen Komplexität extrem unwahrscheinlich sind.[283] Peter Ward:

> „Mikroben wird es auf vielen anderen Planeten geben. Aber eine zweite Erde mit intelligentem Leben dürfte sehr, sehr selten sein."[284]

Eine komplexe Konstellation sensibler Schlüsselfaktoren und glücklicher Zufälle, die in den vorausgegangenen Abschnitten gezeigt wurde, hat das höhere Leben auf der Erde entstehen lassen: Die Lage innerhalb der habitablen Zone, die Natur des Muttersterns (Größe, Strahlung, Gravitation, usw.), die allgemeine Konfiguration des Planetensystems, Größe und Masse des terrestrischen Planeten, das Vorhandensein eines Mondes, das Vorhandensein von Plattentektonik, das Klima und die chemische Zusammensetzung der Oberfläche, der Ozeane und der Atmosphäre des Planeten. Ebenso entscheidend ist – betrachtet man die Geschichte der Erde – laut Ward und Brownlee das

---

281 Michaud, S. 66

282 Vgl. Literaturverzeichnis

283 Ward/Brownlee, S. 2

284 Röhrlich, S. 216

Auftreten evolutionsfördender Ereignisse, wie Mondimpakt, Vergletscherung oder Meteoritenflussrate.[285]

Ein starkes Gegenargument zur Rare-Earth-Hypothese besagt, dass sich die lebensfreundlichen Bedingungen auf der Erde maßgeblich und eigentlich erst durch das Vorhandensein von Leben entwickeln konnte und von diesem auch dauerhaft aufrecht erhalten werden.[286] Diesen Standpunkt vertritt beispielsweise der NASA-Astrobiologe David Grinspoon, Mitglied der Planetary Society.[287] Grinspoon ist aber ebenso davon überzeugt, dass das Leben auf der Erde sich ohne den Mond nicht hätte verkomplexen können.[288]

Zwar berufen sich Ward und Brownlee auf zahlreiche Beweise und logische – auf dem Fall der Erde beruhende – Schlussfolgerungen, doch die Geschichte der Astronomie[289] lehrt, dass es ein grundsätzlicher Fehler sein kann, die Erde als Maß aller Dinge zu betrachten. Es hat sich außerdem gezeigt, dass die Eigenschaften der Erde keineswegs einzigartig sind. Zwar wurde bislang noch keine Schwestererde gefunden, doch beweist die Exoplanetenforschung, dass die einzelnen Faktoren zahlreich im Universum auftreten. Man könnte den Vertretern der Rare-Earth-Hypothese somit auch einen Mangel an Vorstellungskraft unterstellen. Die gebündelten Bedingungen der Entstehung höheren Lebens auf der Erde können sehr wohl auch an anderer Stelle vereint auftreten. Und vielleicht muss an anderer Stelle auch gar nicht der ganze Anforderungskatalog erfüllt werden. Hinzu kommt die Überlegung, dass irdisches Leben nur eine von vielen Varianten höheren Lebens sein könnte. Es ist nicht erwiesen, dass DNA die einzige Erbsubstanz im Universum ist. Höheres extraterrestrisches Leben muss nicht zwangsläufig dem irdischen ähneln. Die komplexe

---

285 Scholz, S. 327

286 Vgl. Gaia-Hypothese, Kap. 4, Einleitung

287 Vgl. Kap. 2, Abschn. 2.2

288 Michaud, S. 66

289 Vgl. Kap. 2, Abschn. 2.1

und sensible Erdentwicklung als Gesetzmäßigkeit zu betrachten, könnte den Blick verengen. Vielmehr sollte sie als Vorschlag von Leitlinien betrachtet werden.

4.3 Wie wahrscheinlich ist extraterrestrisches Leben?

> We know the number of stars in the universe is something like
> one followed by 23 zeros. Given that number, how arrogant to
> think ours is the only sun with a planet that supports life, and
> that it's the only solar system with intelligent life.
> – *Edward J. Weiler, ehemaliger NASA-Administrator*[290]

Führende Wissenschaftler der unterschiedlichsten Strömungen sind sich daher sicher, dass außerirdisches Leben existiert. Es zu finden, sei nur eine Frage der Zeit. Gegenüber der Rare-Earth-Theorie stehen unzählige Versuche, anhand der vielfach rezipierten Drake-Formel[291] die ungefähre Menge außerirdischer Zivilisation in der Milchstraße abzuschätzen. Zwar konzentriert sich die aktive Suche nach extraterrestrischem Leben heute auf Mikroorganismen oder deren Fossilien, jedoch zerbricht man sich seit der großen öffentlichen Diskussion des Fermi-Paradoxons und der darauf folgenden Aufstellung der Drake-Gleichung (1961) auf breiter seriöser Ebene den Kopf darüber, wie wahrscheinlich und wie zahlreich intelligentes Leben im All tatsächlich sein könnte. Aufschlüsselungen, Erweiterungen oder Kommentare zu Drakes Formel finden sich heute in nahezu jedem ernstzunehmenden Beitrag zu extaterrestrischem Leben. Die schlichte Formel ist allgegenwärtig, trotz ihrer mathematischen Einfachheit und ihres eigentlichen Symbolcharakters. Denn sie ist mehr als Gedankenspiel, denn als eine ernsthafte mathematische Näherung an Tatsachen zu verstehen.

Frank Drakes Formel, die maßgeblich von Wahrscheinlichkeiten zwischen 0 und 1 bestimmt wird, spiegelt den Versuch wieder, einen Wert „N" für die Anzahl der in unserer Galaxie existierenden und

---

[290] Washington Post, 20. Juli 2008
[291] Vgl. Kap. 2, Abschn. 2.2

radioastronomisch kontaktbereiten und -fähigen extraterrestrischen Zivilisationen zu schätzen. Die Komponente der Kommunikationsbereitschaft per Radioastronomie einer Zivilisation, ergibt sich natürlich aus dem damaligen Beginn der SETI-Forschung, die Frank Drake begründet hat. In späteren Fassungen der Gleichung spielt die Fähigkeit zur radioastronomischen Kommunikation nur noch eine untergeordnete Rolle. Die in Green Bank von Frank Drake erstmals vorgestellte Original-Formel lautet wie folgt:

$$N = R \cdot f_p \cdot n_e \cdot f_l \cdot f_i \cdot f_c \cdot L$$

Das Produkt der Gleichung „N" gibt die Anzahl der intelligenten Zivilisationen in der Milchstraße an, die momentan existieren, radioastronomisch kommunikationsfähig sind und mit denen wir in Kontakt treten könnten. „N" ergibt sich aus folgendem Produkt: „R" ist die Entstehungsrate geeigneter langlebiger Sterne in einer Galaxie pro Jahr. „f_p" sind davon die Sterne, die Planeten bilden und dauerhaft halten. Die Zahl derer davon, die terrestrisch sind und in der habitablen Zone liegen, demnach bewohnbar sind, wird durch „n_e" angegeben, woraufhin „f_l" den Bruchteil dieser Planeten angibt, auf denen tatsächlich Leben existiert. Die hohe Spekulativität dieser Variable wird vom nächsten Faktor „f_i" noch übertroffen, der die Zahl der Planeten bezeichnet, auf denen sich intelligentes Leben durchgesetzt hat. Ob dieses intelligente Leben als Zivilisation technisch in der Lage ist elektromagnetische, interplanetare Kommunikation durchzuführen und dies auch real tut, wird schließlich durch „f_c" geschätzt. Abschließend gibt der Faktor „L", der meistdiskutierte Wert dieser Gleichung, die Lebensdauer einer solchen Zivilisation an.[292] Die damalige „L"-Fixiertheit muss in Zusammenhang mit dem Zeitgeist der Entstehung der Gleichung betrachtet werden, als die Existenz und das Fortleben der gesamten Menschheit unmittelbar durch eine mögliche Eskalation des Kalten Krieges bedroht waren. Man stellte sich die Frage,

---

[292] Piper, S. 198f; Zaun, S. 94; Jakosky (1998), S. 283f; Michaud, S. 55f; u.a.; Mehr dazu in Kap. 7

ob eine technologisch fortgeschrittene außerirdische Zivilisation in der Lage wäre, die kritische Phase ihres Seins zu überwinden, die durch das Erreichen der Fähigkeit zur vollständigen technologischen Selbstzerstörung bestimmt ist. Der Faktor „L" wurde von Carl Sagan einst als „Hauptunsicherheitsfaktor" bezeichnet.[293]

Als Ergebnis der Gleichung errechnete Frank Drake selbst den Wert N = 2,31 – hiernach existieren 2,31 intelligente, radioastronomisch kommunikationsfähige und -bereite Zivilisationen in der Milchstraße.[294] Carl Sagan gab in den 1970er Jahren eine weitaus optimistischere Schätzung auf Basis der Drake-Gleichung ab. Er nannte einen Wert von N = 1.000.000, wenn jeder Stern im Schnitt zehn Planeten besitzt.[295] Andere besonders optimistische Schätzungen kamen auf Werte bis zu 100 Millionen.[296] Es ist damals wie heute jedoch offensichtlich, dass die Drake-Gleichung aufgrund ihrer unklaren, spekulativen Variablen, zahlreiche Einschränkungen und Fehleranfälligkeiten beinhaltet und daher höchstens als Gedankenexperiment dienen kann. Außer dem Wert 1 für „R", der bekannten mittleren Sternenentstehungsrate, ist kein Element der Gleichung wissenschaftlich fundiert und kann beliebig ausgetauscht werden. Es gilt als astronomisch gesichert, dass jährlich mindestens ein Stern in der Milchstraße entsteht. Für alle anderen Werte ist keine reale Konstante verfügbar. Alle Größen müssen daher je nach Perspektive des Denkers optimistisch oder pessimistisch abgeschätzt werden.[297] Inzwischen gibt es zumindest die Astrobiologie, die sich ergebnisorientiert mit den Faktoren „f_p" (Sterne, die Planeten bilden), „n_e" (lebensfreundliche Planeten) und „f_l" (belebte Planeten) auseinandersetzt. Die bisherigen Erkenntnisse für „n_e" und „f_l" sind

---

[293] Zaun, S. 95

[294] Piper, S. 198

[295] Zaun, S. 274

[296] Röhrlich, S. 150

[297] Zaun, S. 97

114

jedoch ernüchternd. Eine Näherung an „f_p" scheint realistischer, denn die Zahl der Planeten in der Milchstraße lässt sich mit Sicherheit schon bald höher als die der Sterne schätzen. Jedoch haben sich die habitablen Zonen von Sternen aufgrund neuer Erkenntnisse verkleinert, z.B. in Betracht der Galaktischen Habitablen Zone[298], was die Summe „N" wiederum stark reduziert.[299]

Erwähnt werden muss zum Verständnis der Drake-Gleichung, dass Frank Drake damals auch davon ausging, dass es flüssiges Wasser nur auf einem Planeten geben könne, dessen Orbit in der habitablen Zone liegt. Basierend auf den Beobachtungen der Galileo Sonde[300], nach denen es unter der Eiskruste des Jupitermondes Europa aufgrund von starken Gezeitenkräften einen Ozean und heiße Quellen am Grund geben könnte, ist bekannt, dass Wasser in flüssiger Form auch außerhalb der HZ auftreten kann. Auch ist am Beispiel der Extremophilen deutlich geworden, dass Leben auch ohne Sternenlicht existiert.[301] Es besteht also die Möglichkeit, dass Monde von Gasriesen Leben beherbergen.[302] Auch liegt der Fokus der Gleichung auf Zivilisationen, die radioastronomisch erfassbare Signale aussenden, die theoretisch von uns empfangen werden können. Es könnte jedoch unzählige Zivilisationen geben, die diese Technik noch nicht erreicht, beziehungsweise längst aufgegeben haben.[303]

---

[298] Vgl. Abschn. 4.1.2

[299] Scholz S. 511

[300] Vgl. Abschn. 4.1.2

[301] Auch diskutiert man inzwischen darüber, ob Wasser der einzige flüssige organische Stoff ist, der Leben möglich macht. (Piper, S. 200)

[302] Mehr dazu in Kap. 5, Abschn. 5.2

[303] Michaud, S. 56

Trotz ihrer hohen Spekulativität, die vielfach stark kritisiert wurde, hält sich die Gleichung bis heute konstant und bleibt Gesprächsthema. So kam es im Laufe der Jahrzehnte zu zahlreichen Erweiterungen, Adaptionen, Varianten und Umformulierungen.[304]

Mathias Scholz stellt die Variable „L" relativiert vor. Die Lebensdauer „L" muss durch einen Quotient aus „L" und „L_s" ersetzt werden. der Divisor „L_s" ist hier die durchschnittliche Zeitspanne von der Geburt eines Muttersterns bis zur Entstehung einer technischen Zivilisation.[305] Der Astrophysiker und Science-Fiction-Autor David Brin, der die ursprüngliche Drake-Gleichung öffentlich als „Pseudoformel"[306] abwertete und sich als einer ihrer stärksten Kritiker und Kommentatoren hervor tat, ergänzte die Formel 1983 sogar um drei Faktoren. Er bezog erstens die interstellare Migration extraterrestrischer Lebensformen mit ein: Eine expansionistische, technologisch weit fortgeschrittene Super-Zivilisation könnte hunderte Planeten kolonisieren und auch von dort elektromagnetische Signale emittieren. Zweitens verarbeitete Brin in seiner variierten Formel die Wahrscheinlichkeit, mit der eine außerirdische Zivilisation überhaupt zu senden bereit ist. Schließlich drittens ergänzte er die hierfür in Frage kommenden Welten einer durch ein Suchprojekt wie SETI abgetasteten Raumzone. Brin vertritt den Standpunkt, dass es außerirdische Zivilisationen sehr wohl gibt, diese bloß vorsichtig und zurückhaltend seien. Er positionierte sich dabei nicht optimistisch wie Carl Sagan oder Frank Drake, sondern gehört zu den Kritikern, die vor ungeahnten Gefahren warnen, die durch das leichtfertige Kontaktaufnehmen[307] mit

---

[304] Ähnlich wie beim genial-einfachen Miller-Experiment, das unzählige Variationen, Erweiterungen und Adaptionen des Versuchsaufbaus nach sich zog, die später viele Erkenntnisse und Grundlagen über die Entstehung von Leben brachten.

[305] Scholz, S. 511

[306] Zaun, S. 99

[307] Vgl. die Gefahren von METI; Kap. 2, Abschn. 2.2

außerirdischen entstehen könnten.[308] Auch die Die „Rare-Earth"-Vertreter Ward und Brownlee[309] schlagen 2001 eine stark erweitere Variation der Drake-Gleichung vor:

$$N = N^* \cdot fp \cdot fpm \cdot ne \cdot ng \cdot fi \cdot fc \cdot fl \cdot fm \cdot fj \cdot fme$$

Hierbei berücksichtigte biologische Schlüsselfaktoren sind unter anderem der Prozentteil der Lebensdauer eines Planeten, in dem multizellulares Leben (Metazoen) präsent ist (f_l) und der Anteil an Planeten, auf denen komplexe Metazoen überhaupt entstehen (f_c). Auch andere Faktoren wie der Bruchteil von Planeten mit mindestens einem großen Mond zur Stabilisation der Rotation (f_m) oder der Bruchteil von Sternensystemen mit einem jupitergroßen Planeten (f_j) spielen in der Variante von Ward und Brownlee eine Rolle.[310] Eine moderne Version der Drake-Formel stammt auch von der kanadisch-amerikanischen Astronomin und Planetenforscherin Sara Seager. In Seagers Formel finden Faktoren Beachtung, wie die Anzahl potentiell habitabler Planeten, deren Atmosphäre in den nächsten zehn Jahren untersucht werden kann, die Zahl der Roten Zwergsterne, die das Teleskop TESS[311] in Zukunft beobachten kann oder die Wahrscheinlichkeit dafür, dass in der Atmosphäre eines Planeten messbare Biosignaturen auftreten.[312]

Es existieren zahlreiche weitere Versionen[313] der Drake-Gleichung. Doch welche Werte man auch einsetzt, die Gleichung führt in eine

---

[308] Zaun, S. 257f; Mehr dazu später in Kap. 7, Abschn. 7.2

[309] Vgl. Abschn. 4.2.1

[310] Michaud, S. 111; Ward/Brownlee, S. 317f

[311] Mehr dazu in Kap. 6, Abschn. 6.1

[312] Quelle: http://www.tagesspiegel.de/wissen/suche-nach-außerirdischem-leben-formel-fuer-aliens/8443682.html – zuletzt abgerufen am 20.12.2016

[313] Harald Zaun spricht scherzhaft von der Notwendigkeit einen „Pb"-Faktor einzufügen, bei dem das „P" für „Politik" steht und das „b" für „Bigotterie". Beschrieben wird der Grad der Unterstützung der Suche nach anderen Zivilisationen durch die Herrschenden. Diese leidet auf der Erde häufig unter der Kurzsichtigkeit und dem Materialismus der Politik. (Zaun, S. 99ff)

Sackgasse. Je nach Auslegung und eingesetzten Werten kommt man zu einer sehr großen Spannweite von Ergebnissen. Viel Neues über intelligentes Leben im Universum lässt sich aus der Formel also nicht schließen. Vielmehr verdeutlicht sie uns, dass die Möglichkeit tatsächlich da ist, und vergegenwärtigt uns, an welchen Stellen die größten Unsicherheitsfaktoren bei einer solchen Abschätzung liegen, z.B. ob Leben überhaupt auf jedem Planeten entsteht, der dazu in der Lage wäre; ob intelligentes Leben gezwungenermaßen aus höherem entstehen muss oder die Frage nach der Lebenserwartung einer Zivilisation.[314] Die Diskussion über die Drake-Formel zeigt deutlich, wie schwer es ist, auf theoretischer Ebene einen Nachweis für außerirdische Intelligenz zu erbringen.[315] Es ist, als wolle man die Existenz Gottes mathematisch beweisen. Der Glaube an die Existenz außerirdischer Intelligenz verkleinert sich zu einem Rechenspiel. Wirklich weiter bei der Suche nach extraterrestrischem Leben führt nur handfeste Forschung: Abhören, Beobachten evtl. eines Tages Aussondieren.[316] Genug Exoplanetenkandidaten als Ziel solcher Untersuchungen gibt es jedenfalls schon heute.

---

[314] Jakosky (1998), S. 285

[315] Zaun, S. 98

[316] Zaun, S. 102

5 POTENTIELL HABITABLE WELTEN

Heutzutage aber muß man, welche Grenzen man auch dem Weltall zu- oder abspricht, anerkennen, daß es unzählige Erden gibt, von derselben und noch größerer Ausdehnung als die unsrige, und daß diese ebensowohl Anspruch auf vernünftige Bewohner haben, obgleich es keine Menschen zu sein brauchen.

– G. W. Leibniz (1646-1716), „Theodizee", 1710[317]

With billions of rocky worlds life would have to be extremely picky not to be able to evolve out there.

– Dr. Lisa Kaltenegger, Astrophysikerin[318]

---

[317] Leibniz, S. 109

[318] Time Magazine, 13. Januar 2014. Dr. Kaltenberger ist Dozentin am Harvard-Smithsonian Center for Astrophysics in Cambridge und Leiterin einer Forschungsgruppe am Max-Planck-Institut für Astronomie in Heidelberg.

Nachdem in Kapitel 3, Abschnitt 3.4 die ungeheure Vielfalt der bisher gefundenen Exoplaneten deutlich gemacht und in Kapitel 4 zumindest annähernd geklärt wurde, unter welchen biochemischen und kosmisch-planetaren Bedingungen irdisch-geformtes Leben auch auf anderen Planeten auftreten könnte, soll es nun in Anbetracht der zuvor genannten Kriterien, um jene extraterrestrischen Orte (außerhalb und innerhalb des Sonnensystems) gehen, die potentiell habitabel sind, d.h. entweder zumindest die Bedingungen erfüllen, unter denen Leben, wie wir es kennen, sich entwickeln oder existieren könnte oder womöglich sogar Leben tragen, wenigstens mikrobakterielles. Die Astrobiologie lässt die Vielfalt an Welten, die Leben enthalten könnten, auf Basis der Exoplanetenforschung und des Wissensgewinns über Extremophile, die die hypothetischen Prämissen des Rahmens der Abiogenese erweitert haben, viel größer und vielversprechender erscheinen, als man in der Vergangenheit annahm.[319]

Zunächst werden einige der Exoplaneten betrachtet, die derzeit am stärksten im Verdacht stehen, potentiell habitabel zu sein. Anschließend geht der Blick zurück ins Sonnensystem. Als deutlich geworden ist, dass Leben auch außerhalb der habitablen Zone existieren kann, sind die großen Monde von Jupiter und Saturn in den Fokus der Astrobiologen gerückt, auf denen man teilweise flüssiges Wasser vermutet und wo Energie durch einen tidal-heating-Effekt verfügbar ist.

Auch das Leben auf der Erde könnte in seiner Entstehungsphase von verschiedenen Energiequellen gezehrt haben. Welche am ehesten in Frage kommen, gilt es noch herauszufinden. Geht man der Frage nach, wo extraterrestrisches Leben entstehen und existieren könnte, muss man nach geeigneten Energiequellen suchen. Letztlich ist vorstellbar, dass jeder Ort, der über die richtigen Chemikalien und eine geeignete Form der Energiequelle verfügt, Abiogenese den Weg bereiten könnte.

---

[319] Michaud, S. 76

Die Annahme der weiten Verbreitung des Lebens im Universum nährt sich davon. Ausgeschlossen wurde diese Möglichkeit jedenfalls noch nicht.[320]

---

[320] Jakosky (1998), S. 92

5.1 Potentiell habitable Exoplaneten

Es wurden bereits zahlreiche terrestrische Exoplaneten, die in der habitablen Zone um ihren Mutterstern kreisen, gefunden. Immer wieder werden neue, potentiell habitable Kandidaten identifiziert, was jedes Mal von großer Medienaufmerksamkeit begleitet wird. Diese Welten werden medial als „zweite Erden", „Earth 2.0", „Erdzwillinge" oder sogar als Heimatwelt von außerirdischem Leben beschrieben, schon mehr als einmal wurde die Entdeckung extraterrestrischen Lebens gefeiert. Begleitet wird die überschwängliche Berichterstattung von künstlerischen Darstellungen dieser Planeten, in Auftrag gegeben von NASA oder ESA, um der breiten Öffentlichkeit ein Bild der gefundenen Welten zu vermitteln, das die gesammelten Informationen über einen Planeten veranschaulicht. Denn diese Darstellungen entspringen nicht der Fantasie, sondern sind eine Beschreibung der Welt, die auf den Ergebnissen der Exoplanetenforschung basiert, denn Atmosphärenmodelle, Modelle zum Aufbau des Inneren eines Planeten und weitere Beobachtungen geben Aufschluss über dessen Gestalt.[321]

Untersucht wird weitestgehend, ob ein Exoplanet den vorab genannten Kriterien entsprechen kann. Doch grundsätzlich lässt sich noch nicht sehr viel aussagen über diese viele Lichtjahre entfernten Welten. Auch wenn das Wissen über die Eigenschaften der potentiell habitablen Exoplaneten teilweise noch sehr vage ist, erscheinen die Funde trotzdem sensationell, denn sichere Aussagen wenigstens über die wesentlichen Grundparameter (Größe, mittlere Dichte, Gleichgewichtstemperatur, etc.) eines Exoplaneten treffen zu können, ist eine methodisch und technisch sehr aufwändige Angelegenheit.[322] Und auch Fantasie und Hoffnungen, die motivieren und beflügeln, spielen eine große Rolle. Es folgen also keine detaillierten Beschreibungen über Kontinente, Ozeane, Wüsten oder Hochlandebenen, über präzise Stoffzusammensetzungen und Temperaturzirkulationen entfernter

---

[321] Scholz, S. 499

[322] Scholz, S. 494f

Welten. Aufgeführt werden exemplarische Exoplaneten, die nach Anwendung der heute zur Verfügung stehenden Methoden nicht durchs Raster gefallen sind; Exoplaneten, deren Habitabilität eben rein potentiell gegeben ist. Zukünftige Untersuchungen müssen die Verdachtsfälle erhärten. Größere und leistungsstärkere Teleskope werden detailliertere Auskünfte über Atmosphären und Biomarker geben können. Dann gilt es erneut anzuknüpfen.

Zwar sind die meisten der bisher gefundenen 3549 Exoplaneten alles andere als lebensfreundlich, allein die Vielzahl der Gasriesen ist es nicht, doch darf man nicht vergessen, dass die bisherigen Entdeckungen nur die Spitze der Spitze des Eisbergs sind. Die deutlich kleineren terrestrischen Planeten sind noch viel schwerer auszumachen. Man geht jedoch davon aus, dass diese die Zahl der Gasriesen weit übersteigen. Schätzungen zufolge gibt es im Universum allein 60 Milliarden Planeten wie die Erde. Mathias Scholz errechnet eine Menge potentiell habitabler Planeten in der Milchstraße von 10 Millionen und betont dabei die Bedeutung des Wortes „potentiell" im Zusammenhang mit außerirdischem Leben. Denn über die Wahrscheinlichkeit einer abgeschlossenen extraterrestrischen Abiogenese und deren Dauer ist nichts bekannt und lässt sich keine Aussage treffen. Einen potentiell habitablen Planeten definiert er als keinen Gasplaneten, in der habitablen Zone um einen sonnenähnlichen Hauptreihenstern gelegen, auf dem die Existenz von Wasser nicht ausgeschlossen wurde.[323]

Die Bestimmung der potentiellen Habitabilität eines Exoplaneten richtet sich in jeder Definition hauptsächlich nach seiner Lage in der habitablen Zone, wo oberflächlich flüssiges Wasser möglich wäre. Dabei gilt es jedoch zu bedenken, dass zahlreiche weitere Eigenschaften dieser Planeten die Habitabilität beeinflussen, z.B. Strahlung, Atmosphärenaufbau, Rotation, Gezeitenkräfte usw.[324] Auch ist zu bedenken, dass viele Exobiologen die Meinung vertreten, dass Leben

---

[323] Scholz, S. 500f
[324] Vgl. Kap. 4, Abschn. 4.1.2

nicht zwangsläufig überall dort entstehen muss, wo die uns bekannten Bedingungen erfüllt sind. Doch solche spekulativen Aussagen sollen in diesem Abschnitt keine Rolle spielen. Als Fakt und Vorstellungsgrundlage soll nach wie vor genügen, dass das Leben sehr weit im Universum verbreitet sein könnte[325] und die genannten Exoplaneten als potentielle Wirte in Frage kommen.

Zur Klassifizierung der potentiellen Erdähnlichkeit und Habitabilität eines Planeten wurde der „Earth Similarity Index" (ESI) entwickelt, ein Wert im Bereich zwischen 0 und 1, wobei der hypothetische Wert 1 zu 100 % der Erde entsprechen würde (Abb. 10). Der ESI ergibt sich aus Planetenradius, mittlerer Dichte, Oberflächengravitation und planetarer Gleichgewichtstemperatur. Er wird zusätzlich unterschieden in zwei Teile. Der erste Teil beschreibt den Planetenkörper, der zweite Teil bezieht sich nur auf die Oberfläche eines Planeten. Der Gesamt-ESI ergibt sich aus dem Mittel dieser beiden Teilwerte.

Abbildung 10: Nach sehr großzügigen Abwägungen des Habitable Exoplanets Catalog (HEC) wird diese Grafik erstellt

---

[325] Jakosky (1998), S. 274f; Vgl. Kapitel 4

und regelmäßig aktualisiert. Gezeigt werden künstlerische Darstellungen von Exoplanenten, sortiert nach ihrem ESI-Wert. Als Größenreferenz sind ebenfalls Jupiter, Neptun, Mars und Erde zu sehen. Die mit Sternchen markierten Exoplaneten sind zum Zeitpunkt der Erstellung der Grafik unbestätigt. (Quelle: PHL, Stand 05.12.2016)

Venus hat trotz enormer Hitze einen Wert von 0,78, weil dessen Masseeigenschaften mit denen der Erde fast identisch sind. Mars hat einen ESI von 0,64, Merkur von 0,39. Von den bislang entdeckten Exoplaneten gibt es mindestens sieben mit einem Wert oberhalb 0,8.[326] Entwickelt wurde der Earth Similarity Index vom Planetary Habitability Laboratory (PHL)[327], einem Teil des NASA Astrobiology Instituts. Das PHL erstellt unter der Direktion des Arecibo-Professors Abel Méndez den „Habitable Exoplanets Catalogue" (HEC), eine vergleichende Liste aller bisher gefundenen potentiell habitablen Exoplaneten, die ständig aktualisiert wird. Nach einer optimistischen Schätzung des PHL sind 44 der bislang gefundenen Exoplaneten potentiell habitabel.[328] Die folgenden Abschnitte beschreiben einige der auf Basis des HEC unter strengen Kriterien als potentiell habitabel zu bezeichnenden Exoplaneten. Beschrieben werden in erster Linie Exoplaneten, deren Existenz sicher bestätigt ist. Verdachtsfälle werden beiläufig erwähnt.

---

[326] Scholz, S. 495; Stand Frühjahr 2015

[327] Das PHL versucht Methoden zu entwickeln und anzuwenden, um das Lebenspotential von Planeten zu messen. Quelle: http://phl.upr.edu/about – abgerufen zuletzt am 20.12.2016

[328] Stand 20.12.2016; Quelle: http://phl.upr.edu/projects/habitable-exoplanets-catalog – zuletzt abgerufen am 20.12.2016

5.1.1 Proxima b[329]

Der bisher der Erde nächstgelegenste erdähnliche Exoplanet wurde erst am 24. August 2016 in direkter Nachbarschaft zum Sonnensystem bestätigt. Im Nachbarsternensystem Alpha Centauri, einem Dreifachsternensystem, wo zunächst nur über die umstrittene Existenz der Planeten Alpha Centauri B b und Alpha Centauri B c diskutiert wurde, die beide zu nah an ihrem Stern Alpha Centauri B liegen würden, um habitabel zu sein, wurde durch das ESO der potentiell habitable Exoplanet Proxima b (auch: Proxima Cen b) bestätigt.[330] Die Meldung ging rasch um die Welt, denn das Alpha Centauri gilt als ein Sternensystem mit besten Voraussetzungen für außerirdisches Leben. Dort einen erdähnlichen Planeten innerhalb der habitablen Zone zu entdecken, war eine Sensation. Proxima b kreist um den Roten Zwerg Proxima Centauri (Alpha Centauri C), dessen gravitative Bindung an das Alpha-Centauri-System bislang zwar ungeklärt ist, der aber trotzdem als Teil dessen betrachtet wird.

Mithilfe von Radialgeschwindigkeitsmessungen des HARPS und des VLT des ESO[331] konnte ein felsiger Planet mit nur 1,27 Erdmassen um diesen nur 4,2 Lichtjahre entfernten Stern bestätigt werden. Proxima b ist damit womöglich der der Erde nächstgelegenste Exoplanet überhaupt. Die Distanz zur Erde von umgerechnet fast 40 Billionen Kilometern, etwas mehr als 265 AU, scheint mit allen bisher bekannten Technologien jedoch noch unüberwindbar. Dennoch gehen

---

[329] Quellen: https://www.eso.org/public/archives/releases/sciencepapers/eso1629/eso1629a.pdf, http://www.eso.org/public/news/eso1629/?utm_medium=social&utm_campaign=SocialSignIn&utm_source=Twitterhttp://www.insu.cnrs.fr/node/6047, http://www.ice.cat/personal/iribas/Proxima_b/ – alle abgerufen zuletzt am 20.12.2016

[330] Quelle: http://www.eso.org/public/news/eso1629/?utm_medium=social&utm_campaign=SocialSignIn&utm_source=Twitter – abgerufen zuletzt am 20.12.2016; vgl. Kap. 3, Abschn. 3.4.1

[331] Vgl. Kap. 3, Abschn. 3.3.6

optimistische Forscher davon aus, dass eine robotische Sondierung des Planeten in Zukunft möglich gemacht werden wird.

Abbildung 11: Künstlerische Darstellung des sonnennächsten Exoplaneten Proxima b mit Atmosphäre. (Quelle: PHL)

Proxima b ist mit einem ESI von 0,87 kein Erdzwilling, aber ein sehr wahrscheinlich habitabler Planet, der ein wichtiges Ziel zukünftiger astrobiologischer Forschung sein wird. Untersuchungen werden klären, ob der Planet eine dicke Atmosphäre besitzt, die wie auf der Erde vor lebensbedrohlicher Strahlung schützt. Eine solche Atmosphäre würde aufgrund des Treibhauseffekts deutlich die Oberflächentemperatur auf Proxima b erhöhen. Das Klima des Planeten wird auch durch seine niedrige Rotation bestimmt, die sogar gebunden sein könnte, denn Proxima b kreist in nur 0,4 bis 0,5 AU um seinen Mutterstern, was prinzipiell gegen die Habitabilität spricht. Dennoch liegt der Planet in der HZ des Systems, da der Wirtsstern Proxima

Centauri nur etwa jupitergroß und seine Hitzestrahlung daher nicht all zu stark ist.

Abbildung 12: Spekulative künstlerische Darstellung von Proxima b im Falle gebundener Rotation. Ein solcher Planet, der nur an der Tag-Nacht-Grenze habitabel sein könnte, wird auch als „Eyeball Earth" bezeichnet. (Quelle: Beau.TheConsortium/Wikia)

Die Temperaturen könnten sich in einem Bereich zwischen -90°C und 30°C bewegen, Wasser könnte also in flüssiger Form auf der Oberfläche existieren. Ist die Rotation tatsächlich gebunden, wäre die dem Stern zugewandte, helle Seite sehr heiß, wohingegen die abgewandte, dunkle Seite sehr kalt wäre. Zwischen den beiden grundverschiedenen Hälften gäbe es in diesem Fall eine gemäßigte Tag-Nacht-Grenze, einen Streifen auf dem die Temperatur im Schnitt 0°C betragen würde und Leben existieren könnte (Abb. 12).

Falls eine Atmosphäre bestätigt wird, könnte dieser Streifen aufgrund der klimatischen Temperaturverteilung durch Wind[332] und Wolken deutlich breiter sein. Ein weiteres Argument gegen die Habitabilität des Exoplaneten ist die starke ultraviolette und Röntgen-Strahlung des Wirtssterns, die lebensfeindliche Bedingungen auf der Oberfläche schaffen könnte. Das Leben müsste hier auf jeden Fall strahlungsresistent sein. Es gibt außerdem Vermutungen darüber, dass Proxima b ein sehr alter Planet ist, weswegen Wasser durch einen andauernden Treibhauseffekt, wie im Falle der Venus, nicht mehr auf der Oberfläche vorhanden sein könnte.[333] Eine andere Hypothese dagegen sagt, dass Proxima b ein Ozean-Planet sein könnte, der komplett mit Wasser bedeckt ist.[334] Neue Berechnungen einiger Größen- und Oberflächeneigenschaften durch das Marseille Astrophysics Laboratory haben zu dieser Schlussfolgerung geführt.[335]

5.1.2 Gliese 667 C c[336]

„Gliese"-Planeten werden in ihrer Bezeichnung oft auch mit dem Nummernbeginn GJ benannt. Das geht zurück auf den Sternenkatalog der Astronomen Wilhelm Gliese und Hartmut Jahreiß, der alle Sterne

---

[332] Vgl. Kap. 4, Abschn. 4.2

[333] Quelle: http://www.manyworlds.space/index.php/2016/09/12/proxima-b-is-important-fascinating-and-maybe-habitable-but-surely-it-is-not-earth-like/ – abgerufen zuletzt am 20.12.2016

[334] Vgl. Kap. 3, Abschn. 3.4

[335] Quelle: http://www.natureworldnews.com/articles/29849/20161008/proxima-b-exoplanet-covered-water-life-outside-earth-possible.htm – abgerufen zuletzt am 20.12.2016

[336] Quellen: http://www.drewexmachina.com/2014/09/07/habitable-planet-reality-check-gj-667c/ http://www.centauri-dreams.org/?p=32470 – beide abgerufen zuletzt am 20.12.2016

innerhalb von 25 Parsec (ca. 81,5 Lichtjahre) um die Erde herum erfassen soll.[337] Der Katalog enthält heute 3803 Sterne, von denen die meisten eine GJ-Nummer haben. In der Europäischen Enzyklopädie der extrasolaren Planeten von Jean Schneider[338] werden 63 Exoplaneten mit GJ-Nummer aufgeführt.[339]

Die Entdeckung von Gliese 667 C c (GJ 667 C c) bewies 2011, dass sich potentiell lebensfreundliche Planeten um weitaus mehr Sterne bilden können, als bis dahin angenommen. Der terrestrische Planet wurde per Radialgeschwindigkeitsmethode nach einer Analyse von HARPS-Daten in 24 Lichtjahren Entfernung im Sternbild Skorpion nachgewiesen. Er umkreist seinen Mutterstern in einem Abstand von 0,125 AU in 28 Tagen. 2012 ging man noch davon aus, dass er bis zu neun mal so massereich wie die Erde sein müsse, heute schätzt man 3,78 Erdmassen. Der genaue Radius ist bis heute nicht genau bekannt.[340] Er wird vom HEC zwischen 1,1 und 2 Erdradien angegeben.

Der Mutterstern Gliese 667 C ist ein Roter M-Zwerg und umkreist als Teil eines Dreifach-Sternensystems zwei sonnenähnliche Sterne. Fünf weitere Planeten gehören zum Gliese-667-C-System, zwei davon sind Super-Erden und es wird vermutet, dass es einen Gasriesen weiter draußen gibt, der wie der Jupiter im Sonnensystem mit seiner hohen Gravitation die Meteoritenflussrate im inneren Ring des Systems gering hält.[341] In diesem Fall hätte das System einen gewisse Ähnlichkeit zum Sonnensystem und Gliese 667 C c, in der Mitte der habitablen Zone liegend, könnte in ähnlichen Bedingungen kreisen, wie die Erde, also

---

[337] Piper, S. 122

[338] Vgl. Kap. 3, Abschn. 3.1

[339] Quelle: exoplanet.eu – abgerufen zuletzt am 22.12.2016

[340] Quelle: exoplanet.eu – abgerufen zuletzt am 20.12.2016

[341] Kap. 4, Abschn. 4.2

sehr lebensfreundlich sein und theoretisch flüssiges Oberflächenwasser tragen.[342]

Die Durchschnittstemperatur des Exoplaneten wird auf 4,3°C geschätzt. Seine Rotation könnte gebunden sein wie die von Proxima b. Wäre dies der Fall, könnte Leben ebenfalls zumindest an der Tag-Nacht-Grenze existieren. Gegen die Habitabiliät des Planeten spricht seine äußerst starke Gezeitenheizung[343], die rund 300 mal stärker als die der Erde wirkt, was durch den geringen Abstand zum Mutterstern bedingt ist. Dies könnte die prinzipiell als sehr hoch eingeschätzten Chancen auf Leben stark verringern. Gliese 667 C c hat einen ESI von 0,84.

5.1.3 Gliese 832 c

Dieser auch als GJ 832 c bezeichnete Planet ist mit hoher Wahrscheinlichkeit eine Super-Erde, die in einem Abstand von 0,162 AU auf einer sehr exzentrischen Bahn am inneren Rand der habitablen Zone in 35 Tagen um einen Roten Zwerg kreist. Die Bahn des Exoplaneten ist für starke jahreszeitliche Effekte verantwortlich. Gliese 832 c wurde 2014 mit der Radialgeschwindigkeitsmethode entdeckt. Sein ESI beträgt 0,81, weswegen auch er als einer der erdähnlichsten bisher gefundenen Exoplaneten angesehen wird.

Das Planetensystem um Gliese 832 ist besonders interessant, weil sich ein jupiterähnlicher Gasriese weiter draußen befindet, der wie im Fall des Systems um GJ 667 C und des Sonnensystems Langzeitstabilität sicherstellen könnte. Dies spricht sehr für die Habitabilität von GJ 832 c. Eine Gegenpositionen besagt, dass GJ 832 c kein habitabler Exoplanet, nicht mal ein Gesteinsplanet sein könnte, da seine hohe Masse von mindestens 5,4 Erdmassen eher auf einen neptunähnlichen

---

[342] Scholz, S. 498

[343] „tidal heating"; vgl. Kap. 4, Abschn. 4.1.2

Gasplaneten hinweist. Ab einem Trennwert von 6 Erdmassen würde dies konkret in Frage kommen.[344]

5.1.4 Exoplaneten im System um Gliese 581

Im Planetensystem um den ca. 20,2 Lichtjahre entfernten Stern Gliese 581 im Sternbild Waage befinden sich drei bestätigte Exoplaneten. Der Stern ist ein Roter Zwerg mit ca. einem Drittel der Masse der Sonne. Bis vor wenigen Jahren ging man aufgrund von Radialgeschwindigkeitsmessungen davon aus, dass bis zu sechs Exoplaneten im System existieren. Inzwischen weicht man davon ab. Sicher bestätigt sind bislang Gliese 581 b, c und e.

Die Entdeckung des potentiell habitablen Exoplaneten Gliese 581 c war 2007 etwas Besonderes, denn es handelte sich um den ersten sehr massearmen Exoplaneten, wahrscheinlich also eine Super-Erde, in der Nähe der habitablen Zone, in einem Abstand zum Stern von 0,073 AU. Die Rotation ist aufgrund der Nähe zum Mutterstern womöglich gebunden, was bedeuten würde, das mögliches Leben auch hier nur an der Tag-Nacht-Grenze existieren könnte. Falls sich auf Gliese 581 c eine Atmosphäre und damit ein Treibhauseffekt nachweisen lässt, könnte eventuell vorhandenes Wasser dort flüssig sein. Kritiker geben jedoch zu bedenken, dass, falls es tatsächlich eine Atmosphäre auf GJ 581 c geben würde, die Temperaturen auf dem Planeten insgesamt zu heiß wären um erdähnliches Leben zu erlauben. Außerdem ist Gliese 581 ein veränderlicher Roter Zwerg, der in unregelmäßigen Abständen Röntgenstrahlenausbrüche zeigt, die mögliches Leben auf seinen Planeten ohne eine schützende Atmosphäre massiv bedrohen würden. Sein ESI beträgt 0,77.

---

[344] Scholz, S. 499; Quellen auch: exoplanet.eu
http://www.drewexmachina.com/2014/06/27/gj-832c-habitable-super-earth-or-super-venus/ – beide abgerufen zuletzt am 20.12.2016

Auch die Entdeckung von Gliese 581 e bekam große Aufmerksamkeit, denn dieser ist sehr wahrscheinlich ebenfalls terrestrisch und besitzt nur 1,9 Erdmassen. Damit gehört er zu den kleinsten bisher gefundenen Exoplaneten überhaupt. Jedoch liegt dieser Planet mit 0,03 AU viel zu nah am Stern und damit außerhalb der habitablen Zone von GJ 581. Sein ESI beträgt 0,65.

Die bislang immer noch umstrittenen Super-Erden Gliese 581 d und g würden mitten in der habitablen Zone liegen, wenn sie existieren. Über GJ 581 g wird viel spekuliert, er tauchte immer wieder als möglicher Erdzwilling in den Medien auf, da er nahezu gleiche Erdmasse hat. Jedoch geht man auch davon aus, dass er ebenfalls eine gebundene Rotation aufweisen würde. Sein möglicher ESI wird mit 0,88 angegeben.[345]

5.1.5 Kepler 186 f

Seit seiner sensationellen Entdeckung durch das Kepler-Teleskop im Jahr 2014 taucht Kepler 186 f in den Medien und im wissenschaftlichen Diskurs als Erdzwilling auf, wie kein zweiter Exoplanet. Denn zur Zeit seiner Entdeckung war er der erste Planet, der ungefähr so groß ist wie die Erde und dabei in der habitablen Zone um einen sonnenähnlichen Stern kreist. Er galt aufgrund seiner Eigenschaften als erdähnlichster aller bis dato entdeckten Exoplaneten. Aufgrund seiner Erdähnlichkeit und seines Potentials für flüssiges Oberflächenwasser gilt er auch heute noch als starker Kandidat für Habitabilität.

Kepler 186 f kreist im 500 Lichtjahre entfernten Sternbild Schwan in 130 Tagen in einem Abstand von 0,36 AU um einen kalten, roten M-Klasse-Zwerg. Damit liegt er am äußeren Rand der HZ. Seine Größe von 1,11 Erdradien ist ein starker Hinweis darauf hin, dass es sich um einen terrestrischen Planeten handelt. Die Menge der vom Stern empfangenen Energie ähnelt der Menge, die die Erde von der Sonne

---

[345] Piper, S. 122-124; Quellen auch: exoplanet.eu – abgerufen zuletzt am 20.12.2016; HEC

empfängt. Ohne eine Atmosphäre wäre der Planet also hoher Strahlung ausgesetzt. Wenn es eine Atmosphäre gibt, könnte die Temperatur auf dem Planeten im Schnitt 0°C betragen. Es wird außerdem spekuliert, dass Kepler 186 f ähnlich wie die Erde zusammengesetzt ist. Sein ESI beträgt dennoch nur 0,61. Vieles weist aber darauf hin, dass Kepler 186 f habitabel ist, weswegen er mit Sicherheit eines der wichtigsten Ziele zukünftiger Forschung sein wird.

Fünf weitere Planeten befinden sich im System um Kepler 186, die jedoch sehr sternennah kreisen und damit zu heiß sind, um Leben tragen zu können.[346]

5.1.6 Kepler 438 b und Kepler 296 e

2015 wurde der Exoplanet Kepler 438 b mit der Transitmethode in einer Entfernung zur Erde von 470 Lichtjahren im Sternbild Leier bestätigt. Er ist mit einer hohen Wahrscheinlichkeit von 69,6 % terrestrisch und gilt mit einem Radius von 1,12 Erdradien und einem ESI von 0,88 als einer der am ehesten habitablen Exoplaneten. Er erreicht sogar die höchste Erdähnlichkeit, die ein Exoplanet auf Basis von Kepler-Daten überhaupt erreichen kann. Kepler 438 b kreist in 35 Tagen in einem Abstand von 0,17 AU um einen Roten Zwerg und liegt nach optimistischer Schätzung mit einer hohen Wahrscheinlichkeit von 70 % in der HZ. Konservative Schätzungen gehen von einer Wahrscheinlichkeit von nur 25 % aus. Seine Rotation könnte aufgrund seiner geringen Nähe zum Stern gebunden sein.[347] Die

---

[346] Quellen: http://www.jpl.nasa.gov/spaceimages/details.php?id=PIA17999
http://www.nasa.gov/ames/kepler/nasas-kepler-discovers-first-earth-size-planet-in-the-habitable-zone-of-another-star
http://www.drewexmachina.com/2014/04/20/habitable-planet-reality-check-kepler-186f/ – alle abgerufen zuletzt am 20.12.2016

[347] Scholz, S. 496 und 498; Quellen auch: exoplanet.eu
https://www.theguardian.com/science/2015/jan/06/earth-like-planet-alien-life-kepler-438b – beide abgerufen zuletzt am 20.12.2016

Oberflächentemperatur wird im Mittel auf ca. 3°C geschätzt. Diese wäre deutlich höher, falls eine Atmosphäre existiert. Kepler 438 b ist ca. alle 100 Tage hoher Strahlung durch „solar flares" (Sonneneruptionen) ausgesetzt, die so stark sein können, dass sie die gesamte Biosphäre der Erde vernichten könnten, wäre diese nicht durch ihre Atmosphäre geschützt. Auch haben Forscher zu bedenken gegeben, dass die Sonneneruptionen zusammen mit „Corona Mass Ejections" (CMEs)[348] auftreten könnten, was mögliches Leben auf nahegelegenen Planeten zusätzlich stark bedrohen würde.[349] Einige Forscher nehmen sogar an, dass die Atmosphäre des Planeten durch die starke Strahlenbelastung längst weggefegt worden oder nur sehr dünn ist. Fehlt zusätzlich noch ein Magnetfeld, wäre der Schutz vor lebensfeindlicher UV- und Röntgenstrahlung zu gering. Kepler 438 b könnte daher auch ein kühlerer Verwandter der Venus sein.[350]

Auch Kepler 296 e kreist (nach einer optimistischen Schätzung) sehr wahrscheinlich in der habitablen Zone um einen Roten Zwerg im Sternbild Leier und ähnelt mit einem Radius von 1,75 Erdradien und einer Umlaufzeit von 34 Tagen auch sonst Kepler 438 b. Er wurde 2014 per Transitmethode entdeckt. Seine Rotation ist bei einem Abstand zum Stern von 0,174 AU wahrscheinlich gebunden. Er befindet sich in einem System mit vier anderen Planeten, von denen drei weiter innen und einer doppelt so weit draußen kreisen. Alle sind etwa erdgroß. Sollte Kepler 296 e ein Gesteinsplanet sein, hätte er einen ESI von 0,85. Die Wahrscheinlichkeit hierfür beträgt 50,7 %.[351]

---

[348] Sonneneruptionen, bei denen Plasma ausgeworfen wird.

[349] Quelle: http://www.techtimes.com/articles/108553/20151120/kepler-438b-cannot-support-life-because-of-superflares-and-cmes-what-are-the-other-earth-like-exoplanets-out-there.htm – beide abgerufen zuletzt am 20.12.2016

[350] Quellen: http://www.heise.de/newsticker/meldung/Bislang-erdaehnlichster-Exoplanet-ist-zu-lebensfeindlich-2971650.html http://www.centauri-dreams.org/?p=32470 – beide abgerufen zuletzt am 20.12.2016

[351] Scholz, S. 498; Quellen auch: exoplanet.eu und http://www.centauri-dreams.org/?p=32470 – beide abgerufen zuletzt am 20.12.2016

5.1.7 Kepler 442 b

In 1120 Lichtjahren Entfernung im Sternbild Leier kreist Kepler 442 b in einem Abstand von 0,4 AU in 112 Tagen in der habitablen Zone um seinen Mutterstern. Er wurde 2015 per Transitmethode bestätigt. Es handelt sich um den ersten gefundenen Gesteinsplaneten um einen K-Klasse-Stern und gleichzeitig um einen äußerst vielversprechenden Kandidaten für potentielle Habitabilität. Kepler 442 ist ein relativ junger K-Zwerg, etwa zwei Drittel so groß wie die Sonne. Auch nach sehr strenger Definition der HZ dieses Systems, wäre Kepler 442 b mitten in dieser gelegen. Betrachtet man seine Größe von 1,3 Erdradien, kommt er aufgrund seiner bislang bestimmten Eigenschaften auf einen ESI von 0,84 und gehört damit ebenfalls zu den wahrscheinlichsten potentiell habitablen Exoplaneten.[352]

5.1.8 Wolf 1061 c

Sehr große mediale Aufmerksamkeit generierte der Fund des nur 14 Lichtjahre entfernten Exoplaneten Wolf 1061 c. Vor der Entdeckung von Proxima b galt diese Super-Erde als der erdnächste Exoplanet überhaupt. Wolf 1061 c ist einer von drei bestätigten Planeten im System um den Roten Zwerg Wolf 1061 im Sternenbild Schlangenträger, die alle 2015 mit der Radialgeschwindigkeitsmethode identifiziert wurden. Auch Wolf 1061 c liegt in der habitablen Zone, könnte also flüssiges Wasser tragen. Mit einem Sternenabstand von 0,084 AU kreist er in 17,8 Tagen in der Mitte der HZ. Aufgrund dieses geringen Abstandes ist er wie viele seiner potentiell habitablen Verwandten wahrscheinlich korotativ, weshalb flüssiges Wasser und Leben auch hier nur an der Tag-Nacht-Grenze möglich wären. Existiert eine dicke Atmosphäre, könnte dieser Streifen deutlich breiter sein. Seine Masse beträgt 4,26 Erdmassen, was noch für die Einstufung als

---

[352] Scholz, S. 496 und 499; Quellen auch: exoplanet.eu http://www.centauri-dreams.org/?p=32470 – beide abgerufen zuletzt am 20.12.2016

Gesteinsplanet reicht. Sein Radius ist nicht bekannt. Der ESI-Wert beträgt 0,76.[353]

---

[353] Quellen: exoplanet.eu und http://www.stern.de/panorama/
wissen/kosmos/neuer-exoplanet-entdeckt--auf-wolf-1061c-koennte-leben-
moeglich-sein-6611526.html – beide abgerufen zuletzt am 20.12.2016

5.2 Die potentielle Habitabilität von Exomonden

Wie die Planeten des Sonnensystems haben sicherlich auch Exoplaneten mehr oder weniger große Trabanten. Der Großteil der bisher entdeckten Exoplaneten sind Gasriesen wie Jupiter, der über 60 Monde besitzt, von denen manche flüssiges Wasser und damit Leben auch außerhalb der zirkumstellaren habitablen Zone beherbergen könnten.[354] In Abschnitt 5.3.1 werden diese möglicherweise belebten Monde, allen voran der Jupitermond Europa und der Saturnmond Enceladus, genauer betrachtet. Die große Vielfalt unterschiedlicher Mondtypen im Sonnensystem lässt darauf schließen, dass es ebenso viele verschiedene oder noch mehr Typen von Exomonden im Universum gibt. Sogar der Erde ähnelnde Exomonde um Gasriesen sind denkbar.

Viele Hot-Jupiter kreisen nah an ihrem Stern in der habitablen Zone, weshalb möglicherweise vorhandene Monde dieser Exoplaneten sich ebenfalls in der HZ befinden könnten, beispielsweise mögliche Monde des Hot-Jupiter Corot 9 b, der sich 1500 Lichtjahre entfernt im Sternbild Schlange befindet. Corot 9 b hat eine ähnliche Masse und Größe wie Jupiter und kreist in 95 Tagen um seinen Stern. Die Temperaturen dieser Welt schwanken zwischen -20 und 160°C.[355] Satelliten extrasolarer Planeten können auch Wasserwelten sein, von denen es denkbar ist, dass sie unter einer oberflächlichen Eiskruste einen Ozean tragen. Im Falle vorhandener Plattentektonik oder starker Gezeitenkräfte könnte Leben auf Monden um Gasriesen sogar außerhalb der habitablen Zone existieren, da die Temperaturen deutlich angehoben wären.[356]

---

[354] Jakosky (1998), S. 273f

[355] Piper, S. 69f

[356] Vgl. „Gezeitenheizung", „tidal heating"; Kap. 4, Abschn. 4.1.2

Es wird darüber spekuliert, dass jupitergroße Planeten eine eigene Strahlung absondern, z.B. als Reflektion der Strahlung des Muttersterns, und dadurch eine Art eigener habitabler Zone mit sich führen.[357] Zusammen mit der Strahlung des Sterns könnte dies eine habitable Temperatur im Umfeld des Exoplaneten sichern.[358]

Bislang sind noch keine Exomonde bestätigt worden, was an ihrer geringen Größe liegt. Doch die Techniken für ihren Nachweis sind bereits vorhanden, und es ist nur eine Frage der Zeit, bis handfeste Beweise für die Existenz von Exomonden vorliegen.[359] Denn einen Exomond per Transitmethode zu identifizieren ist theoretisch ebenso möglich, wie einen Exoplaneten zu identifizieren. Monde verursachen während eines Transits ebenso einen Helligkeitsabfall im Licht eines Sterns wie Planeten, wenn der Mond entweder vor oder nach seinem Mutterplaneten die Corona des Sterns teilbedeckt. Aus der Lage eines Exomondes ließen sich dann seine Größe und Umlaufperiode berechnen. Auch per Gravitationslinseneffekt[360] könnten Exomonde ausgemacht werden.

---

357 Jakosky (1998) S. 274

358 Scholz, S. 359

359 Scholz, S. 355; Stand 21. September 2015

360 Vgl. Kap. 3, Abschn. 3.2

5.3 Extraterrestrisches Leben im Sonnensystem

Neben den genannten gibt es noch eine ganze Reihe weiterer terrestrischer Exoplaneten, die eine Vielzahl der Bedingungen für eine potentielle Habitabilität erfüllen. Heute ist klar, dass es in der Milchstraße viel mehr Super-Erden geben muss als zu Beginn der Exoplanetenentdeckungen angenommen.

Extraterrestrisches Leben könnte an zahlreichen dieser Orte tatsächlich evolviert haben. Aber vielleicht muss man gar nicht so weit in der Ferne suchen, um Leben außerhalb der Erde zu entdecken. Denn bei der Suche nach Leben im All spielt auch unser Sonnensystem seit je her eine große Rolle. Und nicht nur die Jahrzehnte andauernde Untersuchung der Mars-Oberfläche (die in dieser Arbeit aus Platzgründen nur sehr kurz im Abschnitt 5.3.2 angerissen wird) ist ein Schwerpunkt astrobiologischer Forschung. Besonders einige Monde der großen Planeten Jupiter und Saturn sind aufgrund ihrer besonderen Eigenschaften weit in den Fokus des Interesses gerückt. Auch wenn es in dieser Arbeit hauptsächlich um den Einfluss der Exoplanetenforschung auf die Suche nach Leben im All geht, so sind die möglichen Erkenntnisse der Untersuchungen dieser Monde doch unerlässlich und wertvoll. Sollte man erste Beweis für die Existenz extraterrestrischen Lebens in direkter Nachbarschaft zur Erde finden, würde das die komplette Suche nach Leben im Universum in neuem Licht erscheinen lassen. Zukünftige Projekte wären hoffnungsvoller und erfolgversprechender – und wären nicht zuletzt von einer ungemein größeren Aufmerksamkeit durch die Öffentlichkeit begleitet, was letztendlich auch zu einer leichteren Finanzierbarkeit der Exoplanetenforschung und der Suche nach Leben im All führen könnte, vielleicht auch SETI-Projekten neue Ressourcen verschaffen könnte.

Hinzu kommt, dass Astrobiologie im Sonnensystem viel leichter und ertragreicher realisierbar ist, als außerhalb dessen, können wir doch direkte Erkundungs-Missionen mithilfe von Sonden und Landern wie

Cassini-Huygens[361] durchführen, die unschätzbare Informationen liefern und sogar hochauflösende Bilder von Planetenoberflächen zur Erde schicken können.

5.3.1 Monde im Sonnensystem

Die Existenz der „Extremophilen" hat gelehrt, dass Leben auch ohne den Einfluss von Sternenenergie entstehen und existieren kann. Führende Astrobiologen vertreten die Meinung, dass die großen Monde um Jupiter und Saturn aufgrund starker Geodynamik und Strahlung warm genug sein könnten, um habitabel zu sein. Die Erkenntnis, dass Leben nicht von Photosynthese abhängig ist[362], hat eine ganze Reihe von Monden unseres Sonnensystems in das Interesse der Exobiologen gesetzt. Manche Forscher vertreten sogar die Ansicht, dass man auf einigen Monden des Jupiters und Saturn eher einfache Lebensformen nachweisen wird, als auf dem Mars. Vier Eismonde gelten als potentiell belebte Welten: Europa, Ganymed und Kallisto im Jupitersystem und Enceladus im Saturnsystem.[363] Auch Titan mit seinen speziellen Bedingungen gilt als potentiell habitabel und verrät viel über die Möglichkeit der Entwicklung von Leben außerhalb der Erde.[364]

5.3.1.1 Potentiell belebte Jupitermonde

Jupiter ist unser Muster-Gasriese im Universum und verrät den Astronomen viel über seine weit verbreiteten Verwandten. Jupiter besitzt über 67 Monde[365], auf die er ebenso stark wirkt, wie die Sonne. Jupiters Gravitationswirkung ist so groß, dass sogar die Sonne selbst davon beeinflusst wird. Ebenso wirksam ist seine Eigenstrahlung, die

---

361 Vgl. Kap. 4, Abschn. 4.1.2

362 Röhrlich, S. 97

363 Scholz, S. 134

364 Scholz, S. 360

365 Quelle: http://ssd.jpl.nasa.gov/?sat_discovery – abgerufen zuletzt am 20.12.2016

höher ist, als die von der Sonne empfangene Strahlung, was ihn zu einer Energiequelle für seine Umgebung macht. Anders als im Fall der Sonne entsteht diese Energie nicht durch innere nukleare Prozesse, sondern durch gravitations-bedingte Kontraktionen des Planeten. Im Prinzip ist Jupiter mit all seinen Monden also ein eigener kleiner Mikrokosmos.

Die Entdeckung der vier galileischen Jupitermonde Io, Europa, Ganymed und Kallisto, der vier größten, gebunden rotierenden[366] Jupitersatelliten durch Galileo Galiei[367], stellt eine Wende in der Geschichte der Astronomie dar. Dennoch war der Erkenntnisgewinn über die Monde in den vergangenen Jahrhunderten gering. Erst Ende der 1970er Jahre, wenige Jahre, nachdem die Sonden Pioneer 10 und 11 bei Vorbeiflügen am Jupiter (eher wenig aufschlussreiche) erste Bilder der Monde lieferten, mussten durch die Aufnahmen der beiden Voyager-Sonden die Vorstellungen von Monden als Planetensatelliten neu ausgelotet werden. Denn würden sie nicht um Jupiter, sondern um einen Stern kreisen, wären sie als erdähnliche Planeten einzuordnen. Die Galileo-Sonde, die eigens zur Untersuchung des Jupiter ausgesandt wurde und zwischen 1995 bis 2003 vor Ort beobachtete, war sehr erfolgreich und brachte durchschlagende Ergebnisse.[368] Schließlich haben auch die Sonde Juno, die auf dem Weg in den Jupiterorbit Bilder der Monde machen konnte, und die New-Horizons-Mission[369] uns bestätigt, dass flüssiges Wasser und Atmosphären auf den Monden existieren, sie also möglicherweise habitabel sind. Hinzu kommt das Wissen um die reibungsbedingte Aufheizung (Gezeitenheizung) der Monde durch Jupiters enorme Gravitationskräfte. Verstärkt wird dieser Effekt dadurch, dass die Umlaufzeiten der Monde Io, Europa und Ganymed im Verhältnis 1:2:4 stehen und somit eine Laplace-

---

[366] Scholz, S. 456

[367] Vgl. Kap. 2, Abschn. 2.1

[368] Scholz, S. 453f; Jakosky (1998), S. 208

[369] Vgl. Kap. 4, Abschn. 4.1.2

Resonanz[370] bilden, was eine periodische Verformung der Monde bedingt und die Gezeitenkräfte deutlich verstärkt[371].

5.3.1.1.1   Io

Die erste große Überraschung der Voyager-1-Mission waren die Aufnahmen des zweitkleinsten Jupitermondes Io, dessen Äquatorradius ca. 1815 km beträgt und der in einem Abstand von 421.600 km in ca. 1,77 Tagen um Jupiter kreist. Ganz anders als der kahle und eintönige Erdenmond präsentierte sich Io auf den Bildern als vielfarbiger und facettenreicher, geologisch aktiver Planet, übersät von aktiven und inaktiven Vulkanen und deren Kratern, bedeckt mit unterschiedlich-farbigen Ausformungen von Schwefel, die teilweise zusätzlich von weißem, gefrorenen Schwefeldioxid überzogen sind. Schon damals konnte man auf Bildern der Raumsonde schirmartige Eruptionswolken der Vulkane entdecken, die bis zu 270 km hoch in die sehr schwache Atmosphäre aufschossen (Abb. 13).

Inzwischen ist bekannt, dass Io der vulkanisch aktivste Himmelskörper im Sonnensystem ist. Die sich den Kameras der Sonde präsentierende geologische und vulkanische Vielschichtigkeit Ios zeigte, dass eine endogene Wärme- und Energiequelle in einem Mond auch weit ab von der Sonne existieren kann, aufrechterhalten durch die Gravitation des Mutterplaneten. Die selben starken Gravitationskräfte Jupiters beeinflussen in ähnlicher Weise, jedoch etwas schwächer auch die weiter entfernten anderen drei Galileischen Monde.[372]

---

370 Vgl. Kap. 2, Abschn. 2.1

371 Scholz, S. 358 und 456

372 Scholz, S. 454f

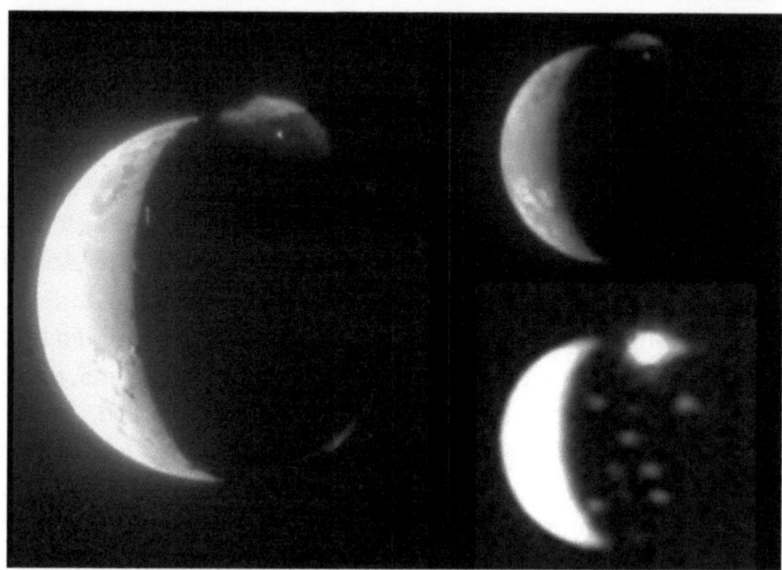

Abbildung 13: Diese Montage zeigt eine Eruption des Tvashtar-Vulkans auf Io aus der Sicht dreier verschiedener Instrumente an Bord der New-Horizons-Sonde, aufgenommen 2007. Links ein Bild der hochauflösenden Schwarz-Weiss-Kamera „Long Range Reconnaissance Imager" (LORRI), rechts oben der Multispectral Imaging Camera (MVIC) und rechts unten des Linear Etalon Imaging Spectral Array (LEISA). (Quelle: NASA/Johns Hopkins University Applied Physics Laboratory/Southwest Research Institute)

Es gibt keinen Nachweis für Wasser auf Io. Doch auch wenn es jemals welches dort gegeben hat, hätte es sich aufgrund der durch die Nähe zum Jupiter vorherrschenden Hitze nicht lange halten können. Mögliches Leben auf Io müsste also ohne Wasser auskommen und auch der sehr starken, lebenzerstörenden Strahlung stand halten, die durch die dünne Atmosphäre kaum gefiltert wird. Die Chancen hier Leben zu finden werden daher als gering eingeschätzt.[373]

---

[373] Jakosky (1998), S. 213-216

5.3.1.1.2 Europa

Der Jupitermond Europa ist der masseärmste der galileischen Satelliten und mit einem Äquatorradius von gerade einmal 1569 km auch der kleinste. Er umkreist Jupiter direkt hinter Io in einem Abstand von 670.900 km in 3,55 Tagen.[374] Der Eismond wird als der heißeste Kandidat für extraterrestrisches Leben im Sonnensystem gehandelt, zahlreiche namhafte Astrobiologen sind sich sicher, dass Europa Leben beherbergt. Darum konzentriert sich die Suche nach Leben auf den Jupitermonden größtenteils auf diesen Mond. Heute gilt Europa neben Io als einer der vulkanisch aktivsten Himmelskörper im Sonnensystem, wobei diese starke Aktivität ebenfalls durch den enormen Gezeiteneinfluss Jupiters ausgelöst wird. Während eines Umlaufs werden Europa und Io abwechselnd gestaucht und wieder gedehnt, wodurch starke Wärmeenergie im Innern erzeugt wird.

Bereits in den 1960er Jahren konnte man durch Spektralanalysen feststellen, dass Europa komplett von Eis bedeckt ist. Seine Oberflächentemperatur beträgt im Mittel -171°C. Die Höhenunterschiede der flachen Topographie betragen maximal nur einige 100 m. Auf der Oberfläche zeigen sich zerfurchte Gebiete, glatte Ebenen und strukturell eher chaotische Gegenden aus aneinandergereihten und verdrehten Eisschollen. Im Rahmen der Voyager-Missionen bemerkte man schon 1979, dass die Asteroideneinschlagskrater, die die Eiskruste übersähen, durch irgendetwas wieder ausgeglichen und geglättet werden.[375] Als Ursache hierfür in Frage kam eine bewegliche, wärmere Schicht unter der Eisdecke, die zu einem Ausgleich der Flächen führt. Auch Vulkanismus und Plattentektonik zog man als Ursache hierfür in Betracht. Durch die Galileo-Sonde konnte 1995 aus Dichtemessungen gefolgert werden, dass Europa vorwiegend aus Gestein besteht und ein erheblicher Teil

---

[374] Scholz, S. 454

[375] Dieser Effekt der Autowiederherstellung einer glatten Oberflächenstruktur wird „resurfacing" genannt. (Scholz, S. 469)

des Wassers nicht als Eis, sondern in flüssiger Form vorhanden sein muss. Europa muss also einen enormen Ozean unter der Eisdecke tragen, der auch den „resurfacing"-Effekt erklärt, die Wiederglättung der Oberfläche. Europas unterirdischer Ozean könnte mit einer Tiefe von ca. 100 km umfangreicher als alle irdischen Ozeane zusammen sein. Auch wurden Salze nachgewiesen, die wahrscheinlich aus Kometeneinschlägen stammen, was bedeuten könnte, dass es sich um einen Salzwasserozean handeln könnte. Auch werden starke Strömungen unter der 10 km dicken Eisoberfläche vermutet, denn während eines Umlaufs kann ein Gezeitenhub von ca. 30 Meter an der Oberfläche der dem Jupiter zugewandten Seite beobachtet werden.[376]

Europa stellt aufgrund des auf ihm vorhandenen flüssigen Wassers daher eines der Hauptziele zukünftiger Weltraummissionen dar. Vielleicht wird eines Tages sogar ein Lander mit einem Tauchroboter, einem sogenannten Hydrobot, auf Europa abgesetzt, der sich erst durch die Eisdecke schmelzen und anschließend unter Wasser schwimmend die chemische Zusammensetzung des Ozeans erklären könnte.[377]

Für Astrobiologen sind der Eismond und sein subglazialer Ozean besonders interessant, da alle Bedingungen erfüllt sind, damit ein Mond, dessen Umlaufbahn sich innerhalb einer zirkumplanetaren habitablen Zone befindet, potentiell habitabel ist: Flüssiges Wasser, mit hoher Wahrscheinlichkeit frei zur Verfügung stehende Energie durch hydrothermale Quellen am Grund[378], außerdem ein durch die Krustentektonik bedingter Stoffaustausch zwischen Oberfläche und Ozean. Eine Kohlenstoffquelle könnte im Eis eingelagertes Kohlendioxid bilden. Die chemischen Bedingungen auf Europa sind insgesamt sehr vielversprechend für die Existenz mikrobakteriellen Lebens nach Vorbild der Extremophilen. Aufschlussreich ist bis zur zukünftigen Möglichkeit weiterer Forschung die Untersuchung des

---

[376] Scholz, S. 456-458

[377] Piper, S. 183-187; Scholz S. 467

[378] Röhrlich, S. 101; Vgl. auch Extremophile, „Black Smoker", Kap. 4, Abschn. 4.1.1

Wostoksees in der Antarktis, der aus zwei miteinander verbundenen Süßwasser-Becken besteht, die sich unter einer rund vier Kilometer dicken Eisdecke befinden. Dort fand man reichhaltige Spuren von Leben, sogar vielzelliger Tiere wie Würmer, Seeanemonen oder Krebstiere.[379]

Ob Leben auf Europa wirklich möglich ist oder sogar existiert, ist bisher nicht klar. Es wird jedoch im Zuge der zukünftigen Erforschung des Eismonds sicher festgestellt werden. Eventuell ist es sogar möglich, Spuren organischen Materials schon in Ablagerungen auf der Oberfläche zu finden, die im Zuge der Erneuerung der Kruste, des resurfacings, hoch transportiert wurden.[380]

Im September 2016 gab die NASA bekannt, dass mit dem Hubble-Teleskop Wasserdampf-Fontänen auf Europa beobachtet werden konnten, die bis zu 200 km empor steigen. Theoretisch wäre es also bereits möglich, Wasserproben des Ozeans bei einem Durchflug einer solchen Fontäne zu sammeln.[381] Bereits 2013 hat man ähnliche Beobachtungen gemacht.[382] Mehr zur zukünftigen Erforschung Europas in Kapitel 6, Abschnitt 6.3.

5.3.1.1.3 Ganymed und Kallisto

Ganymed ist mit einem Äquatorradius von 2631 Kilometern der größte und massestärkste galileische Mond und sogar der größte Mond im ganzen Sonnensystem. Er ist sogar größer als Merkur. Der nur etwas kleinere Jupitermond Kallisto hat einen Radius von 2400 km. Es handelt

---

[379] Scholz, S.463-468

[380] Jakosky (1998), S. 223

[381] Quellen: https://www.nasa.gov/press-release/nasa-s-hubble-spots-possible-water-plumes-erupting-on-jupiters-moon-europa, http://www.jpl.nasa.gov/news/news.php?feature=6627 – beide abgerufen zuletzt am 20.12.2016

[382] Quelle: http://www.nasa.gov/content/goddard/hubble-europa-water-vapor – abgerufen zuletzt am 20.12.2016

sich ebenfalls um Eismonde wie Europa. Diese beiden kreisen jedoch deutlich entfernter von Jupiter als Io und Europa, nämlich 1.070.000 km (Ganymed) und 1.883.000 km (Kallisto). Beide haben außerdem eine deutlich weniger dichte Zusammensetzung als Io und Europa.[383]

Die Gezeiteneffekte des tidal heating, wie sie auch extrem bei Io und deutlich bei Europa auftreten, gibt es in vergleichbarer Form auch schwach bei diesen beiden Monden. Auf beiden gibt es außerdem große Mengen gefrorenes Wasser.[384]

Man geht daher davon aus, dass auch Ganymed und Kallisto jeweils einen mehrere Kilometer tiefen Ozean flüssigen Wassers unter der dicken gefrorenen Oberflächenkruste besitzen.[385] Fraglich ist in diesen beiden Fällen, ob der Energieertrag ausreicht um flüssiges Wasser dauerhaft sicher zu stellen, was eine notwendige Bedingung für die Habitabiltität der Monde darstellt[386]. Aufgrund der europaähnlichen Bedingungen könnten auch auf diesen beiden Monden hydrothermale Quellen am Grund existieren, die für die Habitabilität sprechen würden. Neue Forschungen bestätigen sogar Salzwasser auf Ganymed.[387]

5.3.1.2 Potentiell belebte Saturnmonde

Anfang der 1980er Jahre erreichten Voyager 1 und 2 schließlich Saturn und konnten auch dort bahnbrechende Aufnahmen der Monde liefern und zahlreiche neue Erkenntnisse liefern. 1997 wurden die Sonde Cassini und der Lander Huygens einzig mit dem Ziel ausgesandt, Saturn zu untersuchen. Seit 2004 befindet sich Cassini im Orbit um Saturn. Wie Galileo bei Jupiter, waren die Beobachtungen von Cassini bei Saturn

---

[383] Scholz, S. 354

[384] Jakosky (1998), S. 208

[385] Scholz, S. 134 und 421

[386] Scholz, S. 456

[387] Quelle: http://hubblesite.org/newscenter/archive/releases/2015/ 09/full/ – abgerufen zuletzt am 20.12.2016

sehr erfolgreich und überraschend.[388] Das meiste Wissen, das heute über die Saturnmonde bekannt ist, stammt aus der Cassini-Huygens-Mission.

Saturn befindet sich in einer Entfernung zur Sonne von 9,58 AU[389] und hat 62 bekannte, große Satelliten[390], prinzipiell stellen alle Objekte seines großen diskusförmigen Gürtels Monde dar. Die Saturnmonde bestehen größtenteils aus Wassereis. Ähnlich wie bei den Jupitermonden Europa, Ganymed und Kallisto, gibt es bei einigen großen Saturnmonden auch Hinweise darauf, dass unter der oberflächlichen Eiskruste flüssiges Wasser existiert.

Aufgrund seiner außergewöhnlichen, erdähnlichen Beschaffenheit ist besonders der von einer dichten Gashülle umzogene Mond Titan für Astrobiologen interessant. Ebenso steht der Eismond Enceladus speziell im Interesse der Forscher, da die Wahrscheinlichkeit für flüssiges Wasser auf ihm sehr hoch ist.[391]

5.3.1.2.1 Titan

Der Eismond benötigt 15 Tage für einen Orbit um Saturn, weist eine gebundene Rotation auf und ist mit einem Radius von ca. 2575 Kilometern der zweitgrößte Mond im Sonnensystem und wie Ganymed ebenfalls größer als Merkur. Durch die Vorbeiflüge von Voyager und Cassini und den Lander Huygens, der im Januar 2015 bei einem zwei Stunden dauernden Abstieg die Voyager-Temperaturmessungen bestätigen und Aufnahmen der erdähnlichen Oberflächenstruktur machen konnte[392], ist Titan nach dem Erdmond der am besten erforschte Mond im Sonnensystem. Voyager 1 gelang 1980 ein sehr naher Vorbeiflug an Titan. Das Infrarotspektrometer der Sonde zeigte

---

[388] Scholz, S. 454; vgl. Kap. 4, Abschn. 4.1.2

[389] Scholz, S. 32

[390] Quelle: http://ssd.jpl.nasa.gov/?sat_discovery – abgerufen zuletzt am 20.12.2016

[391] Scholz, S. 454f

[392] Scholz, S. 474f und 490

danach einen großen Reichtum an organischen Stoffen in der relativ dichten Atmosphäre, die sich aus über 98 % Stickstoff und ca. 5,6 % Methan in der Troposphäre zusammensetzt. Damit ist die Stickstoffatmosphäre des Titan noch dichter als die der Erde. Sie ähnelt in einigen Parametern der Uratmosphäre der Erde zur Zeit der Abiogenese, als aus anorganischer Masse lebendige Materie evolvierte. Dunst und Wolken aus Methan und Ethan befinden sich in einem Kreislauf ähnlich dem globalen Wasserkreislauf auf der Erde.[393] Die weitere Untersuchung der Titanatmosphäre verspricht Erkenntnisse darüber, wie sich auf der Erde aus einfachen organischen Stoffen schließlich lebensnotwendige Kohlenhydrate, Proteine und Nukleinsäuren formen konnten.[394] Sogar Seen aus flüssigem Methan bedecken die Oberfläche, welches als Medium für Abiogenese zwar nicht perfekt, aber immerhin geeignet ist[395]. Sehr kalte Oberflächentemperaturen um -179°C schließen die Existenz von Leben nach irdischem Vorbild jedoch aus. Allein extremophiles Leben, das mit den unwirtlichen Bedingungen zurecht kommt, wäre eventuell denkbar. Die Landschaftsmorphologie des Mondes ist sehr vielfältig und ähnlich der der Erde. Neben den großen Methan-Seen mit ihren eisigen Stränden, die von flüssigen Kohlenwasserstoffen umspült werden, gibt es Kryovulkane[396], Dünen, Gebirgszüge, Wassereis und Wolkenfelder. Auf der Oberfläche und in der stickstoffreichen Atmosphäre gibt es eine große Anzahl verschiedener Kohlenstoff-verbindungen, die im Zusammenhang mit der für die Abiogenese relevanten Synthese biologischer Moleküle stehen. Daher steht auch Titan in besonderem Interesse der Astrobiologie. Außerdem deuten Radarmessungen der Cassini-Sonde darauf hin, dass es unter der ca. 80 km dicken Oberflächenkruste dieses Mondes ebenfalls einen Ozean

---

[393] Scholz, S. 421f

[394] Scholz, S. 134

[395] Vgl. Kap. 4, Abschn. 4.1.1

[396] Vulkane, die Eis statt Lava ausstoßen

flüssigen Wassers geben müsste, wenn die Gezeitenreibung genug Wärme erzeugen würde und im Wasser genügend Ammoniak gelöst wäre, um dessen Gefrierpunkt auf -20°C herabzusetzen. Außerirdisches Leben wäre also auch in diesem subglazialen Ozean denkbar.[397]

5.3.1.2.2 Enceladus

Enceladus gehört mit einem Radius von lediglich 250 km zu den kleineren Saturn-Satelliten. Er ist nur ein Sechstel so groß wie Europa, zehn mal kleiner als Ganymed und nur ein Siebtel so groß wie der Erdmond. Seine Dichte weist darauf hin, dass er zu 40 % aus Gestein und zu 60 % aus Wasser bestehen muss, das zum Großteil vereist ist. Hochauflösende Fotos der Voyager-Missionen zeigen bis zu 1 km tiefe Rillen in der Oberfläche und wenige Krater, die auffallend unterschiedlich lokal verteilt sind. Daher geht man wie bei Europa von einem resurfacing-Effekt aus. Durch die Cassini-Mission geriet Enceladus in den Fokus der Astrobiologen, als dort eine von der Oberfläche aufsteigende Sauerstoffwolke entdeckt wurde. Nach weiteren Untersuchungen konnte schließlich noch flüssiges Wasser auf dem Mond bestätigt werden. Cassini fand heraus, dass Enceladus trotz seiner geringen Größe auch eine – wenn auch dünne – Atmosphäre besitzt, die aus gefrorenem Wasserdampf gemischt mit Sauerstoff, Methan und Kohlendioxid besteht. Eigentlich ist der Mond viel zu klein um diese zu halten. Daraus ließ sich schließen, dass es auf Enceladus etwas geben muss, das für eine ständige Erneuerung der Atmosphäre sorgt.[398]

Enceladus Energieproduktion und -ausstoß und die eigenartige Oberflächenstruktur werfen viele Fragen auf. Als Energiequellen des Mondes kommen entweder tidal heating oder der Zerfall radioaktiver Stoffe im Innern in Frage. Die Umlaufresonanz mit den Monden Dione

---

[397] Scholz, S. 360 und S.455f

[398] Piper, S. 187 bis 189

(2:1) und Mimas (3:2) spricht eher für die Gezeitenheizung.[399] Cassini konnte 2005 bei einem sehr nahen Vorbeiflug (nur 175 km) feststellen, dass der Südpol des Mondes warm ist und zahlreiche Geysire dort Wasserdampf und Eispartikel mehrere hundert Kilometer hoch versprühen.

Mit einer Infrarot-Mapping-Methode bestimmte die Sonde die Temperaturunterschiede der Oberfläche des Eismondes. Die höchsten Temperaturen treten in den Südregionen der sogenannten „Tiger Stripes" in der Nähe des Pols auf[400]: riesige, langgezogene Falten und Risse, die an Tigerstreifen erinnern (Abb. 14). Die hohen Temperaturen in diesen Schluchten liegen deutlich über denen der restlichen Oberfläche. Statt durchschnittlich -170°C herrschen in den Gletscherspalten nur rund -120 °C. Wassereis verdunstet hier teilweise. Es existieren Geysire in den Schluchten, die bis zu 500 km hoch in die Atmosphäre ausstoßen können. Über 100 kryovulkanische Geysire wurden im Bereich der Tigerstreifen gezählt. Daher nehmen Forscher an, dass es dort in 40 bis 50 km Tiefe einen subglazialen See oder Ozean geben könnte, von dem die Geysire zehren.[401] Man nimmt sogar an, dass in den Tiger Stripes flüssiges Salzwasser verborgen sein könnte. Ursache für die dortige Wärme könnte Vulkanismus sein. Enceladus gilt daher als kleinstes vulkanisch aktives Objekt im Sonnensystem. Eine grünliche Verfärbung der Streifen wird von manchen Forschern auf das Vorhandensein organischer Verbindungen zurückgeführt. Die chemische Zusammensetzung des Mondes untermauert diese Annahme. Sehr einfaches Leben mit geringem Energiebedürfnis könnte hier existieren.[402]

---

[399] Vgl. Abschn. 5.3.1.1, wie bei den Jupitermonden Io ‚Europa und Ganymed

[400] Scholz, S. 462

[401] Scholz, S. 134

[402] Röhrlich, S. 101

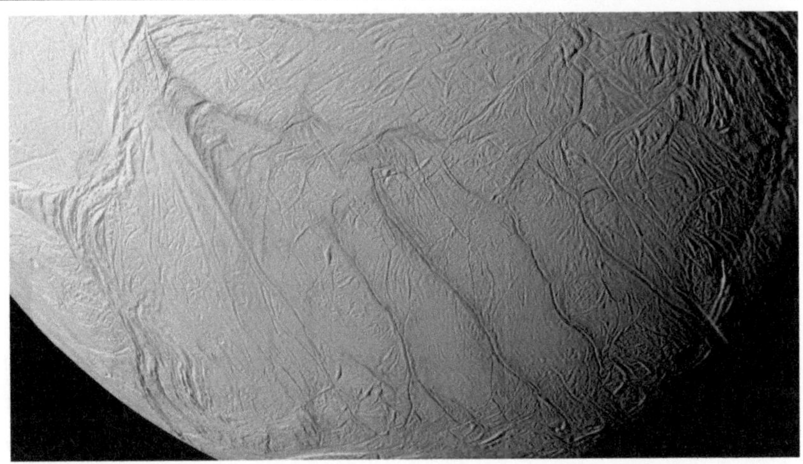

Abbildung 14: Ausschnitt einer Fotografie von Enceladus, die bei einem Vorbeiflug von Cassini erstellt wurde. Die „Tiger Stripes" sind in diesem Ausschnitt gut erkennbar. (Quelle: NASA/JPL)

Ein Durchflug durch eine von einem Geysir ausgestoßene Wasserdampffontäne gelang Cassini im Jahr 2006. Dabei konnte die Sonde neben Wasser auch Spuren von Stickstoff, Kohlendioxid und Methan detektieren. Sensationell war, dass dabei auch einfache Kohlenstoffverbindungen wie Cyanwasserstoff, Ethin, Ethan, Propan, Benzol und Methanal nachgewiesen werden konnten, was auf eine reichhaltige Chemie in den Tigerstreifen hindeutet.[403]

Enceladus ist also nicht wie einst angenommen ein kalter, toter Mond, sondern eine geologisch aktive Welt mit einer inneren Hitzequelle und einer chemisch äußerst interessanten Atmosphäre. Dies alles macht Enceladus ebenso wie Europa zu einem besonders heißen Anwärter für extraterrestrisches Leben. Die Entdeckung von flüssigem Wasser hat zusätzlich zu Spekulationen über mögliches Leben auf dem kleinen Saturnmond geführt.

---

[403] Scholz, S. 468-471

5.3.1.2.3   Dione und Mimas

Auch über Ozeane auf den beiden Saturnmonden Dione und Mimas wird aufgrund der durch Cassini gesammelte Daten spekuliert. Beide haben ebenfalls eine gebundene Rotation zu Saturn und stehen mit Enceladus in Resonanz.[404]

Untersuchungen der Daten lassen Rückschlüsse darauf zu, dass es auf Mimas in 24 bis 31 km Tiefe einen subglazialen Ozean gibt, der möglicherweise aus Wasser besteht, sofern ein tidal-heating-Effekt besteht. Auch der Eismond Dione hat möglicherweise einen flüssigen Ozean unter der Oberfläche. Darauf deutet die Existenz der Bergkette „Janiculum Dorsa" hin, deren Gewicht, die Planetenkruste einzudrücken und zu senken scheint. Der Untergrund könnte demnach flüssig sein.[405] Wegen des möglichen Vorhandenseins dieser Wasseransammlungen wird auch über Leben auf Dione und Mimas spekuliert.

5.3.2 Mögliches Leben auf Mars und Venus

Auch die beiden Nachbarplaneten der Erde, Venus innen und Mars außen, sind seit jeher Gegenstand von Untersuchungen zu extraterrestrischem Leben. Seit die Planeten bekannt sind, hat man außerirdisches Leben auf deren Oberflächen projiziert.[406]

Allein über die in den 1970er Jahren begonnene, aktive Suche nach Spuren extraterrestrischen Lebens auf dem Mars ließen sich Bücher füllen. Der Mars ist der einzige Planet, auf dessen Oberfläche schon mehrfach direkt nach Spuren von Leben gesucht wurde. Um den Rahmen dieser Arbeit nicht zu sprengen, sollen in diesem Abschnitt nur ein paar grundsätzliche Informationen zu Leben auf dem Mars und auch

---

[404] Scholz, S. 469; mehr dazu in Kapitel 7, Abschn. 7.1.1

[405] Quelle: http://www.jpl.nasa.gov/news/news.php?feature=4342 und
https://saturn.jpl.nasa.gov/resources/5823/ – abgerufen zuletzt am 20.12.2016

[406] Vgl. Kap. 2, Abschn. 2.1

zu Venus dargestellt werden. Über Mars und Venus ist viel mehr bekannt, als über irgendwelche anderen Planeten, Monde oder Exoplaneten. Venus befindet sich am inneren und Mars am äußeren Rand der habitablen Zone des Sonnensystems. Venus gilt damit als viel zu heiß, Mars als viel zu kalt um Leben zu beherbergen. Bei beiden Planeten wird jedoch darüber spekuliert, ob sie in ihrer Vergangenheit habitabel waren.

In der Venus-Atmosphäre könnten bis heute Mikroben überlebt haben. Diese könnten jedoch auch durch Meteoriten von Mars oder Erde auf Venus gelangt sein. Für deren Existenz sprechen eine hohe Konzentration von Wassertropfen in einer 70°C heißen Umgebung in 50 km Höhe und das Vorkommen des Gases Carbonylsulfid, das aufgrund seiner komplexen Synthese als ausschließlich biologisch produzierbar gilt. Auf der Erde entsteht es nur durch die Katalyse bestimmter Mikroben. So wird dies beispielsweise durch den Geologen und Astrobiologen Dirk Schulze-Makuch als sicheres Zeichen für biologische Aktivität in der Venus-Atmosphäre angesehen. Dies ist jedoch eine rein hypothetische Behauptung und muss durch zukünftige Forschung verworfen oder weiter geprüft werden.[407] Besonders aber wird viel über mögliches Leben oder Spuren von Leben auf dem Mars spekuliert. Der Fokus der Exobiologie lag lange Zeit ausschließlich auf dem Roten Planeten. Zusammenfassend lässt sich zu „Leben auf dem Mars" sagen, dass heute Konsens darüber herrscht, dass Mars in seiner Oberflächenausformung und Atmosphäre einmal sehr der heutigen Erde geähnelt haben muss, sehr wahrscheinlich sogar mit oberflächlichen Flüssen und Seen, vielleicht sogar aus Salzwasser. Nur einige Millionen Jahre lang könnte der Mars sich so gezeigt haben, denn aufgrund seiner geringen Größe und seiner niedrigen Schwerkraft verlor er seine Atmosphäre wieder. Heute gibt es nur noch unter der Oberfläche und an den Polen Wasser, was unter anderem bestätigt wurde durch die Beobachtung von Einschlagskratern, die Wassereis

---

[407] Piper, S. 178-180

aufgedeckt haben, welches aufgrund des niedrigen Atmosphärendrucks jedoch sofort verdampft ist. Winde, Sandstürme, Temperaturschwankungen und ein geringer Treibhauseffekt unter der dünnen Atmosphäre, der eine Erwärmung auf lediglich ca. 5°C zur Folge hat, lassen den Mars kalt, trocken und insgesamt lebensfeindlich erscheinen. Die Temperaturen schwanken zwischen 20°C im Sommer am Äquator bis -90°C in der Nacht. Außerdem fehlen dem Mars ein Magnetfeld, das vor kosmischer Strahlung schützen würde, Plattentektonik und eine dickere sauerstoffhaltige Atmosphäre mit einer Ozonschicht, die UV-Strahlung abhalten könnte. Jedoch wurde 2003 in ungleicher Verteilung und Konzentration Methan in der Mars-Atmosphäre nachgewiesen, für das es eine Quelle geben muss. Entweder handelt es sich um Überbleibsel der Marsvergangenheit, vielleicht aber auch um ein mikroorganismisch produziertes Vorkommen. Bodenproben wurden erstmals 1976 durch Viking entnommen und auf Leben untersucht. Das Ergebnis war ernüchternd: Der Mars erschien total steril. Keinerlei Spuren von lebendigen oder fossilen Mikroben wurden entdeckt. Doch Untersuchungen der beiden Rover-Schwestern Spirit und Opportunity (gelandet 2004) konnten zeigen, dass einst zumindest die richtigen Bedingungen für Leben auf dem Mars geherrscht haben müssen. Die stationäre Sonde Phoenix konnte 2008 Wasser im Marsboden nachweisen, was die wichtigsten Grundbedingungen für die Entstehung von Leben endgültig bestätigte.

Vielleicht werden irgendwann tatsächlich noch Spuren einstigen Lebens auf dem Mars entdeckt. Dieses könnte womöglich auch durch Panspermie[408] dort hin gelangt sein. In Anbetracht dieser Theorie ist grundsätzlich zu klären, ob sich Mars, Venus und Erde eventuell gegenseitig befruchtet haben, beziehungsweise ob das Leben auf einem dieser drei Planeten seinen Ursprung fand. Pläne für eine bemannte

---

[408] Vgl. Kap. 4, Abschn. 4.1.1

Mission zum Mars, auch zur endgültigen Klärung der Frage der Habitabilität gibt es schon lange.[409]

---

[409] Piper, S. 183; Röhrlich S. 152; Scholz, S. 133

6 ZUKUNFTSPERSPEKTIVEN

*Wenn unser Sehvermögen auch dort aufhört, so sollte unsere
Vorstellungskraft doch darüber hinaus gehen.*

– Blaise Pascal (1623-1662), „Gedanken"

*Zum Teufel mit den allgemeinen Überlegungen.
Vor allem helfen uns Beobachtungen!*

– Freeman Dyson[410]

---

[410] Dorschner, S. 82

Die beschränkten Informationen, die wir über Exoplaneten haben, haben das menschliche Verständnis des Universums zwar enorm erweitert, lassen bislang jedoch nur Spekulationen über die Existenz von Leben auf diesen Welten zu. Grundlegendes Wissen hierfür, beispielsweise über die chemische Zusammensetzung möglicher Atmosphären, muss größtenteils noch erschlossen werden. Hierfür ist bereits eine ganze Generation neuer Apparate geplant und auf den Weg gebracht worden, die die bahnbrechenden Ergebnisse von Hubble, Kepler und Co. wahrscheinlich weit übertreffen kann. Der bisherige Wissensgewinn der Exoplanetenforschung ist hierbei als wegweisende Grundsteinlegung für zukünftige Projekte zu verstehen. Die Entdeckung potentiell habitabler Exoplaneten hat einen ganzen Katalog neuer Forschungsziele und -ansätze nach sich gezogen und gezeigt, wo es sich lohnt genauer hinzusehen und anzuknüpfen. Die neuen Technologien werden dazu in der Lage sein.

In diesem Kapitel sollen die für die Exoplaneten und die Suche nach extraterrestrischem Leben wichtigsten zukünftigen Projekte vorgestellt werden: Neue oberflächengebundene und orbitale Observatorien, die auch in Zukunft unerlässliches Hauptinstrument der Exoplanetenforschung sein werden auf der einen Seite, geplante Weltraummissionen zur weiteren Erkundung der möglicherweise habitablen Jupiter- und Saturnmonde auf der anderen. Aber auch einige theoretische Konzepte und hypothetische Projekte, die in naher oder ferner Zukunft vielleicht tatsächlich realisierbar sind, finden in diesem Kapitel Erwähnung.

Einst geplante, aber wieder auf Eis gelegte oder verworfene Missionen werden in diesem Kapitel nicht weiter beachtet. Dazu gehört etwa „Darwin", ein schon 1993 erdachtes und ursprünglich für 2015 geplantes, jedoch 2007 eingestelltes, nach dem berühmten Biologen und Naturforscher Charles Darwin benanntes Weltraumobservatorium, das bestehend aus einer Flotte aus acht synchronisierten Teleskopsatelliten auf dem Lagrange-Punkt L_2[411] mit Hilfe der Interferometrie speziell der Suche nach erdähnlichen Planeten und der chemischen Erforschung derer Atmosphären dienen sollte[412]; oder die „Space Interferometry Mission", ursprünglich „SIMPLanet Quest" getauft, ein sehr präzises Interferometrie-Weltraumteleskop, das bereits 2005 der Suche nach erdähnlichen Planeten in habitablen Zonen von Sternen, in der Nähe des Sonnensystems (20 Parsec), dienen sollte. Die Mission wurde 2010, wie viele andere auch, wegen Budgetschwierigkeiten eingestellt.[413]

---

[411] Vgl. Kap. 3, Abschn. 3.3.5

[412] Zaun, S. 153; Piper, S. 149

[413] Piper, S. 142-144

6.1 Neue bodenbasierte Teleskope

Auf der Erdoberfläche werden weltweit weiterhin aufwändige Großobservatorien zur tiefen Erkundung des Universums und zum Erkenntnisgewinn über Exoplaneten und mögliches außerirdisches Leben geplant, entwickelt und baulich umgesetzt, trotz der Tatsache, dass die Projekte immer teurer und anspruchsvoller werden und geeignete Plätze auf der Erde immer schwerer zu finden sind.

Bereits im Bau befindlich ist beispielsweise das European Extremely Large Telescope (E-ELT) der europäischen Sternwarte ESO, das als Nachfolger des Very Large Telescope (VLT)[414] gilt. Errichtet wird es auf dem 3060 Meter hohen Berg Cerro Armazones in der Atacama-Wüste in Chile, nur 20 km entfernt vom VLT. Der Hauptspiegel des E-ELT wird einen Durchmesser von 39 m haben und aus 798 sechseckigen Elementen zusammengesetzt sein. Es wird das weltweit größte optische Teleskop sein, das Beobachtungen im sichtbaren und im Infrarotbereich des elektro-magnetischen Lichtspektrums ermöglicht. Durch Adaptivität lassen sich atmosphärische Störungen ausgleichen. Der Blick des E-ELT wird 16 mal schärfer sein als Hubbles, was besonders bei der Suche nach Biomarkern in Atmosphären von Exoplaneten helfen wird. Denn eines der wichtigsten erklärten Ziele des Teleskops ist die Suche nach und der Erkenntnisgewinn über Exoplaneten. Im Jahr 2024 soll das Observatorium einsatzbereit sein.[415]

Ebenso vielversprechend wird der Einsatzbeginn des seit Oktober 2014 im Bau befindlichen Thirty Meter Telescope (TMT) der Universität von Kalifornien, auf dem Mauna Kea in Hawaii, auf dem sich auch das Keck Observatorium[416] befindet. 492 Spiegelsegmente mit einem Durchmesser von je 1,4 m bilden zusammen den 30-Meter-

---

[414] Vgl. Kap. 3, Abschn. 3.3.6

[415] Piper, S. 89; Quelle auch: http://www.eso.org/sci/facilities/eelt/ – abgerufen zuletzt am 20.12.2016

[416] Vgl. Kap. 3, Abschn. 3.3.6

Hauptspiegel. Das Teleskop ist mit adaptiver Optik ausgestattet und kann Beobachtungen zwischen dem sichtbaren und dem mittleren Infrarot-Wellenlängenbereich durchführen. Seine Auflösung wird zehn mal höher sein als die des Hubble-Teleskops. 2022 sollen die Bauarbeiten beendet sein. Das TMT wird für eine große Spanne erklärter astrophysikalischer Untersuchungen eingesetzt werden, unter anderem zur Charakterisierung von Sternen, zur Erforschung von Planetenentstehungen und natürlich für die Entdeckung und Untersuchung extrasolarer Planeten, außerdem zur Suche nach Hinweisen auf Leben außerhalb des Sonnensystems.[417]

---

[417] Quelle: http://www.tmt.org/observatory – abgerufen zuletzt am 20.12.2016

6.2 Neue Weltraumteleskope

Die größten Fortschritte für die Exoplanetenforschung und die Suche nach extraterrestrischem Leben verspricht man sich von der nächsten Generation von Weltraumteleskopen, die auf Grundlage der bisher gesammelten Daten noch weiter ins Detail gehen können und wichtige Hinweise zur potentiellen Habitabilität geben können.

Derzeit in aller Munde, sowohl in der Wissenschaft als auch in den Wissenschaftsressorts der Medien, ist die für die beiden Gebiete wichtigste zukünftige Mission, das James-Webb-Weltraumteleskop (JWST).[418] Im Oktober 2018 soll es in den Erdorbit starten und schließlich nach drei Monaten in 1,5 Millionen Kilometer Entfernung auf dem zweiten Lagrange-Punkt, wo die Anziehungskräfte von Erde und Sonne sich gegenseitig aufheben und das Teleskop daher quasi still steht, seine Arbeit bei einer Betriebstemperatur von höchstens 50 K aufnehmen. Hier gibt es nahezu keine irdischen Störfaktoren. In dieser Distanz ist es allerdings nicht möglich, Wartungsmissionen am Teleskop durchzuführen. Das JWST soll Hubble ablösen, das 2024 in der Erdatmosphäre verglühen wird.[419] Benannt ist es nach dem einstigen NASA-Administrator James Webb, der zur Zeit der Apollo-Projekte Verantwortlicher war. Große Hoffnungen liegen auf dem JWST, denn es wird in der Lage sein, viel einfacher als bisher Atmosphären von Exoplaneten zu erkennen und auf Biosignaturen zu untersuchen, was einen enormen Fortschritt für die Exoplanetenforschung darstellt,

---

[418] Berichterstattung durch große Medienanstalten. Quellen u.a.:
Deutschlandfunk: http://www.deutschlandfunk.de/warten-auf-das-james-webb-teleskop-teleskop-origami-im.732.de.html?dram:article_id=367367 / Spiegel:
http://www.spiegel.de/wissenschaft/weltall/hubble-nachfolger-superteleskop-soll-zum-urknall-zurueckblicken-a-482318.html / FAZ:
http://www.faz.net/aktuell/wissen/blick-in-den-weltraum-nasa-zufrieden-mit-webb-teleskop-tests-14510275.html / Geo:
http://www.geo.de/wissen/weltall/1087-rtkl-james-webb-teleskop-das-teuerste-messgeraet-der-welt-was-es-soll-was-es
– alle abgerufen zuletzt am 20.12.2016

[419] Vgl. Kap. 3, Abschn. 3.3.1

denn die bisherigen Teleskope können dies nur ansatzweise. Es ist auf den Infrarotbereich optimiert, kann aber auch im optischen und elektromagnetischen Bereich Beobachtungen durchführen. Mit seinem Spiegel, der 2,7 mal größer ist als Hubbles und aus 18 kleinen sechseckigen Segmenten besteht, die zusammen einen 6,5-Meter-Spiegel bilden, ist es das größte Infrarotteleskop aller Zeiten. Das Weltraumteleskop kann deutlich mehr Licht einfangen als Hubble und damit Objekte erkennen, die bis zu 100 mal weniger hell sind, als von Hubble wahrnehmbar. Seine Auflösung ist mit 32 Millionen Pixel pro Bild doppelt so hoch wie Hubbles. Das JWST ist ein internationales Projekt. NASA, ESA und die kanadische Raumfahrtbehörde CSA sind daran beteiligt. Mit dem an Bord befindlichen Spektrografen der ESA wird es möglich sein, präzise Rückschlüsse unter anderem auf die chemische Zusammensetzung oder die Temperatur von Planeten zu ziehen.[420]

Zur Verstärkung der bereits im Raum befindlichen Teleskope, speziell des JWST schlug der Astrophysiker und Raumfahrtingenieur Webster Cash der University of Colorado in Zusammenarbeit mit dem NASA Institute for Advanced Concepts vor, eine Art Sonnenschild in weiter Entfernung zur Erde im All zu platzieren, mit dem das blendende Licht ferner Sterne verdeckt werden soll, wodurch am verdeckten Stern vorbeiziehende Exoplaneten besser abgelichtet werden könnten. Dieser „Abblendtrick" ist eine uralte astronomische Methode. Hält man die Sonne mit etwas Geeignetem zu, wird alles rund um den verdunkelten Sichtbereich deutlicher erkennbar. Der helle Schein eines Sterns macht es nahezu unmöglich einen ca. eine Million mal dunkleren Exoplaneten direkt zu erkennen. Unter dem Namen „New Worlds Mission" oder spezieller „New Worlds Observer" (NWO) soll ein im Durchmesser 30 bis 50 Meter großer Schild ca. 1,6 Millionen Kilometer von der Erde entfernt im All platziert werden, also nur ein kurzes Stück weiter als das JWST. Die ideale Form des NWO wäre gänseblümchen-

---

[420] Piper, S. 144-149; Zaun, S. 178 f; Michaud, S. 47

oder sternartig, weil dadurch die Lichtbeugung am Rand der Corona im Gegensatz zu einer kreisrunden Scheibe am effektivsten ausgeglichen werden könnte (Abb. 15). Im Idealfall soll dieser Verdunkler den Lichtschein eines Sterns um den Faktor 10 Milliarden senken können.

Abbildung 15: Künstlerische Konzeptdarstellung des „blumenförmigen" New Worlds Observer. (Quelle: NASA/Northrop Grumman)

Die besonders große Schwierigkeit einer solchen Unternehmung ist, dass der Schild zentimetergenau zwischen Teleskop und Stern positioniert werden muss. Außerdem ist unklar, ob der NWO bei der Untersuchung von Doppelsternsystemen, die immerhin ca. 50 % aller Sterne der Milchstraße ausmachen, überhaupt zum Einsatz kommen kann, denn theoretisch wären hierfür zwei Vorrichtungen nötig. Es gibt daher Pläne, im Rahmen der NWO-Mission gleich zwei Schilde zu starten. So könnte außerdem einer immer benutzt werden, während der andere eine neue Position einnimmt. Dadurch könnte in der selben Zeitspanne ohne Nutzverlust doppelt so viel Leistung gebracht werden.

Nützlich wäre ein solcher Verdunkler für Teleskope, die im optischen Bereich des Lichts operieren können. Deren Bildgebungsleistung könnte enorm gesteigert werden. Exoplaneten könnten mit hoher Auflösung direkt abgebildet werden. Bisher existieren nur sehr wenige und sehr niedrigauflösende Aufnahmen, die relativ wenig Aussagekraft haben. Der Großteil der Exoplaneten wurde noch nie direkt beobachtet, geschweige denn abgelichtet. Der Schirm des NWO soll außerdem synchron zum Teleskop, das er modifiziert, das abgeblendete Licht spektrografisch analysieren können und somit im Vergleich mit den Messungen des unterstützten Teleskops Aussagen über die Atmosphäre des Zielobjekts treffen können. Ursprünglich war der Start für NWO schon für 2017 geplant, doch die Umsetzung wurde um unbestimmte Zeit verlängert, da die Entwickler keine finale Finanzierung finden konnten. Das NWO-Projekt wird sehr ambivalent wahrgenommen. Es erhält ebenso viel Zuspruch (z.B. erhielt es den „Astrophysics Strategic Concept Mission Study"-Preis der NASA) wie Kritik – es soll ca. 400 Millionen Dollar kosten.[421]

Ein weiteres neues Weltraumteleskop der NASA soll bereits 2017 starten, allerspätestens aber im Juni 2018, also definitiv vor dem JWST. Es trägt den Namen „Transiting Exoplanet Survey Satellite" (TESS) und soll nach dem Vorbild des Kepler-Teleskops mittels der Transitmethode Exoplaneten identifizieren. TESS soll sich dabei auf die Sterne konzentrieren, die der Erde am nächsten liegen. Es soll außerdem in der Lage sein, deutlich hellere Sterne zu untersuchen als Kepler, dessen Fokus auf lichtschwachen Roten Zwergen liegt. Mit TESS sollen erwartungsgemäß 2.000 neue Planeten in den Umlaufbahnen von rund 500.000 G-, K- und M-Sternen gefunden werden, von denen 300 erdgroß bis doppelt so groß sein könnten wie die Erde, also verhältnismäßig klein. TESS wird aus vier miteinander verbundenen

---

[421] Zaun, S. 177-180

Weitwinkelteleskopen bestehen und in einem stark elliptischen Orbit um die Erde, in 2:1 Resonanz zum Mond kreisen.[422]

Ähnlich wie die verworfene Darwin-Mission soll auch der „Terrestrial Planet Finder" (TPF) mithilfe mehrerer zusammengeschalteter Teleskope Exoplaneten aufspüren und untersuchen und Aufschluss über Biosignaturen in deren Atmosphären geben. Der TPF könnte je nach Größe der Umsetzung ein mehrere hundert Meter großes Teleskop imitieren (Abb. 16).

Abbildung 16: Konzeptdarstellung des Terrestrial Planet Finder. (Quelle: ESA)

Heruntergekühlt auf 40 K könnte das Verbundteleskop im sichtbaren und im Infrarotbereich des Lichtspektrums die hundertfache Bildleistung des Hubble-Teleskops erreichen. Teil des TPF-Verbundteleskops soll auch ein 6,5 bis 8 m großer Koronagraf ähnlich

---

[422] Quelle: https://www.nasa.gov/content/about-tess – abgerufen zuletzt am 20.12.2016

dem NWO zur Abdämpfung des Sternenlichts sein, bei dem das Licht eines Exoplaneten jedoch (anders als bei einem einfachen Verdunkler) gänzlich vom Sternenschein getrennt werden könnte.[423] Das Projekt ist auch als „NASA Interferometrie Mission" bekannt und soll für fünf Jahre die nächstliegenden 500 Sterne nach terrestrischen Planeten absuchen. Der Terrestrial Planet Finder könnte mit seiner speziellen Methode der Biomarkerbestimmung besonders für die Suche nach Leben auf anderen Planeten von Bedeutung sein: Das empfangene, thermisch emittierte Licht und das reflektierte Sonnenlicht können vom TPF getrennt auf Hinweise untersucht werden, was sehr präzise Aussagen über die Eigenschaften eines Planeten erlaubt. Der TPF stärkt damit besonders die Hoffnungen der SETI-Forscher, speziell der OSETI-Forscher[424], denn er könnte sogar Laseremissionen von möglichen fortgeschrittenen Zivilisationen erkennen. 2006 wurde die Realisierung des TPF wegen Budgetkürzungen auf unbestimmte Zeit verschoben. Derzeit ist die Zukunft der Mission ungewiss.[425]

---

[423] Zaun, S.178

[424] OSETI, bedeutet „Optical Search for Extraterrestrial Intelligence", also anders als die ursprünglich nur radioastronomische, „horchende" Suche nach außerirdischer Intelligenz auch die Suche nach sichtbaren Spuren dieser.

[425] Piper, S. 139-141; Zaun, S. 128 und 162; Schurmann, S. 239-244

6.3 Zukünftige Weltraummissionen

Auch die Untersuchung der potentiell habitablen Orte des Sonnensystems wird in Zukunft weiter voran getrieben. Zur Klärung der Verdachtsfälle bei den vielversprechenden großen Monden von Jupiter und Saturn stehen gleich mehrere Raumfahrtunternehmen auf dem Programm internationaler Raumfahrtorganisationen.

Die europäische Weltraumagentur hat in den vergangenen Jahrzehnten schon viele Vorschläge und Pläne für Missionen zur Untersuchung der Jupitermonde gemacht. Geblieben ist die „Jupiter Icy Moons Exoplorer"-Mission (JUICE), deren Hauptaufgabe – wie der Name schon sagt – darin besteht, die drei galileischen Eismonde des Jupiter Ganymed, Kallisto und Europa weiter zu erforschen. Die Verträge für JUICE sind unterschrieben, die Sonde befindet sich derzeit im Bau bei Airbus in Frankreich. JUICE soll 2022 mit einer Ariane-5-Rakete von Französisch Guayana aus ins All starten, 2030 am Jupiter ankommen und nach zahlreichen Manövern um den Gasriesen und seine Monde 2033 schließlich ins Orbit um Ganymed eintreten.[426] Dabei sollen mithilfe hochauflösender Kameras, Spektrometer und einem eisdurchdringenden Radar die Beschaffenheit und Eigenschaften der subglazialen Ozeane und der Oberflächen der Monde, die physikalischen Eigenschaften der Eiskrusten, inneren Mondstrukturen wie Masseverteilung, Dynamik und Entwicklung und im Falle von Ganymed dessen dünne Atmosphäre und Magnetfeld weiter untersucht werden.[427] Eventuell wird JUICE auch einen vom Institut für Weltraumforschung der Russischen Akademie der Wissenschaften entwickelten Lander mit dem Namen „Laplace-P" transportieren und absetzen, der auf Ganymed astrobiologische Untersuchungen

---

[426] Scholz, S. 134

[427] Quelle: http://sci.esa.int/juice/ – abgerufen zuletzt am 20.12.2016

durchführen soll.[428] Im Idealfall könnte JUICE auch eine der Europa-Fontänen durchfliegen und dabei eine Probe entnehmen, die unschätzbare Erkenntnisse bringen könnte.[429]

Auch die NASA visiert den Jupiter und speziell seinen vielversprechenden Mond Europa und dessen Salzwasserozean als Missionsziel an. Die Europa Mission der NASA unter dem Namen „Europa Multiple-Flyby Mission", auch als „Europa Clipper" bekannt, soll eine direkte Nachfolge-Mission von Galileo sein. Im Orbit um Jupiter sollen 45 Vorbeiflüge an Europa in Höhen zwischen 25 und 2.700 Kilometern durchgeführt werden (Abb. 17).

Ein direkter Orbit um Europa ist aufgrund der starken Strahlungsauswirkungen der Magnetosphäre nicht möglich. Auch Europa Clipper könnte wie JUICE in einem Durchflug Proben aus den Fontänen des Mondes entnehmen.

Die Sonde soll die Habitabilität von Europa untersuchen, dessen Oberfläche umfangreich abbilden und eine geeignete Landestelle für einen zukünftigen Lander bestimmen. Konkret wird Europa Clipper die Eigenschaften der Eiskruste und den subglazialen Ozean sowie wechselseitige Prozesse zwischen diesen beiden und die Komposition und die Geologie des Mondes untersuchen.[430] In einem frühen Konzept des Europa Clipper war auch ein kleiner, leichter Lander[431] angedacht, der mithilfe des schon bei Curiosity im August 2012 verwendeten Landemechanismus zehn Tage batteriebetrieben auf Europa die Chemie der Oberfläche und Proben des Ozeans auf Spuren von Leben

---

[428] Quelle: http://www.russianspaceweb.com/laplas.html – abgerufen zuletzt am 20.12.2016

[429] Scholz, S. 468; vgl. Kap. 5, Abschn. 5.3.1.1.2

[430] Quellen: http://solarsystem.nasa.gov/missions/europaflyby/indepth und http://www.jpl.nasa.gov/missions/europa-mission/ – beide abgerufen zuletzt am 20.12.2016

[431] Ca. 230 kg, davon 20 bis 30 kg Instrumente. Zum Vergleich: Der Mars-Rover Pathfinder von 1996 wog 265 kg

untersuchen sollte. Proben des Ozeans sollen nicht direkt aus dem viele Kilometer tiefen See entnommen werden, sondern an Stellen, an denen Wasser an die Oberfläche geraten und gefroren ist. Ein solcher Lander würde die Kosten der Mission allerdings massiv in die Höhe treiben. Die Sonde wäre 7 Millionen Dollar teurer und könnte erst ein Jahr später die Erde verlassen.[432]

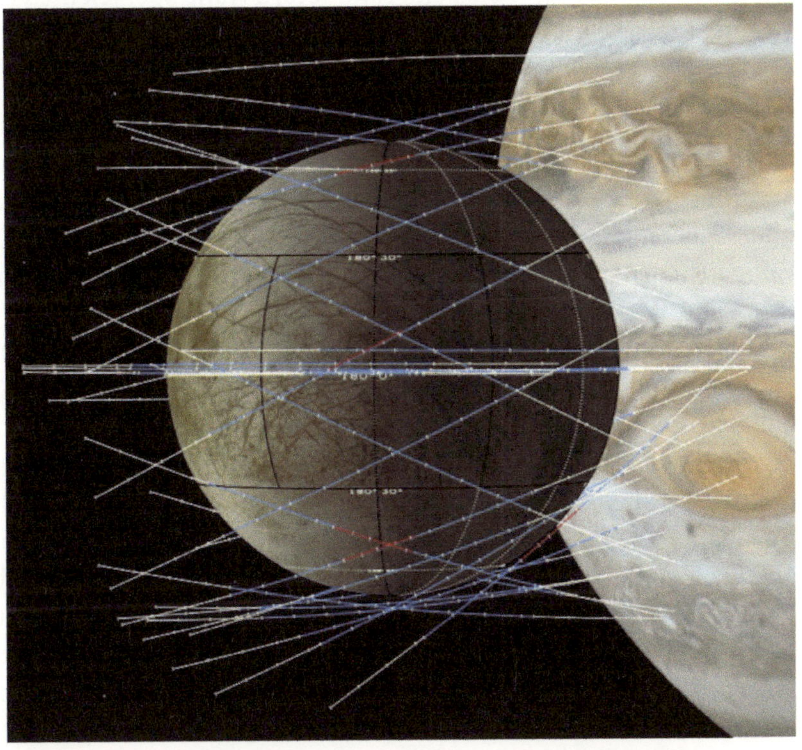

Abbildung 17: Geplante Vorbeiflüge des Europa Clipper an Europa. (Quelle: NASA/JPL)

---

[432] Quelle: http://www.planetary.org/blogs/guest-blogs/van-kane/20160105-nasa-europa-lander.html – abgerufen zuletzt am 20.12.2016

Auch das Aussetzen von zusätzlichen Miniatursonden könnte ein Teil der Europa-Clipper-Mission sein, deren Signale über den Europa Clipper zur Erde gesendet werden könnten. Ebenso wägt die NASA derzeit den Einsatz einer autonomen Zusatzsonde mit dem Namen „Biosignature Explorer for Europa" (BEE) ab, die mit Hilfe eines Gaschromatographen, eines Massespektrometers und einer UV- und Infrarotkamera in zwei bis zehn Kilometern Höhe speziell die Fontänen auf Biosignaturen und Spuren von Leben untersuchen soll.[433]

Auch die vielversprechenden potentiell habitablen Monde des Saturn werden weiterhin Ziele von Raumfahrmissionen sein. NASA und ESA realisieren als Teil des Discovery Programms[434] gemeinsam die „Titan and Enceladus Mission" (TandEM) zum Titan, die direkt an die überraschenden und bahnbrechenden Erkenntnisse, die Cassini-Huygens seit der Ankunft am Mond im Jahr 2004 lieferte, anknüpfen soll. TandEM soll in den 2020er Jahren starten und nach ca. neun Jahren Reisezeit am Saturn ankommen. Ein weiteres Jahr später soll die Sonde auf Titan einen Lander und einen Atmosphärenballon absetzen. Speziell das astrobiologische Potential des Mondes, sein Ursprung und seine Entwicklung sollen erforscht werden. Die Mission soll aus zwei Raumsonden bestehen, von denen eine zuerst mehrere Vorbeiflüge an Enceladus machen wird, um dann in eine Umlaufbahn um Titan einzuschwenken. Schließlich soll auch auf Enceladus ein Lander abgesetzt werden, der flüssiges Wasser unter der Oberfläche bestätigen soll. Die zweite TandEM-Sonde mit dem Namen „Titan Saturn System Mission" (TSSM) wird einen Lander transportieren, der nahe des Titan-Nordpols auf einem Ethan-/Methan-See abgesetzt wird, um diesen zu untersuchen. Dieser wassernde Roboter soll „Titan Mare Explorer"

---

[433] Quelle: „Biosignature Explorer for Europa (BEE) Probe – The Concept for Directly Searching for Life Evidence on Europa at Lower Cost and Risk";
http://www.hou.usra.edu/meetings/lpsc2016/pdf/2602.pdf – abgerufen zuletzt am 20.12.2016

[434] Vgl. Kap. 3, Abschn. 3.3.4

(TiME) heißen.[435] Der abgesetzte Forschungsballon soll sich frei in der Atmosphäre des Titan bewegen und dabei Informationen senden. Vorbild hierfür sind die sowjetischen Venus-Ballons „Vega 1" und „Vega 2" (1985-1986), die ersten beiden Forschungsballons in der Gashülle eines anderen Himmelskörpers außer der Erde. Der Orbiter würde dabei als Übertragungsstation dienen. TandEM könnte – falls vorhanden – sehr wahrscheinlich erstmals biologische Moleküle und vielleicht sogar primitive Lebensformen außerhalb der Erde nachweisen. Die Pläne werden von NASA und ESA derzeit weiter verfolgt. Elf europäische Nationen, USA, Japan, China und Taiwan arbeiten gemeinsam an dem Projekt.

---

[435] Quelle: TSSM - Titan Saturn System Mission – NASA/ESA Joint Summary Report (16. Januar 2009); sci.esa.int/science-e/www/object/ doc.cfm?fobjectid=44032 – zuletzt abgerufen am 20.12.2016

6.4 Theoretische Konzepte

Die Möglichkeiten der Detektion und Erforschung von Exoplaneten werden sich in Zukunft also deutlich ausweiten. Das Universum wird transparenter, und vielleicht finden wir in nicht allzu ferner Zukunft tatsächlich Spuren von extraterrestrischem Leben in Form eindeutiger Biomarker.

Welche der zahlreichen geplanten Projekte in welcher Weise tatsächlich umgesetzt werden, lässt sich kaum voraussagen, denn immer wieder gibt es Kürzungen und Absagen. Auch die politischen Situationen verändern sich. Ein Großteil der erdachten Projekte der Weltraumbehörden wird verworfen. Konzepte für neue Instrumente und Missionen gibt es genug, und es mangelt nicht an großen Ideen. Immer größer, aufwändiger und leistungsfähiger soll es werden. Vieles ist theoretisch realisierbar. Die Fantasie der Planer kennt keine Grenzen.

Zum Beispiel arbeitet der renommierte französische Astronom und Spezialist für Optik und Interferometrie, Antoine Labeyrie, seit den 1980er Jahren an einem Konzept für eine Art Super-Weltraumteleskop, mit dem es möglich sein soll, zunächst direkte Abbildungen von Exoplaneten in bis zu 30 Lichtjahren Entfernung zu liefern und später sogar deren Oberflächenstruktur detailliert sichtbar zu machen. So könnten eines Tages vielleicht sichtbare Spuren außerirdischen Lebens, außerirdischer Artefakte oder Strukturen auf Planetenoberflächen direkt erkannt werden. Dieses Projekt ist als Labeyries Hyperteleskop oder „Exo Earth Imager" (EEI) seit 1999 öffentlich im Gespräch. Der EEI soll aus 150 Einzelspiegeln mit jeweils 3 m Durchmesser bestehen und so ein Verbundteleskop mit einem Durchmesser von unglaublichen 100 km ergeben. Es würde die extrem hohe Auflösung des geplanten Terrestrial Planet Finder der NASA noch weit übertreffen. Wie alle anderen Teleskope soll es aus dem Lichtspektrum von Sternen und Planeten Rückschlüsse auf deren chemische Bestandteile ziehen, auch detaillierte und besonders interessante und wertvolle Informationen über Atmosphären liefern.

Eine Realisation des EEI-Projekts ist zur Zeit aufgrund seiner enorm hohen Kosten undenkbar. Zahlreiche namhafte Wissenschaftler halten diese aber für technisch möglich und umsetzbar.[436]

Ein anderes vielversprechendes, aber derzeit noch nicht umsetzbares Konzept sieht Observatorien auf der dunklen Seite des Mondes vor. Dort wären Messungen vollständig abgeschirmt von der Radiostrahlung, vom Licht und der atmosphärischen Störung der Erde. Die Rückseite des Mondes ist der einzige Ort im Sonnensystem, der ständig von nahezu allen irdischen Störemissionen abgeschirmt ist. Zudem hätte man ausreichend Baugrund und ein stabiles Fundament für die nötige Infrastruktur. Dort könnte man die wirksamsten, sensibelsten denkbaren Geräte überhaupt aufstellen, natürlich auch mit dem Zweck der Detektion von Exoplaneten. Radioantennen mit ihren riesigen Schirmen könnten bei der niedrigen Gravitation des Mondes riesengroß konstruiert werden, weshalb besonders SETI-Forscher sich für Mondobservatorien interessieren und stark machen. Der französische Astronom Jean Heidmann und nach dessen Tod der italienische Physiker Claudio Maccone setzten sich international dafür ein, die für SETI unschätzbar wertvolle Lokalität für die Radioastronomie zu reservieren. Auch Pläne zur Installation großer Infrarotteleskope zur Suche nach Sauerstoff in den Atmosphären extrasolarer Planeten um nahe Sterne wurden bereits diskutiert.[437] Die Astronomin und ehemalige Direktorin des Center for SETI Research Jill Tarter meint, dass in Zeiten stetig zunehmender irdischer Störfaktoren, Radioteleskope auf dem Mond SETI's einzige Rettung sein könnten, da die erdgebundenen Radioteleskope zunehmend eingeschränkter arbeiten müssen.[438]

---

[436] Zaun, S. 184-186

[437] Michaud, S. 47f; Schurmann, S. 205-209; Zaun, S. 189f

[438] Zaun, S. 189

Um nahegelegene Sterne und deren Planeten in Zukunft nicht nur beobachten, sondern auch sondieren zu können, erdachte der berühmte Physiker Stephen Hawking eine revolutionäre Antriebsmethode, durch die ein irdisches Objekt theoretisch in kurzer Zeit viele Lichtjahre zurücklegen könnte. Erst im Sommer 2016 ging die Möglichkeit einer Realisation des „Hawking-Antriebs" durch die Medien.[439] Eine Initiative des russischen Milliardärs Jurij Milner mit Namen „Breakthrough" hat zum Ziel, mit Unterstützung Hawkings, der die theoretischen Grundlagen liefert, auf diese Weise eine Sonde in unser Nachbarsternensystem Alpha Centauri zu schicken. Diese soll das Dreifachsternensystem in ca. 20 Jahren erreichen, statt in 30.000 Jahren – solange würde eine Reise nach Alpha Centauri mit der bisher zur Verfügung stehenden Technik in Anspruch nehmen. Diese Mission soll den Namen „Breakthrough Starshot" tragen und wird vom ehemaligen NASA-Wissenschaftler Pete Worden geleitet. Auf eine nur wenige Gramm schwere, briefmarkengroße, von „Segeln" umgebene Sonde („Starchip") werden von der Erde aus leistungsstarke Laser gerichtet. Der Rückstoß der Photonen soll das ultraleichte Objekt in nur zehn Minuten auf ein Viertel oder Fünftel der Lichtgeschwindigkeit beschleunigen können. Der Mars wäre so in nur 30 Minuten erreichbar. Problematisch für das Anvisieren des Starchip könnten atmosphärische Störungen sein. Ebenso schwierig gestaltet sich die Ankunft bei Alpha Centauri, denn zum Abbremsen würde der Starchip ebenso mehrere Gigawatt Energie benötigen wie zum Beschleunigen. Daher ist Breakthrough Starshot bislang nur als Flyby-Mission mit einem sehr kleinen Zeitfenster zur Observation von Alpha Centauri vorstellbar. Diese könnte jedoch unvorstellbar detaillierte Bilder an die Erde übermitteln und revolutionäre neue Erkenntnisse bieten. Zudem wäre

---

[439] Quelle (z.B. Spiegel): http://www.spiegel.de/forum/wissenschaft/revolutionaerer-antrieb-wie-stephen-hawking-ein-mini-raumschiff-mit-lasern-zu-den-ste-thread-444102-1.html – abgerufen zuletzt am 20.12.2016

die Mission mehrfach kostengünstig wiederholbar.[440] Mit den heute zur Verfügung stehenden technologischen Mitteln wäre Breakthrough sogar realisierbar.

Theoretische Konzepte zur relativ schnellen Überbrückung der unvorstellbar weiten interstellaren Distanzen gibt es viele weitere. Zum Beispiel den bereits 1994 erdachten Alcubierre-Antrieb des gleichnamigen mexikanischen Physikers Miguel Alcubierre, der statt einer Bewegung durch den Raum, eine Standortänderung durch Verzerrung des Raums vorschlägt, basierend auf Einsteins Allgemeiner Relativitätstheorie. Durch eine kontinuierliche Raumexpansion hinter und eine kontinuierliche Raumkontraktion vor einem Raumschiff, wäre es möglich dieses mit einem effektiven Tempo von Überlicht-geschwindigkeit fort zu tragen. Das Raumschiff würde sich dabei nicht von der Stelle rühren, lediglich die Position des Schiffs würde – ohne gravitatorischen Einfluss für die Besatzung – auf einer Art Raumwelle von A nach B verändert werden.[441] Auf diese Weise könnte Proxima Centauri theoretisch in nur zwei Wochen erreicht werden. Selbst beim hypothetischen Reisen mit Lichtgeschwindigkeit würde diese Reise 4,2 Jahre dauern. Zum Vergleich: das schnellste von Menschen bisher im Weltraum von der Erde fortbewegte Objekt ist die Voyager-1-Sonde mit einer Geschwindigkeit von 62.140 km/h.[442] Sie würde mehr als 56.000 Jahre für die Reise benötigen.

Heute ist das Potential für Technologien vorhanden, die noch vor wenigen Jahrzehnten undenkbar schienen. Doch die Umsetzung scheitert an Finanzmitteln, Ressourcen oder schlicht und ergreifend an der Suche nach einem geeigneten Platz. Denn in vielen Bereichen ist das Limit längst erreicht. Doch niemand weiß, welcher Fortschritt die

---

[440] Quellen: http://breakthroughinitiatives.org/About und
http://www.spiegel.de/wissenschaft/weltall/stephen-hawking-und-juri-milner-wollen-sonde-zu-alpha-centauri-schicken-a-1086903.html – beide abgerufen zuletzt am 20.12.2016

[441] Heuser (2015), S. 6f

[442] Quelle: http://voyager.jpl.nasa.gov/index.html – Stand November 2016

Astronomie noch erwartet, welche Erleichterungen damit einhergehen und was dies für die Suche nach extraterrestrischem Leben bedeuten könnte. Die Geschichte lehrt, dass besonders in der Luft- und Raumfahrt zuvor unvorstellbare Dinge erreicht wurden, die schließlich die Welt und damit unser Selbstverständnis verändert haben. So wie die Spektroskopie im 19. Jahrhundert unsere Fähigkeiten revolutioniert hat – das meiste Wissen über Exoplaneten entspringt heute spektralanalytischen Messungen des Lichts – könnten sich bald vielleicht außerdem ganz neue vielversprechende Methoden aus der Verknüpfung von Technologie und theoretischer Erkenntnis ergeben. Zwar wird am ehesten die allgemeine Astronomie von dem zu erwartenden Wissensgewinn profitieren, doch hat schon immer auch die Suche nach extraterrestrischem Leben daraus ihren Nutzen gezogen[443], was wiederum SETI neue Kraft und Hoffnung schöpfen lässt.

---

[443] Michaud, S. 46

7 KULTURTHEORETISCHE IMPLIKATIONEN EXTRATERRESTRISCHEN LEBENS

Wer bewohnt diese Welten? Was für Gestalten, welche Lebewesen, welche Tiere und Pflanzen sind dort zu finden? Was wissen die Geschöpfe von diesen himmelfernen Welten mehr als wir? Was vermögen sie mehr als wir? Was sehen sie, und wir kennen es nicht? Wird nicht eines von ihnen eines Tages den Weltraum durchmessen und auf unserer Erde erscheinen, um sie zu erobern?

– Guy de Maupassant (1850-1893), 1887[444]

---

444 Baumann, S. 80

Seit Oktober 2015 diskutiert die Wissenschaftswelt über ein ungewöhnliches, nicht erklärbares Objekt um den 1480 Lichtjahre entfernten F-Klasse-Stern KIC 8462852 im Sternbild Schwan, inzwischen auch bekannt als „Tabby's Star", entdeckt wurde. Ansporn hierfür gab die Untersuchung eines Forscherteams um die auf stellare Spektroskopie spezialisierte Astronomin Tabetha Boyajian von der Yale University, die mit dem Kepler-Teleskop nicht-periodische Helligkeitsreduzierungen von bis zu 22 % in der Lichtstrahlung dieses Sterns gemessen hatte. Die Ursache hierfür ist bis heute ungeklärt, jedoch gibt es eine Reihe von Erklärungsansätzen für die seltsamen Schwankungen. Allen voran könnte ein den Stern umkreisender Körper das Licht blockieren. Die größte populäre Aufmerksamkeit erhielt jedoch die erstmals von dem Astronomen Jason Wright formulierte Hypothese, dass eine von Außerirdischen künstlich errichtete Struktur den Stern verdunkle. Diese Idee ging wie ein Lauffeuer durch die Medien weltweit. Forscher aus aller Welt äußerten sich fortan zu dieser „Alien Megastructure" und schnell herrschte populärer Konsens darüber, dass die seltsame Formation um Tabby's Star eine von einer hochentwickelten extraterrestrischen Zivilisation errichtete „Dyson Sphäre" sein könnte, eine den ganzen Stern umgebende Struktur von Sonnenkollektoren zur Ernte der Strahlungsenergie.[445]

Eine ähnliche Alien-Begeisterung löste auch der Fund heller Flecken auf dem Zwergplaneten Ceres aus, der im Asteroidengürtel zwischen Mars und Jupiter um die Sonne kreist. Die Sonde Dawn, deren Aufgabe es war, durch die Untersuchung der Himmelskörper Ceres und Vista etwas über die Frühgeschichte des Sonnensystems zu erfahren, sendete Anfang 2015 erste Bilder von Ceres Oberfläche zur Erde, auf der sehr auffällige, hell leuchtende Flächen zu sehen waren, deren Schein sogar weiter beobachtet wurde, als der Planet sich in den Sonnenschatten

---

[445] Mehr dazu in Abschn. 7.1.3; Quellen: http://www.sueddeutsche.de/
  wissen/astronomie-raetselhafter-stern-weckt-alien-phantasien-1.2694987 und
  http://www.space.com/34303-alien-megastructure-star-strange-dimming-
  mystery.html – beide abgerufen zuletzt am 20.12.2016

neigte. Insbesondere „Spot 5" auf Ceres wurde Ziel zahlreicher Spekulationen (Abb. 18).

Abbildung 18: Spot 5 auf Ceres. (Quelle: NASA/JPL)

Fern jeder wissenschaftlichen Analyse führte ein Teil der Öffentlichkeit den leuchtenden Fleck auf die Existenz außerirdischer illuminierter Strukturen zurück. Die ersten unscharfen Bilder wirkten wie eine irdische Stadt, die bei Nacht aus der Vogelperspektive des Erdorbits betrachtet wird. Pseudowissenschaftliche Vergleiche zwischen der in der Wüste von Nevada gelegenen Metropole Las Vegas und Spot 5 wurden angestellt und geisterten als vermeintlicher Beweis für die Existenz eines außerirdischen Außenpostens, direkt vor der Haustür des Menschen, um die Welt. Heute ist sich die NASA nach der Analyse hochauflösender Bilder sicher, dass die leuchtenden Flecken auf große oberflächliche Vorkommen von wasserhaltigen Salz-Solen, die Magnesiumsulfat enthalten, zurückzuführen sind.[446]

Noch stärkere, langanhaltendere Verwirrung lösten die von der Sonde Viking im Jahr 1976 geschossenen Bilder der Marsregion Cydonia Mensae aus, auf denen die Weltöffentlichkeit ein Gesicht zu erkennen meinte. Diese für heutige Verhältnisse relativ unscharfen ersten Bilder der Sonde sorgten Jahrzehnte lang für Diskussionen. Zahlreiche Betrachter waren sich sicher, dass dieses menschliche Gesicht durch außerirdische Einwirkung künstlich auf der Marsoberfläche errichtet wurde, um die Aufmerksamkeit der Erdbewohner zu erregen. 2001 fotografierte die Sonde Mars Global Surveyor die Stelle mit höherer Auflösung erneut und präsentierte eine eindeutig natürlich entstandene Fels- und Sandformation (Abb. 19).[447]

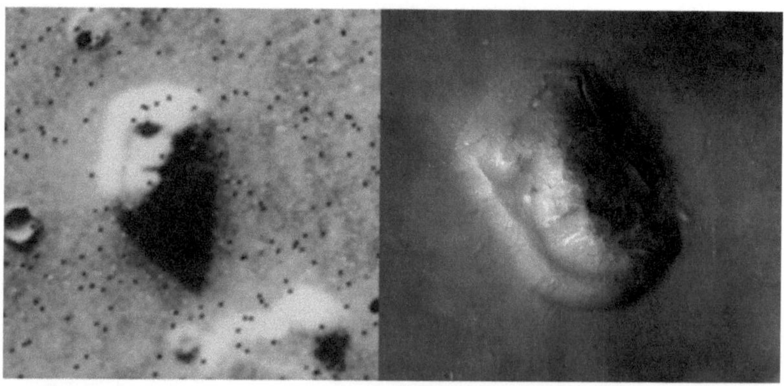

Abbildung 19: Collage eines Ausschnitts der Region Cydonia auf dem Mars. Links fotografiert von Viking 1 im Jahr 1976. Rechts

---

[446] Quelle: http://www.jpl.nasa.gov/news/news.php?feature=4785 – abgerufen zuletzt am 20.12.2016

[447] Piper, S. 207-210

die Aufnahme von Mars Global Surveyor aus dem Jahr 2001. (Quelle: NASA/JPL/University of Arizona)

Viele ähnliche Beispiele vorschneller Spekulationen und Beweisführungen für die Existenz von Außerirdischen finden sich in der Geschichte der Astronomie und Raumfahrt. Unerklärliche Entdeckungen regen die Fantasie an und die Zahl aufmerksamer, alienbegeisterter Zuhörer ist groß.

Bemerkenswert an diesen Fällen ist, dass sie alle ein Beleg für die menschliche Tendenz sind, zunächst unerklärliche Phänomene auf die Existenz von Außerirdischen zurück zu führen. Ähnliches gilt auch für Schiaparellis Marskanäle[448] oder das bis heute noch nicht geklärte **Wow!-Signal**[449], dem manche einen außerirdischen Ursprung zuschreiben. Wir suchen nach einem Beweis für außerirdisches Leben und außerirdische Intelligenz und sind von dem Traum erfüllt, diesen endlich in den Händen zu halten. Was würde es doch bedeuten das finale Wissen erhalten zu haben, dass wir nicht allein im Universum sind, dass Extraterrestrische existieren, die uns in vielerlei Hinsicht weit voraus sein könnten?

Auf Basis bestehenden Wissens und Theorie manifestieren sich Ideen, Wünsche und Träume, aber auch Ängste in allem, was nicht erklärbar und bekannt ist. Vorstellungen über Außerirdische entspringen meist menschlichen Projektionen und sind dabei bestimmt von gesellschaftlichen Phänomenen und dem vorherrschenden Zeitgeist. Besonders in der Zeit vor dem Beginn der Raumfahrt, als es reichlich Platz für Imaginationen über den Weltraum gab, wurde viel über die Existenz von Außerirdischen spekuliert und formuliert.

---

[448] Vgl. Kap. 2, Abschn. 2.1
[449] Vgl. Kap. 2, Abschn. 2.2

Der große Traum einer interstellaren Nachbarschaft oder vielleicht sogar Gemeinschaft bestimmt den allgemeinen Blick auf das Universum mit – und motiviert und rechtfertigt zudem die Millionen verschlingenden und Jahre, teils Jahrzehnte dauernden Raumfahrtprojekte. So hat die junge Entdeckung des erdnächsten Exoplanet Proxima b[450] im Alpha-Centauri-System unsere Fantasie erst in 2016 satt gefüttert und völlig neue Perspektiven eröffnet. Die Entfernung zur Erde von nur 4,2 Lichtjahren erscheint als in naher Zukunft überbrückbar. Dieser und all die vielversprechenden anderen Exoplanetenfunde begeistern und reformieren dabei unsere Vorstellungen von Außerirdischen. Der Traum einer tatsächlichen Begegnung mit Extra-terrestrischen ist populär und greifbar wie seit Jahrzehnten nicht.

In diesem Kapitel soll nun gezeigt werden, dass unsere Vorstellungen von Extraterrestrischen menschlicher Projektion und Kreation entspringen und wie diese unser Selbstverständnis bestimmen, beziehungsweise von unserem Selbstverständnis bestimmt werden, wenn wir dazu neigen, unsere Wahrnehmung und Existenz als das Maß aller Dinge voraus zu setzen. Aber auch nüchterne, wissenschaftlich fundierte Überlegungen zur Form der Existenz von Außerirdischen bestehen und werden im Folgenden dargestellt. Anschließend werden mögliche Szenarien eines Erstkontakts beschrieben. Hierbei stehen besonders die zu erwartenden Reaktionen der Menschen im Fokus der Auseinandersetzung.

---

[450] Vgl. Kap. 5, Abschn. 5.1.1

7.1 Konstruktion des Extraterrestrischen

> Menschen suchen wir, niemanden sonst.
> Wir brauchen keine anderen Welten. Wir brauchen Spiegel.
> Mit anderen Welten wissen wir nichts anzufangen.
> *– Stanislaw Lem, „Solaris", 1961*

Spekulationen über die noch unbekannte Gestalt extrasolarer Planeten, über erdähnliche Planetenoberflächen und schließlich auch über die mögliche Biosphäre ferner Welten entstehen sowohl in Massenmedien und Populärkultur, als auch in Teilen der seriösen Wissenschaft. Die Bilder und Beschreibungen extraterrestrischer Gestalten sind omnipräsent und vielfältig und gehen zurück bis in die frühesten Zeiten astronomischer Forschung. Seit Menschen über die Existenz erdferner Lebewesen sinnieren, existieren Mutmaßungen über deren Aussehen, Wissenstand und Sozialstruktur. Auch die Absichten, Motivationen und ethischen Prinzipien der Extraterrestrischen stehen im Fokus der Spekulationen. Wir legen Naturgesetze zugrunde, um eine Vorstellung von der körperlichen Gestalt extraterrestrischer Lebensformen zu bekommen und schätzen ab, welche speziellen Umstände ihre Charakteristika bestimmen könnten. Doch bis tatsächlich eine erste außerirdische Lebensform entdeckt wird – ob intelligent oder nicht – bleibt es leider bei Mutmaßungen. Auf einer Metaebene bleibt unterdessen interessant, wovon diese Vorstellungen bestimmt werden und welche Grundannahmen ihnen zu Grunde liegen. Denn unabhängig vom Filter unserer eigenen Existenz lassen sich kaum Aussagen über Außerirdische treffen. So konstruieren wir uns selbst ein Bild des Außerirdischen, das sich im Laufe der Wissenschaftsgeschichte je nach bestehenden Verhältnissen verändert oder variiert hat. Die Spannweite reicht dabei von den Auswüchsen purer Fantasie bis hin zu kühlen und rationalen strukturellen Überlegungen.

7.1.1 Historische Imaginationen

Schon seit der Antike wird über fremdartiges Leben fern der dem Menschen bekannten Welt spekuliert. Allein über die Geschichte dieser Imaginationen werden ganze Bücher geschrieben.[451] Im folgenden Abschnitt folgen daher lediglich einige fundamentale Beispiele, anhand derer deutlich werden soll, inwieweit Projektion und Kreation unser Bild der Außerirdischen prägen und welche Dimensionen dieses aufweist.

Spekulationen über fremdes Leben bezogen sich nicht immer nur auf den Weltraum. In der Schedel'schen Weltchronik von 1493 beispielsweise erschien die phantastische Beschreibung exotischer Völker in fernen, noch unbekannten Ländern der Erde. Diese hätten nur ein Auge auf der Stirn und ernährten sich ausschließlich von tierischem Fleisch. Manche hätten keinen Kopf, jedoch Mund und Augen, manche seien zweigeschlechtlich.[452] Die heute stark angezweifelten Reiseberichte des Autors Sir John Mandeville (1300-1371), erschienen zwischen 1357 und 1371, beinhalten Beschreibungen fernöstlicher Lebewesen: Menschen mit Hundsköpfen, Menschen ohne Kopf, Menschen mit nur einem Bein und ähnliche Obskuritäten.[453] Zugrunde liegt solchen fantasiereichen Erfindungen immer das bekannte Leben, variiert und verfremdet zu einer neuartigen Form, die zahlreiche Gefühle in den Menschen wecken sollte, Spannung oder Neugier, Schrecken oder Furcht, Sehnsucht oder Hoffnung.

In Kapitel 2, Abschnitt 2.1, wurde bereits gezeigt, dass seit den frühesten Anfängen der Astronomie, lange vor der Entstehung des Begriffs „Science-Fiction", auch schon über Leben auf anderen Himmelskörpern sinniert wurde. Auf der einen Seite finden sich in

---

[451] z.B. Baumann: „Unsere fernen Nachbarn. Wie sich die Erdbewohner die Außerirdischen vorstellen." (Vgl. Literaturverzeichnis)

[452] Baumann, S. 50

[453] Baumann, S. 52

Quellen unzählige, mehr oder weniger aus der Luft gegriffene Phantastereien, wie z.B. in den Romanen des Cyrano de Bergerac (1657 und 1662), der aufbauend auf dem Galileischen Weltbild anthropomorphe Bewohner der um die Sonne kreisenden Planeten beschreibt, die nackt seien, deren Haut olivbraun sei und die auf allen Vieren liefen.[454] Auf der anderen Seite versuchten zahlreiche Denker, weitestgehend auf bestehendem Wissen basierend, Vorstellungen über mögliches außerirdisches Leben zu formulieren, beispielsweise der Holländer Christiaan Huygens (1629-1695), der sich in seinem 1698 erschienen Werk „Cosmotheros" ausgiebig mit Leben auf anderen Planeten beschäftigte. Schon seinerzeit vertrat Huygens die zukunftsweisende Auffassung, dass die wichtigste Grundvoraussetzung für die Entstehung von Leben auf einem Planeten oberflächliches Wasser sei. Hierüber besteht heute wissenschaftlicher Konsens. Huygens machte sich darauf aufbauend ausgiebig Gedanken über die Gestalt von außerirdischem Leben und erklärte, dass sich eine intelligente außerirdische Zivilisation neben der Schrift vor allem mit Mathematik und Musik befassen müsse. Seine wichtigste Formulierung in diesem Zusammenhang ist aber wohl, dass sich das Leben dem Planeten anpassen müsse, auf dem es entsteht und dass erdähnliche Bedingungen nicht überall verbreitet seien. So müssten mögliche Merkur- und Venusbewohner deutlich mehr Hitze vertragen als wir, während potentielle Bewohner der äußeren Planeten sich eher an Kälte angepasst hätten.[455] Christiaan Huygens übertrug irdische Prämissen auf andere Planeten. Er schloss, dass, wenn es andere Planeten gäbe, die der Erde ähneln, diese auch mit Pflanzen, Tieren und denkenden Wesen bevölkert sein müssten. Diese bräuchten dann, ebenso wie die Lebewesen auf der Erde, Beine zur Fortbewegung und für die

---

[454] Baumann, S. 55; Seine Schilderungen sollten sich später als satirisch herausstellen. Sie sollten Missstände im irdischen Gesellschaftssystem aufzeigen.

[455] Piper, S. 33

Wahrnehmung der Umgebung spezialisierte Sinnesorgane.[456] Huygens ging von Menschen aus, die denselben Geist und Körper wie die Erdbewohner haben müssten, da er die menschliche Gestalt als die „vorzüglichste" betrachtete. Gleichzeitig warnte er aber auch davor, sich die Gestalt dieser Außerirdischen als zu sehr dem Menschen ähnelnd vorzustellen. Er sagte:

> „Wir könnten uns die Vollkommenheit nur nach dem Maßstab unserer eigenen Proportionen vorstellen, und unser Geist schrecke davor zurück, sich z.B. ein Vernunftwesen zu denken, das ungefähr wie ein Mensch aussehe, aber einen viermal so langen Hals habe wie wir oder dessen Augen rund seien und doppelt so weit auseinander stünden wie die unsrigen."

Die Lebewesen unterschieden sich hauptsächlich aufgrund der ihnen eigenen Umweltbedingungen. Huygens nennt dabei den Abstand zur Sonne als einen Hauptfaktor.[457]

Ebenso gilt Immanuel Kant[458] als einer der prominentesten Denker in Bezug auf außerirdisches Leben. In seinem Frühwerk „Allgemeine Naturgeschichte und Theorie des Himmels" von 1755 beschäftigt er sich unter anderem mit möglichen Bewohnern der Himmelsgestirne und deren Eigenschaften. Kant ging davon aus, dass die meisten Planeten bewohnt seien, wobei er darauf bedacht war, die Grenze zwischen wissenschaftlicher Spekulation und Phantasie klar im Blick zu behalten. Wie schon Huygens legte Kant die Abstände von der Sonne zu den Planeten seinen Überlegungen zugrunde und schlussfolgerte daraus auf die das Leben prägenden Verhältnisse der einzelnen Himmelskörper. Auch er vertrat die Ansicht, dass die Bedingungen den

---

[456] Vgl. „Konvergenz-These" in Abschn. 7.1.2: ähnliche Lebensbedingungen erfordern ähnliche Funktionen, Formen und Strukturen des Lebens unterschiedlicher Arten

[457] Vgl. „Habitable Zone", Kap. 4, Abschn. 4.1.2; Baumann, S.57f

[458] Vgl. Kap. 2, Abschn. 2.1

Körper formen. Über die Bewohner der Venus im Vergleich mit den Erdenmenschen schrieb er:

> „Die Einwohner der Erde und der Venus können ohne ihr beyderseitiges Verderben ihre Wohnplätze gegeneinander nicht vertauschen. Der erste [...] würde in einer erhitzteren Sphäre gewaltsame Bewegungen und eine Zerrüttung seiner Natur erleiden [...]; der letztere, dessen gröberer Bau und Trägheit der Elemente seiner Bildung, eines großen Einflusses der Sonne bedarf, würde in einer kühleren Himmelsgegend erstarren und in einer Leblosigkeit verderben. Ebenso müssen es weit leichtere und flüchtigere Materien seyn".[459]

Im gleichen Text heißt es später:

> „Der Stoff woraus die Einwohner verschiedener Planeten, ja so gar die Thiere und Gewächse auf denselben, gebildet seyn, muss überhaupt um desto leichterer und feinerer Art, und die Elasticität der Fasern sammt der vorteilhaften Anlage ihres Baues, um desto vollkommener seyn, nach dem Masse, als sie weiter von der Sonne abstehen."[460]

Der eiserne Darwinismus-Verfechter Ernst Haeckel (1834-1919) setzte sich 1899 wissenschaftlich ambitioniert mit der Gestalt von Außerirdischen auseinander. In seinem auflagenstark verbreiteten Werk „Die Welträtsel" vermutete er, dass Abstammung sich auf anderen Planeten ähnlich wie auf der Erde abspielen müsse, sofern die Temperatur stimmt, d.h. Wasser in flüssiger Form („tropfbar-flüssig") vorhanden ist. Haeckel orientiert sich in seinen Überlegungen bis zu einem bestimmten Punkt streng an der irdischen Evolution. Die Entstehung von Wirbeltieren und damit eine Körperentwicklung hin zu Säugetieren mit dem Menschen an der Spitze könne laut Haeckel eine Eigenheit der Erde sein, denn hierfür müssten „Millionen von

---

459 Hamel, S. 251

460 Hamel, S. 251

Transformationen sich dort ganz ebenso wie hier wiederholt haben."[461] Demnach sei die Entwicklung anderer Formen höheren Lebens wahrscheinlicher, die Haeckel gleichzeitig auch als der irdischen in Intelligenz und Denkvermögen weit überlegen betrachtet. Ein Kontakt zu diesen Lebewesen sei aufgrund der hohen Entfernungen jedoch ausgeschlossen. Joseph Plassmann (1859-1940) bezieht bei seinen Überlegungen über das Aussehen möglicher Marsbewohner 1901 ebenfalls Umweltbedingungen mit ein. Deren Physiologie müsste bestimmt sein von Schutzmechanismen gegen die auf dem Mars herrschende Kälte und von der dortigen geringeren Schwerkraft, die Blutkreislauf und Körpergröße bestimmen müssten.[462]

Auch im Falle von Schiaparelli und der Debatte um mögliche künstliche Marskanäle[463] wurde ein Konzept der irdischen Kultur auf eine andere Welt projiziert. Schiaparelli hat landschaftsgestalterische Maßnahmen unserer eigenen Kultur, den Kanalbau, auf die Technik einer möglichen Marskultur übertragen. Die „Canali"-Theorie passte seinerzeit gut ins Bild einer modernen Welt, die sich mit Hilfe des technischen Fortschritts die Natur erschließt. Schiaparellis Beobachtungen wurden auf dem Höhepunkt der Industrialisierung diskutiert, als Suez- und Panama-Kanal sich mitten im Bau befanden.[464]

Außerirdische wurden historisch größtenteils als anthropomorphe Wesen imaginiert.[465] Die Beschreibungen sind dabei auf dem irdischen Leben basierende, kreative Projektionen. Besonders stark und vielfältig lässt sich dies anhand der seit Anfang des 20. Jahrhunderts formulierten Beschreibungen erkennen, als insbesondere auch über

---

[461] Baumann, S. 76

[462] Baumann, S.75f

[463] Vgl. Kap. 2, Abschn. 2.1

[464] Röhrlich, S. 152

[465] Also als menschenähnlich. Menschliches wird auf auf die imaginäre Gestalt des Außerirdischen projiziert, da das Vorstellungsvermögen anderes kaum erlaubt. Ähnlich: „Erdchauvinismus" (Piper, S. 211). Mehr zum Themenkomplex „Anthropozentrismus" in Abschn. 7.3

Absichten, Gesellschaftsformen und geistige Strukturen der Extraterrestrischen weitreichend nachgedacht wurde. Zwei extreme Darstellungen bilden dabei den Ausgangspunkt der modernen Konstruktion des Außerirdischen: In Deutschland „Auf zwei Planeten" von Kurd Laßwitz, erstmals erschienen 1897 auf der einen Seite, international mit sehr großem Einfluss bis heute H. G. Wells (1866-1946) „Krieg der Welten", erstmals erschienen 1898, auf der anderen. Diese Romane markieren die zwei Enden einer Skala der Gesinnung, Motivation und Macht von Außerirdischen, die bis heute angewendet werden kann.[466]

Während Laßwitz in seinem Werk kommunikationswillige Marsbewohner in Denken und Gestalt als dem Menschen gleich beschreibt, zeichnet Wells das Bild anonymer und verschlossener, monsterhafter Riesengehirne, die alles Leben auf der Erde kalt und grausam auslöschen wollen.[467] Laßwitz beschreibt die wohlgesonnenen Marsianer als dem Menschen technisch und kulturell überlegene Lehrer, die sich äußerlich wie sozial nur minimal von den Erdbewohnern unterscheiden. Zu einer Auseinandersetzung zwischen den Völkern der beiden Planeten kommt es schließlich nur aufgrund von Provokationen durch die Menschheit. Schließlich vereinigt sich die Menschheit zu einem globalen Bündnis, das einen friedlichen Sieg über die Marsianer ermöglicht. Wells „Krieg der Welten" dagegen, das bis heute zu den bekanntesten und populärsten Werken der Alien-Science-Fiction gehört, präsentiert das komplette Gegenteil: Stumme, fremdartige und eiskalt-kalkulierende, geschlechtslose Wesen ohne Gefühl und Geschlecht, die er äußerlich wie folgt beschreibt: „[der] seltsame V-förmige Mund mit seiner zugespitzten Oberlippe, die fehlenden Augenbrauen, das fehlende Kinn unter der keilförmigen Unterlippe, das unaufhörliche Zittern des Mundes [...]" usw. Jedoch deutet er an, dass diese Gestalt anthropomorphe Wurzeln auf Basis

---

466 Mehr zum „Phasenraum" (Abb. 20) in Abschn. 7.2
467 Baumann, S. 45

einer Überentwicklung des Gehirns hat. Wells übermächtig-böse Aliens, die nur auf die Erde kommen, um sie gnadenlos von all ihrem Leben zu bereinigen, haben eine der wichtigsten Varianten menschlicher Vorstellungen von Außerirdischen begründet, die bis heute vielfach zitiert und variiert wurde.[468]

Besonders in den USA prägt und verfestigt die entstehende Science-Fiction in Form von Literatur, Film und Kunst seit den 1920er Jahren die Vorstellungen von außerirdischem Leben. Die stärksten und wirksamsten Erfolge dieser Wissenschaftsfiktionen tauchen in Form von Filmproduktionen auf. Dennoch war es ein Hörspiel, das bis heute die bei weitem folgenschwersten gesellschaftlichen Reaktionen nach sich zog. Die 1938 gesendete Vertonung von Wells „Krieg der Welten" durch den berühmten und wegweisenden Regisseur Orson Welles wurde in Form einer fiktiven, aber authentisch inszenierten Radioreportage ausgestrahlt. Dies führte dazu, dass ein erheblicher Teil der Hörer die furchteinflößenden Geschehnisse für real hielt und schließlich Massen von Menschen sich panisch vor der vorgegaukelten Bedrohung aus dem All in Sicherheit bringen wollten. Ein flächendeckendes Chaos brach in dem Sendegebiet um New York City aus. Der Vorfall wird heute als Musterbeispiel für eine Massenpanik betrachtet, die durch die begrenzten Kommunikationsmittel der damaligen Zeit ausgelöst wurde, und zeigt außerdem, wie sehr die Annahme außerirdischer Existenz bereits zu dieser Zeit in den Köpfen einer breiten Bevölkerung verankert war.[469]

Beide Werke, „Der Krieg der Welten" und „Auf zwei Planeten", sind in den 50er und 60er Jahren mehrfach neu aufgelegt worden. Diese beiden

---

[468] Baumann, S.80-83

[469] Baumann, S. 83-84; Piper, S. 209; Orson Welles Hörspielversion von „Der Krieg der Welten" wurde 1949 unverändert in Ecuador ausgestrahlt, wo ebenfalls eine Massenpanik entstand. Als Reaktion auf den schließlich aufgeflogenen Schwindel stürmte ein Mob den Radiosender. Durch einen Brand im Gebäude starben daraufhin mehrere Menschen. (Piper, S. 207)

Romane haben das ambivalente Paradigma geliefert, das bis heute den Großteil der Alien-Science-Fiction bestimmt: Extraterrestrische Intelligenz als furchtbarer Feind oder wohlwollender Vormund, in jedem Fall aber dem Menschen weit überlegen.[470]

Die Faszination des Außerirdischen hat seit den 1950er Jahren rapide zugenommen und eine Vielzahl neuer Wesenheiten hervorgebracht. Beispiele berühmter und wegweisender Werke lassen sich in Unmengen nennen, etwa der 1950 erschienene Roman „Die Weltraumexpedition der Space Beagle" des kanadischen Autors Alfred E. van Vogt, der sich interdisziplinär evolutionsbiologisch mit außerirdischem Leben auseinandersetzte, die Science-Fiction-Geschichten des Amerikaners Hal Clement, in denen es immer wieder um Außerirdische geht (z.B. „Unternehmen Schwerkraft" von 1953), oder „Der Wachtposten"[471] des berühmten Autors und Vordenkers Arthur C. Clarke. Wichtige Beschreibungen möglicher außerirdischer Wesen aus den 1950er Jahren finden sind außerdem in Jack Finneys „Die Körperfresser kommen" (1954), Fredric Browns Satire „Die grünen Teufel vom Mars" (1955), Fred Hoyles „Die schwarze Wolke" (1957) oder Iwan Jefremows „Das Herz der Schlange" (1959).[472] Durch die 1960er Jahre, die durch den Beginn der bemannten Raumfahrt und die Apollo-Missionen, den Glauben an UFOS und den Beginn von SETI geprägt waren[473] und die 1970er Jahre, in denen immer mehr vom Konzept des feindlichen Außerirdischen abgewichen wurde, hin zu technisch überlegenen Idealwesen[474], über die 1980er Jahre, in denen

---

[470] Guthke, S. 342f

[471] Vorlage für Stanley Kubricks Kinoerfolg „2001 – Odyssee im Weltraum" (1968)

[472] Baumann, S.143 ff

[473] Erwähnenswert ist, dass Science-Fiction im Ostblock – etwa von Autoren wie Stanislaw Lem oder den Brüdern Arkadi und Boris Strugazki – seit den 1960er Jahren zunehmend ins Innere gerichtet und gesellschaftskritisch wurde. Dies wird heute als stiller Protest gegen das damals bestehende System betrachtet.

[474] Erwähnt werden kann an dieser Stelle der Schweizer Autor Erich von Däniken, der in seinen pseudowissenschaftlichen Werken etwa vorgeschichtliche Besuche

düstere Alien-Szenarien den Weg auf die Kinoleinwände fanden, haben alienbegeisterte Denker – ob wissenschaftlich oder nicht – unzählige und vielfach grundverschiedene Ideen zum Wesen und der Erscheinung Außerirdischer kreiert.

Was all diese Werke gemeinsam haben, ist die Tatsache, dass das irdische Leben auf andere Welten und Umstände projiziert wurde. Jedes Konstrukt und jede Kreation weisen ethnozentrische Verzerrungen auf. Unsere Vorstellungen von möglichem außerirdischen Leben, so sehr sie sich historisch auch verändert haben, ob phantastisch kreativ oder wissenschaftlich fundiert, sind bestimmt durch anthropologische Übertragungen.[475] Fremdes wird in die Form des Vertrauten gegossen, um es fassbar zu machen. Das zeigen schon die Beschreibungen historischer Erstkontakte zwischen Europäern und Eingeborenen der Südsee, wenn beispielsweise Häuptling Tuiavii aus Tiavea die von den Europäern gebauten Häuser als steinerne Truhen, deren Schuhe als starre Gehäuse aus Tierhaut für die Füße und ihr Geld als rundes Metall und schweres Papier bezeichnet.[476] Die Schilderung des Fremden mit vertrauten Begriffen, dieser allgegenwärtige Anthropozentrismus bei der Betrachtung des Extraterrestrischen, ist

---

Außerirdischer auf der Erde („Prä-Astronautik") oder die Entstehung der menschlichen Intelligenz durch die Kreuzung Außerirdischer mit Menschen behandelt und popularisiert. Dänikens Bücher wurden bisher in 32 Sprachen übersetzt und haben die populären Vorstellungen über die Existenz Extraterrestrischer seit seinem 1968er Werk „Erinnerungen an die Zukunft" global maßgeblich mitgeprägt. (Baumann, S. 46)

[475] Insbesondere am Beispiel „Extraterrestrische auf dem Mars" lässt sich erkennen, wie sehr menschliches Denken und temporäre gesellschaftliche Kulturfundamente die temporären Vorstellungen von Außerirdischen beeinflussen. Der Politikwissenschaftler Rainer Eisfeld hat dies in seiner Schrift „Projecting Landscapes of the Human Mind onto Another World: Changing Faces of an imaginary Mars" ausführlich beleuchtet und am Beispiel des Mars und seiner imaginierten Bewohner gezeigt, wie sich unsere Vorstellungen mit der Zeit und durch den Zeitgeist verändern. (Eisfeld, S. 89-105)

[476] Baumann, S. 224

als eine notwendige Brücke zu verstehen, die das maximal Fremde der Außerirdischen überhaupt greifbar machen kann. Die in ihrer eingeschränkten Wahrnehmungsfähigkeit gefangene, menschliche Vorstellungskraft kann das Fremde nur nach ihrem eigenen Bild erschaffen, sei der Kreationsversuch auch noch so objektiv motiviert.[477]

7.1.2 Zur möglichen Gestalt extraterrestrischen Lebens

> Ein Mangel an Phantasie bedeutet den Tod der Wissenschaft.
> *– Johannes Kepler*

Die phantastische Science-Fiction prägt die Vorstellungen von Außerirdischen und verankert sie fest im kollektiven Bewusstsein. Dabei spielt die Wissenschaft je nach Typ der Erzählung und Motivation des Autors nur eine Rahmenrolle. Vieles, was einst ersonnen wurde, angefangen bei intelligenten Bewohnern der Marsoberfläche, ist längst widerlegt, obschon bereits früh interessante Gedanken geäußert und Bedingungen für Leben im Universum teils richtig eingeschätzt wurden.

Die Exobiologie versucht dem Anspruch gerecht zu werden, mögliches extraterrestrisches Leben nicht mit der Fantasie, sondern anhand von Tatsachen zu beschreiben. Sie wird als spekulative Wissenschaft von außerirdischem Leben definiert und möchte anhand der Grundlagen aus der biologischen Morphologie, der Evolutionsbiologie und der Astrobiologie Wissensgrundlagen zur Gestalt höheren außerirdischen Lebens formulieren.

Von der Exobiologie wird es als wahrscheinlich betrachtet, dass Außerirdische, die ebenfalls auf Kohlenstoffbasis entstanden sind, sich äußerlich nicht besonders vom Menschen, beziehungsweise von irdischen Lebewesen unterscheiden. Dies begründet sich darauf, dass einfachstes mikroorganisches Leben sich auch auf anderen Planeten

---

477 Baumann, S. 234-236

wahrscheinlich unter ähnlichen Bedingungen zu komplexerem eukaryotischem (vielzelligem) Leben entwickeln müsste. Durch diesen dem Leben eigenen Drang zur Organisation vom Einfachen hin zum Komplexen lassen sich weitere Merkmale bestimmen, die für höhere beziehungsweise intelligente Lebensformen möglicherweise als universell betrachtet werden können. Hierzu zählt die Entwicklung von Augen, die wahrscheinlich nach vorn statt zur Seite gerichtet sind, um räumliches Sehen zu ermöglichen, wie es bei Raubtieren auf der Erde der Fall ist, die meist intelligenter als ihre Beute sind. Dies bedeutet jedoch nicht, dass es sich um Fleischfresser handeln muss, denn auch Allesfresser wie Bären oder Primaten oder Vegetarier, wie z.B. der Große Panda verfügen über dieses Sehvermögen. In der direkten Nähe der Augen höherer extraterrestrischer Lebewesen müsste sich ein Gehirn befinden, da der Informationstransport zwischen Augen und Hirn schnell abläuft, denn die Augen sind das wichtigste Sinnesorgan um Umweltgefahren wahrzunehmen und Reaktionen zu determinieren. Zum Stoffwechsel müsste der Körper Öffnungen haben, z.B. einen Mund zur Nahrungsaufnahme, die wiederum der Energiegewinnung dient. Dies könnte schließlich ein Riechorgan in der Nähe dieses Mundes bedingen, das das Prüfen der Nahrung per Geruchssinn ermöglicht. Gliedmaßen wie Hände und Finger zur Manipulation der Umwelt wären insbesondere zur Nahrungsbeschaffung und -zubereitung nötig. Beinartige Extremitäten zur Fortbewegung im Lebensraum wären ebenfalls unabdingbar. Zwei bis vier Beine, wie bei den höheren Lebewesen der Erde, würden hierfür ausreichen. Die Koordination zu vieler Gliedmaßen würde das Gehirn womöglich zu sehr ablenken und auslasten. Auf der Erde weisen nur Landlebewesen mit maximal vier Gliedmaßen Intelligenz auf. Insekten mit ihren sechs Gliedmaßen weisen lediglich eine Schwarmintelligenz auf.[478] Der Großteil der irdischen Lebewesen ist außerdem symmetrisch aufgebaut, was

---

[478] Intelligenz tritt auch bei Wasserlebewesen wie Kraken oder Delphinen auf.

vermuten lässt, dass dies auch im Fall von Außerirdischen der Fall sein könnte.[479]

Entscheidende Unterschiede zwischen höherem Erdleben und Extraterrestrischen wären durch die speziellen örtlichen Gegebenheiten anderer Planeten bestimmt, die bereits in Kapitel 4, Abschnitt 4.1, beschrieben wurden und auf die im Folgenden teilweise weiter eingegangen wird. Hierzu zählen Temperatur und Temperaturwechsel, atmosphärischer Druck, Oberflächen-gravitation, Strahlung und Licht in Abhängigkeit von dem Spektraltyp des Muttersterns und dem Abstand zu diesem sowie die geologischen, atmosphärischen und chemischen Umgebungs-bedingungen der Oberfläche und Atmosphäre, speziell die Präsenz von flüssigem Wasser.

Die Temperatur eines Planeten bedingt die Ausformung von Leben maßgeblich – zur Zeit der Dinosaurier, während der Eiszeit und heute, ebenso in der Zukunft, wenn die Sonne sich immer weiter ausdehnt und Leben eines Tages unmöglich macht. Hitze und Kälte bestimmen die gesamte Physiologie und Morphologie von Lebewesen.

Die Zusammensetzung der Atmosphäre ist maßgeblich verantwortlich für die Ausbildung der Körperfunktionen eines Lebewesens. Sauerstoff, der für uns essentiell zum Leben ist, könnte für eine andere Spezies sogar zellschädigend sein. Die Lebewesen auf der Erde haben sich eine Milliarde Jahre lang an fotosynthetische Vorgänge gewöhnt. Das Atmungssystem anderer Lebewesen könnte vollkommen anders funktionieren, beispielsweise Schwefel oder Kohlenstoff verarbeiten. So müssten Pflanzen auf anderen Planeten auch nicht zwingend Grün sein, wie es allein durch die Photosynthese bedingt ist. Von der Schwerkraft hängt die Größe außerirdischer Lebewesen ab. Ein kleiner Planet, auf dem weniger Schwerkraft wirkt, könnte größere und schwerere Lebewesen hervorgebracht haben, die sich auch an Land

---

[479] Piper, S. 211f

bewegen können, wohingegen ein großer Planet mit hoher Schwerkraft kleinere und leichtere, womöglich kriechende oder krabbelnde Lebewesen beheimaten würde. Die Klasse des Muttersterns[480] und das damit verfügbare Licht und dessen Farblichkeit werden als Haupteinflussfaktoren für die Entwicklung des Sehvermögens betrachtet. Beispielsweise Farbsehen könnte von der Intensität der Lichtstrahlung abhängen. So wären Lebewesen auf Planeten vor dimmen Roten Zwergen an wenig Licht gewöhnt, ähnlich wie nachtaktive Tiere auf der Erde. Viele Säugetiere auf der Erde waren ursprünglich an Dunkelheit gewöhnt. Hunde beispielsweise sehen – im Gegensatz zu Primaten – nur ein sehr schwaches Farbspektrum, beschränkt auf den grünen und blauen Bereich des Lichtspektrums.[481]

Interessant sind im Zusammenhang mit der möglichen Morphologie höheren extraterrestrischen Lebens die Beiträge der sogenannten „spekulativen Biologie", mit der sich Wissenschaftler ebenso wie Künstler, Autoren und Filmemacher beschäftigen. Anhand biologischer Erkenntnisse über die Gesetzmäßigkeiten des Lebens auf der Erde versuchen spekulative Biologen die Grenzen des Möglichen weiter auszudehnen und Lebensformen, die unter anderen planetaren Bedingungen existieren könnten, kreativ zu erdenken.[482]

All diese Annahmen begründen sich auf der Theorie der Konvergenz des Lebens, die ansatzweise schon Christiaan Huygens formulierte: Wenn sich Planeten untereinander stark ähneln und andere Planeten wie auch die Erde demnach von Lebewesen bevölkert sein könnten, müssten diese unter ähnlichen Bedingungen auch ein ähnliches Äußeres hervorgebracht haben. Damit einher geht auch die Vermutung, dass außerirdisches Leben, das ähnlich wie irdisches entstanden ist,

---

[480] Vgl. Sternentypen, Kap. 4, Abschn. 4.1.2

[481] Piper, S. 212-214

[482] Quelle: http://www.deutschlandradiokultur.de/spekulative-biologie-an-der-schnittstelle-zwischen-fantasie.976.de.html?dram:article_id=353999 – abgerufen zuletzt am 20.12.2016

auch keine zusätzlichen Sinne ausgebildet hätte. Die Konvergenz-Hypothese entspringt der Evolutionsbiologie, die besagt, dass Arten, die sich völlig unabhängig voneinander an verschiedenen Orten der Erde entwickelt haben, für gleiche Überlebensprobleme weitgehend ähnliche Strategien entwickelt haben. Ein gutes Beispiel hierfür sind Augen, die Wirbeltiere ebenso wie Kraken oder Insekten entwickelt haben.[483]

Der Philosoph und Science-Fiction Autor Roland Pucetti meint hinsichtlich der Konvergenz, dass die Erscheinungsformen intelligenten Lebens nur geringe Unterschiede zum Menschen aufweisen. Pucceti setzt ebenfalls einen hoch am bisymmetrischen Körper gelegenen Kopf mit Gehirn und Wahrnehmungsorganen voraus. Er sagt:

> „Die evolutionären Möglichkeiten sind also eingeengt auf Landraubtiere von der beschriebenen Grundbeschaffenheit, die die Fähigkeit haben, Werkzeuge zu verwenden, in Gruppen zusammen zu leben und sich mit Hilfe von Schallwellen, die durch die Luft weitergetragen werden, zu verständigen."[484]

Im Zuge anthropozentristischer Überlegungen wurde auch vielfach über Sprache als Verständigungsform höher entwickelter außerirdischer Lebensformen nachgedacht. Konsens ist, dass je intelligenter eine Spezies ist, ihre Sprache umso komplexer sein müsste. Daher könnte sich die interstellare Verständigung mit höheren Lebensformen als sehr schwierig erweisen. Die Informationstheorie nach Claude Elwood Shannon zeigt, dass die Deutung von Verhalten auf Basis sehr vieler unterschiedlicher Erkennungsmerkmale passiert.[485] Ein Lächeln, bei dem ein Mensch die Zähne zeigt, interpretiert ein Affe als Angst, es signalisiert aber etwa einem Wolf Aggressivität. Auch

---

483 Baumann, S. 230

484 Baumann, S. 231

485 Piper, S. 205

zwischen den Kulturen des Menschen gibt es große Deutungsunterschiede in der Kommunikation. Ein Händedruck, Schmatzen, ein erhobener Arm oder das starke Ausdrücken von Gefühlen wird je nach kulturellem Hintergrund auf sehr unterschiedliche Weise interpretiert, wodurch zur Zeit der großen Entdeckungsreisen vielfach schwerwiegende Missverständnisse zwischen Entdeckern und Entdeckten vorkamen.[486]

All diesen Überlegungen kritisch gegenüber gestellt wird die Warnung davor, das Leben auf der Erde als Maß aller Dinge zu betrachten. Kritiker warnen vor einer Tendenz zum Erd- oder Kohlenstoffchauvinismus, wie bereits in Kapitel 4, Abschnitt 4.1.1, beschrieben.[487] Denn es ist nach wie vor unklar, ob Leben im Universum trotz aller Argumente, die für eine Kohlenstoffchemie des Lebens sprechen, nicht auch auf anderer Basis entstehen könnte, vielleicht sogar in anderer Form dominant im Universum vorkommt. Möglicherweise in einer Form, die mit menschlichen Sinnen überhaupt nicht wahrnehmbar ist. Professor Klaus Strassmeier vom Potsdamer Leibniz-Institut für Astrophysik sagte in einem Interview mit der Hannoverschen Allgemeinen Zeitung dazu:

> „Bisher kratzen wir nur an der Oberfläche des Lebens im Universum. Und wir kennen nur Leben, wie es auf der Erde existiert, und selbst das nicht wirklich. Wir könnten vermutlich sogar Leben entdecken, ohne es zu merken – weil vielleicht gerade diese Form von Leben unseren Horizont übersteigt."[488]

Hier kommt die phantastische Science-Fiction wieder ins Spiel, die versucht, die Grenzen des Vorstellbaren zu brechen, wenn sie intelligente Planeten und Ozeane, flüssige, kristalline oder sogar

---

[486] Ausführlicher hat sich Hans D. Baumann mit den Dimensionen der Sprache und Kommunikation von und mit Außerirdischen beschäftigt: Baumann, S. 209-224

[487] Vgl. „Anthropozentrismus"; Mehr dazu in Abschn. 7.3

[488] Quelle: http://www.haz.de/Sonntag/Top-Thema/Die-Planetenjaeger-Exoplaneten-und-die-Suche-nach-Leben – abgerufen zuletzt am 20.12.2016

mehrdimensionale Lebensformen, Energiewesen und vieles mehr erfindet, die kaum mit unserem Wissensstand in Einklang zu bringen sind. Doch selbst extraterrestrisches Leben, das wie das irdische auf Kohlenstoffchemie basiert, könnte alle Vermutungen über den Haufen werfen und gänzlich anders geformt sein als die höheren irdischen Wesen. Die Evolution hat bis zum Erreichen der heutigen biologischen Vielfalt der Erde unzählige Abzweigungen gewählt und dabei nicht immer den effizientesten Weg eingeschlagen, so dass sich kaum ermessen lässt, was alles möglich wäre. Der Astrophysiker Scott Tremaine:

> „Was wäre, wenn Charles Darwin nur Bären gekannt und von ihnen die Evolutionslehre abgeleitet hätte? Dann hätte er sich logischerweise vorgestellt, dass alle Kreaturen einen Pelz und große Zähne haben müssten."[489]

Nicht zuletzt muss man auch die Existenz der Dinosaurier in diese Überlegungen mit einbeziehen. Denn wären diese vor 65 Millionen Jahren, nach der 190 Millionen Jahre anhaltenden Dauer ihrer Existenz nicht ausgestorben, wären sie höchstwahrscheinlich die dominante Lebensform auf der Erde geblieben. Die Säugetiere wären nicht in der Lage gewesen sich in der heute bekannten Art und Weise weiter zu entwickeln. Sie wären vermutlich klein und unbedeutend geblieben. Die Entstehung des mit einem Bewusstsein ausgestatteten, komplexen Menschen wäre vielleicht nicht erfolgt. Mathias Scholz fragt hierzu scherzhaft: „Gäbe es ansonsten vielleicht heute anstelle von uns intelligente Dinosaurier (oder ihre Nachfahren) auf der Erde?"[490] Das wirft erneut die Frage nach der Entstehung von Intelligenz auf. Was hat dazu geführt, dass es dem Menschen gelungen ist, sich so sehr von allen anderen Lebensformen auf der Erde abzuheben? Und warum ist es erst so spät passiert, dann jedoch relativ schnell? Hat das Aussterben der Dinosaurier diesen Prozess begünstigt oder erst eingeleitet? Diese

---

[489] Röhrlich, S. 27
[490] Scholz, S. 508

Fragen müssen im beschränkten Rahmen dieser Arbeit leider unbeantwortet bleiben.

7.1.3 Extraterrestrische Zivilisationen und Exosoziologie

> Wer aber soll hausen in jenen Welten, wenn sie bewohnt sein
> sollten? Sind wir oder sie die Herren des Alls? Und ist dies alles
> dem Menschen gemacht?
> – *Johannes Kepler, 1621*

Gedanken und Überlegungen zur Existenz und dem Aufbau außerirdischer Zivilisationen sind aufgrund fehlender Beweise zwar rein spekulativ, dennoch haben führende Wissenschaftler aus den unterschiedlichen Bereichen sich theoretisch hierzu geäußert.

Seit 1964 wird in Zusammenhang mit dem Entwicklungsstand außerirdischer Zivilisationen über die Kardaschow-Skala diskutiert, benannt nach dem russischen Astrophysiker Nikolai S. Kardaschow, die der Klassifizierung von Zivilisationen dient. Zugrunde liegen der Skala Energieverbrauch und Energiegewinnung einer Zivilisation, worauf drei Typen bestimmt werden. Zivilisationen des Typ I verwerten alle ihnen auf einem Planeten zugänglichen Energien, einschließlich des gesamten, auf den Planeten fallenden Sonnenlichts. Alle aus Naturkräften entstehenden Energien, selbst die aus Blitzen oder Vulkanen, werden genutzt. Typ-II-Zivilisationen wären in der Lage sämtliche Energie eines ganzen Sternensystems für sich zu nutzen, beispielsweise auch durch den Bau einer „Dyson Sphäre", einer riesigen sternumschließenden technischen Vorrichtung zur optimalen Nutzung des kompletten Energieausstoßes eines Sterns.[491] Eine Typ-II-

---

[491] Benannt nach dem amerikanischen Physiker Freeman Dyson, der die Idee zu dieser Struktur 1960 durchrechnete und publizierte. Auf dem Radius der Erdbahn würde das ganze Material eines Planeten zu einer den Stern umschließenden Struktur verarbeitet, die einer Zivilisation unendliches Wachstum ermöglichen könnte. (Dorschner, S. 80)

Zivilisation wäre aufgrund ihres technischen Fortschritts außerdem fähig ihr Heimat-Planetensystem zu verlassen, falls Katastrophen wie Meteoriteneinschläge, Eiszeiten oder eine Supernova ihre Existenz bedrohten. Noch weiter fortgeschritten wäre eine Zivilisation des Typs III, die durch die Nutzung der gesamten in einer ganzen Galaxie vorhandenen Energie, inklusive der Energie Supermassiver Schwarzer Löcher, nahezu unsterblich wäre. Eine Typ-III-Zivilisation hätte wahrscheinlich alle wertvollen Planeten der Galaxie kolonialisiert.

Die menschliche Zivilisation ist nach dieser Skala als Typ 0 einzuordnen, da sie nicht einmal die Kriterien für Typ I erfüllt. Denn der größte Teil der menschlichen Energieversorgung benötigt fossile Brennstoffe, also begrenzte und damit endliche Ressourcen wie Kohle, Erdgas oder Erdöl. Selbst das auf der Erde vorhandene, hochpotente Uran ist ein fossiler Brennstoff und eines Tages verbraucht.[492] Der vielfach verwendete Begriff „Super-Zivilisation" entstammt Kardaschows Skala.

Auf Basis der historischen Erfahrungen und Charakteristika der Entwicklung der menschlichen Zivilisation prägte der sowjetische Astronom S. A. Kaplan in diesem Zusammenhang den Begriff „Exosoziologie". Nach Kaplan muss der Aufstieg einer Zivilisation als äußerst schwierig betrachtet werden, in erster Linie aufgrund einer möglicherweise vorherrschenden antagonistischen Konkurrenz innerhalb einer Zivilisation. Der DDR-Astrophysiker Johann Dorschner leitete hieraus schon 1976 eine fundamentale exosoziologische Schlussfolgerung ab: Eine technisch fortgeschrittene, langlebige Zivilisation müsste in einer Gesellschaftsordnung leben, die einer kommunistischen oder sozialistischen auf der Erde gleicht.[493] Neben selbsterschaffenen Entwicklungshindernissen betrachtet Dorschner, ebenso wie Kardaschow, natürliche Ereignisse als Hauptgefahren für

---

[492] Piper, S. 206f

[493] Dorschner, S.77f

das Bestehen einer Zivilisation, unter anderem die Erschöpfung der natürlichen Ressourcen.

Der Astrophysiker und Radioastronom Sebastian von Hoerner, der in den 1960er Jahren Mitarbeiter am berühmten Green-Bank-Observatorium war, nannte 1961 fünf Fälle der Lebenserwartung einer Zivilisation. Im ersten Fall wird alles Leben auf einem Planeten durch eine Katastrophe ausgelöscht (betrifft 5 % aller Zivilisationen), im zweiten Fall werden durch eine Katastrophe nur die höheren Lebensformen eines Planeten vernichtet, diese können sich jedoch nach einiger Zeit wieder regenerieren, wodurch eine neue Zivilisation entsteht (60 % aller Zivilisationen). Fall 3 beschreibt das Sterben einer Zivilisation durch physische oder geistige Degeneration. Diese Zivilisation hätte die längste Lebenserwartung, etwa 30.000 Jahre (15 % aller Zivilisationen). Im vierten Fall gibt sich eine Zivilisation durch das Verlieren ihres Interesses an Wissenschaft, Technik und Fortschritt selbst auf. Eine Regeneration wäre jedoch möglich. Eine solche Zivilisation hätte laut Hoerner die zweitlängste Lebenserwartung, 10.000 Jahre (20 % aller Zivilisationen). Im fünften und letzten Fall wäre eine Zivilisation in der Lage sich durch Überwindung aller Hindernisse und Krisen unbegrenzt weiter zu entwickeln. Dies schließt Hoerner mit einem Anteil von 0 % aber per se aus. Basierend auf Hoerners Überlegungen schätzte Johann Dorschner die Dauer der technischen Ära einer Zivilisation auf 6500 Jahre. Dorschner folgert außerdem, dass eine Zivilisation, die mit uns in Kontakt tritt, nicht jünger als wir sein könne, da die Menschheit erst am Anfang der technischen Ära stehe und erst selbst vor kurzer Zeit die Fähigkeit zur interstellaren Kommunikation erlangt hat.[494]

Auch wenn diesen Denkmodellen mathematisch-physikalische Gedanken zu Grunde liegen und sie in wissenschaftlicher Form angeboten werden, sollte nicht vergessen werden, dass sie rein

---

[494] Dorschner, S. 78f

204

spekulativ sind. Auch hierbei spielen anthropozentrische Vorannahmen eine Rolle.[495] Zum Beispiel ist es eine rein anthropozentrische Grundannahme, dass interstellare Reisen zu mehrere hundert Jahren Reisezeit entfernten Sternen unmöglich zu bewältigen seien. Dies ist allein durch die subjektorientierte technologische Reiseplanung und die biologische Qualität und Zeitlichkeit des Reisenden bestimmt. Außerirdische könnten unter ganz anderen Bedingungen durch den interstellaren Raum reisen.[496]

7.1.4 Bemerkungen zum Fermi-Paradoxon

> I'm sure the universe is full of intelligent life. It's just been too
> intelligent to come here.
> – *Arthur C. Clarke (1917-2008)*

Die Fortschritte der Raumfahrt haben nach und nach mit den fantasiereichsten Spekulationen zu höherem Leben im All aufgeräumt. Die Erkenntnisse aus Mondlandung und den ersten Sondierungen der Planeten des Sonnensystems, insbesondere Venus und Mars, auf dem sogar zahlreiche oberflächliche Untersuchungen durchgeführt wurden, haben allzu beflügelte Geister wieder auf den Boden der Tatsachen gebracht. Zwar bieten die vielversprechenden neuen Entdeckungen der Exoplanetenforschung nach den ernüchternden Erfolgen jahrzehntelanger SETI-Projekte reichlich Stoff für neue Spekulationen, doch Fakt ist, dass bislang weder Mikroben oder deren Fossilien außerhalb der Erde nachgewiesen wurden, geschweige denn elektromagnetische Spuren, interstellare Funksignale oder sonstige Anzeichen außerirdischer Intelligenz im Universum entdeckt werden

---

495 Mehr dazu in Abschn. 7.3

496 Schettsche, S. 230

konnten. Dieses Fehlen von Beweisen ist aber wiederum auch kein Beweis für die Nicht-Existenz außerirdischen Lebens.

Das alles führt unweigerlich zurück zum Fermi-Paradoxon, der 1946 öffentlich gestellten Frage des Kernphysikers Enrico Fermi: „Wenn es überall Außerirdische gibt, wo sind sie dann?"[497] Fermi legte seiner Frage folgenden Überschlag zu Grunde:

Angenommen eine intelligente außerirdische Spezies bräuchte schätzungsweise einige 1000 Jahre um die nötige Technologie zu entwickeln, die es ermöglicht zwischen Sternen hin und her zu reisen. Eine interstellare Reise könnte viele Generationen dauern, wäre mit einer Art „Generationenraumschiff", einem Schiff, dass durch die Reproduktion seiner Besatzung sehr lange reisen könnte, aber nicht unmöglich, selbst wenn die Reisegeschwindigkeit nur ein Bruchteil der Lichtgeschwindigkeit von 1 % bis 10 % betragen würde. Die Überbrückung einer interstellaren Distanz würde so vielleicht einige hundert bis zu 1000 Jahre dauern. Wenn diese Spezies nun die näheren Sterne ihrer näheren Umgebung bereist und Planeten entdeckt, die kolonialisierbar wären, könnte es wieder ca. 1000 Jahre dauern (30 bis 100 Generationen im Falle des Menschen), bis die Zivilisation einer solchen Kolonie selbst interstellare Reisen durchführen könnte. Auf diese Weise könnte sich eine zivilisierte, außerirdische Spezies über eine ganze Galaxie ausbreiten. Bei einer Reisegeschwindigkeit von 1 % der Licht-geschwindigkeit und einer Kolonialisationszeit von 1000 Jahren könnte diese Zivilisation eine ganze Galaxie in wenigen zehn Millionen Jahren besiedelt haben. Im Vergleich zum Alter einer Galaxie, eines Sterns oder zum Alter der Erde ist das eine sehr kurze Zeitspanne. Demnach erscheint es extrem unwahrscheinlich, dass der Mensch die erste oder einzige Spezies ist, die das All bereist. Dies führt Fermi zu seiner berechtigten Frage danach, wo „sie", die Außerirdischen, denn seien und warum wir keine Spuren von ihnen entdecken oder sie uns

---

[497] Vgl. Kap. 2, Abschn. 2.2

bisher nicht besucht haben. Nach Fermi wären die Menschen die einzige intelligente Spezies im Universum.[498] Diese als Fermi-Paradoxon berühmt gewordene Widersprüchlichkeit beschäftigt SETI-Wissenschaftler, Astronomen und Astrobiologen bis heute. Unzählige Lösungsansätze und Erklärungsversuche wurden seit 1946 formuliert, von denen einige viel Zuspruch erfahren haben, andere wenig.

Auf der Hand liegt die von vielen vertretene, einfache und pragmatische Theorie, dass der Mensch tatsächlich allein ist im Universum (1). Demnach sei das Leben eine einmalige Erscheinung und auf die Erde beschränkt. Diese Auffassung ist besonders unter Biologen beliebt. Wackelig an dieser Theorie ist die Behauptung, dass das Leben einmalig sei, trotz der ungeheuren Größe des Universums und der allgemeinen Tendenz zur Entwicklung immer größerer Komplexität der Materie. Die Entstehung von Leben müsste als Naturgesetzmäßigkeit betrachtet werden, sofern nicht ein göttlicher Schöpfer das irdische Leben erschaffen hat. Aus einem anderen Blickwinkel betrachtet steht als Erklärung für die Einsamkeit der Erde die Vermutung, dass alles andere Leben im Universum bereits ausgestorben ist. Andere außerirdische Zivilisationen könnten aufgrund interner Krisen längst vergangen sein.[499]

Eine andere Theorie zum Fermi-Paradoxon sagt, dass wir längst Spuren anderer Zivilisationen begegnet sind, diese jedoch nicht erkannt haben oder für natürliche Erscheinungen hielten (2). Astronomische Erscheinungen, wie z.B. die Lichtscheinvariabilität von Sternen[500] könnten einen künstlichen Ursprung haben, vielleicht sogar eine Botschaft darstellen. In der Wissenschafts-geschichte finden sich viele Beispiele dafür, dass Phänomene oftmals erst falsch gedeutet und

---

[498] Jakosky (1998), S. 285f

[499] Davoust, S. 164

[500] Vgl. Debatte um „Tabby's Star"; Kap. 7, Einleitung

erklärt wurden. Aufgrund fehlender Vergleichswerte ist das Erkennen solcher Spuren aber sehr schwer oder unmöglich.[501]

Auch könnte es sein, dass der Mensch bisher Gelegenheiten versäumt hat, Spuren außerirdischer Zivilisationen zu detektieren, beziehungsweise noch nicht über die richtige Technik dazu verfügt (3). Es könnte schlicht und ergreifend sein, dass bisher noch nicht zur richtigen Zeit in die richtige Richtung geschaut oder gehorcht wurde. Schließlich wird erst seit wenigen Jahrzehnten aktiv nach außerirdischem Leben gesucht[502], und wir kennen zwar die Ausmaße des Universums, jedoch längst nicht alle einzelnen Orte darin. Die Suche nach Leben im All gleicht der Suche nach der sprichwörtlichen Nadel im Heuhaufen. Dabei lässt sich jedoch ein unglaublich starker Optimismus beobachten, denn der technische Fortschritt bringt immer neue Generationen immer besserer astronomischer Instrumente hervor, die alle eine Vielzahl bahnbrechender Entdeckungen ermöglicht haben und unsere Fähigkeiten zur Betrachtung und Erforschung des Weltraums konstant erweitern. Das Tempo steigert sich seit den 1960er Jahren stetig. Pessimistisch lässt sich kommentieren, dass die intensive Beobachtung vieler tausender Sterne in den vergangenen Jahrzehnten noch keine Ergebnisse zu Tage geführt hat, was darauf schließen lässt, dass das Aufkommen technologischer Zivilisationen im Weltall ein sehr seltenes Phänomen sein muss.[503]

Es könnte allerdings auch sein, dass sich außerirdische Zivilisationen einfach nicht zeigen wollen (4); dass es sie gibt, sie sich aber verstecken oder sie versteckt sind, weil sie nicht mit der Erde kommunizieren wollen oder können und wir sie deshalb nicht finden können. Diese Annahme hat eine Vielzahl weiterer populärer Hypothesen nach sich

---

[501] Davoust, S. 164f

[502] Vgl. Kap. 2, Abschn. 2.2

[503] Davoust, S.165f

gezogen, die alle – von einem anthropzentristischen Standpunkt aus betrachtet – schlüssig erscheinen.

So z.B. Die *Kontemplationshypothese*, die besagt, dass wir in der Realität einer möglichen extraterrestrischen Zivilisation überhaupt nicht vorkommen, weil sie kein Interesse an Kontakt nach außen hat oder weil sie ihren Forschungsstand als abgeschlossen betrachtet. Die *ökologische Hypothese* geht davon aus, dass wirtschaftlicher und technischer Aufwand und Risiko (beispielsweise im Falle des Verlusts einer Sonde) einer außerirdischen Zivilisation zu hoch wären. Es könnte sich für sie nicht lohnen oder wäre einfach zu teuer mit den Menschen in Kontakt zu treten. Die *Hypothese vom geistigen Horizont* besagt, dass eine hochentwickelte außerirdische Zivilisation, die in der Lage wäre Kontakt mit uns herzustellen, kein Interesse daran hätte, weil wir ihnen zu primitiv erschienen. Davon ausgehend müsste man aber fragen, warum wir dennoch keine Spuren ihrer Existenz entdecken können, so wie die indigene Völker auf der Erde Flugzeuge am Himmel oder Schiffe auf dem Meer wahrnehmen. Sehr populär ist die *Zoo-Hypothese*, laut der wir in einem Bereich des Universums leben, der von den zahlreichen anderen existierenden, höher entwickelten Zivilisationen des Universums als eine Art unberührtes Naturschutzgebiet betrachtet wird. Kontakt würde durch die höheren Zivilisationen erst aufgebaut, sobald wir ohne Fremdeinwirkung einen bestimmten hohen politischen, sozialen oder ethischen Entwicklungsstand erreicht hätten.[504] Die *Misstrauenshypothese* besagt, dass Außerirdische den Kontakt zu uns aufgrund unserer fragwürdigen und beunruhigenden Entwicklung voller Verbrechen, Kriege, Waffentechnologien, Ausbeutung usw. meiden.[505] Die *Hypothese*

---

[504] Geht zurück auf das gleichnamige Werk des Astrophysikers John A. Ball: „The Zoo Hypthesis" (1973)

[505] Diese Meinung vertritt auch Sven Piper in seinem Buch „Exoplaneten": „Wir können den Außerirdischen es nicht mal übel nehmen, dass sie nichts mit uns zu

fehlender Reife besagt, dass ein zu früher Kontakt mit höheren Wesen unsere eigene, selbsterbrachte Entwicklung unterbrechen würde. Die Menschheit würde zu einem reinen Informationskonsumenten werden, der aufgrund fehlender eigener wertvoller Erkenntnisse keine Bereicherung für andere wäre.[506] Eine dazu passende Ansicht vertrat auch Frank Drake, der 1992 sagte:

> „Ich könnte spekulieren, dass ‚sie' uns beobachten, um zu sehen, ob wir es wert sind, daß ‚sie' sich mit uns unterhalten. Vielleicht handeln sie auch nach dem ethischen Grundsatz, [...] wenn wir schon der Gemeinschaft höherentwickelter Zivilisationen beitreten wollten, (müssten) wir auch genauso hart dafür arbeiten wie sie. Vielleicht schicken sie uns ein Signal, das wir nur entdecken können, wenn wir in unsere Suchbemühungen ebenso viel Mühe legen wie sie in die Absendung des Signals."[507]

Eine andere populäre Erklärung zum Fermi-Paradoxon geht davon aus, dass Außerirdische ebenso wie wir nach anderen Zivilisationen suchen, diese aber ebenso einfach noch nicht gefunden haben.[508] Weitere Hypothesen zur Beantwortung der Fermi-Frage beziehen sich auf folgende Überlegungen: Sie haben uns bereits besucht. Ihre Sonden können das Sonnensystem aus unterschiedlichen Gründen nicht durchqueren. Sie hatten noch nicht die Zeit zur Erde zu kommen. Sie beobachten uns bereits.[509] In seinem 2002 erschienen Buch „Where Is Everybody?"[510] hat der Physiker Stephen Webb 75 Lösungen des

---

tun haben wollen, zumal wir nicht gerade dafür bekannt sind, zimperlich mit anderen Lebewesen umzugehen." (Piper, S. 216)

[506] Davoust, S.167f

[507] Drake/Sobel, S. 337

[508] Piper, S. 215

[509] Davoust, S.169f

[510] Quelle: http://www.springer.com/de/book/9783319132358#aboutBook – abgerufen zuletzt am 20.12.2016

Fermi-Paradoxons gesammelt und diese in drei Kategorien unterteilt: 1. Sie sind bereits unter uns (die Kategorie, die den meisten Zuspruch der Leser des Buches erfährt), 2. Sie existieren, haben aber noch keinen Kontakt zu uns aufgenommen, und 3. Sie existieren nicht. Webb kommt in seinem Buch in Bezugnahme auf die Drake-Gleichung zu dem Schluss, dass die Menschheit aufgrund einer Vielzahl von Faktoren einzigartig ist und dass das Fermi-Paradoxon uns zeige, dass wir die einzige intelligente und empfindungsbegabte Spezies in der Milchstraße seien.[511]

Astrophysiker Strassmeier sagte in Zusammenhang mit den Hypothesen des Fermi-Paradoxons:

> „[...] Viel wahrscheinlicher ist jedoch, dass sie uns schon längst beobachten. Denn das ist ja genau das, was auch wir Menschen tun würden, wenn wir es schon könnten. Die spannende Frage ist: Was passiert, wenn [...] technisch hoch entwickelte Außerirdische zur Erde kommen würden? Aus unserer eigenen Erfahrung mit Entdeckungsfahrten und Kolonisationen wissen wir, dass sowas für die Entdeckten meist nicht gut ausgeht.“[512]

Einen ebenso vorsichtigen Standpunkt vertritt auch Stephen Hawking, der 2010 öffentlichkeitswirksam vor den Konsequenzen eines Erstkontakts gewarnt hat. Zur Erklärung dafür, dass die Menschheit bisher noch keine Spuren von Außerirdischen entdeckt hat, hat er mehrere Erklärungsansätze. Zum einen sei laut Hawking die Wahrscheinlichkeit, dass Leben spontan wie auf der Erde evolviert, so gering, dass dies im gesamten beobachtbaren Universum nur auf der Erde geschehen ist. Andererseits wiederum sei es wahrscheinlich, dass Leben sich vielerorts entwickelt hat, die meisten Lebensformen jedoch keine Intelligenz entwickelt hätten. Denn Intelligenz muss nicht, wie von der Wissenschaft vielfach behauptet, eine unausweichliche Folge der Evolution sein. Viel wahrscheinlicher ist laut Hawking, dass

---

[511] Michaud, S. 179

[512] Quelle: vgl. Abschn. 7.1.2

Evolution ein zufälliger Prozess ist, bei dem Intelligenz nur als eine von vielen Entwicklungsmöglichkeiten resultiert. Sie muss daher auch kein Garant für das Überleben einer Art sein. Dies zeigen z.B. widerstandsfähige Bakterien, die ohne weiteres weiterleben werden, auch wenn durch irgendeine Art von Katastrophe – ob natürlich oder durch den Menschen herbeigeführt – alles andere Leben auf der Erde verschwinden würde. Hawking gibt auch zu bedenken, dass die Zeitspanne für die Entwicklung von höherem Leben auf der Erde sehr hoch war, im Vergleich zur Gesamtlebensdauer der Sonne und damit der Erde. Die Entstehung höheren Lebens im Universum ist daher unwahrscheinlich.[513] Weiter behauptet Hawking, dass eine intelligente Zivilisation instabil wird und sich dadurch selbst zerstört, wenn sie den technologischen Punkt erreicht hat, mit anderen in Kontakt treten zu können. Eine letzte Möglichkeit, die Hawking selbst präferiert, besagt, dass es viele andere Formen intelligenten und technologisch entwickelten Lebens gibt, wir diese aber bislang übersehen.

Zur Frage nach der Einsamkeit der Menschen im Universum gibt es zahlreiche Spekulationen, in denen sich auch Ängste und Hoffnungen widerspiegeln. Um mit den Worten Arthur C. Clarkes abzuschließen:

> „There are two possibilities. Maybe we're alone. Maybe we're not. Both are equally frightening."[514]

---

513 Vgl. Kap. 4, Abschn. 4.2.1; Hawking, S. 25
514 Jakosky (2006), S. 139

7.2 Konsequenzen des „First Contact"

Trotz bislang fehlender Beweise für die Existenz außerirdischen Lebens, gibt es eine Reihe von Grundannahmen, die mit der Möglichkeit eines Erstkontakts mit Extraterrestrischen verbunden sind. Sollten wir tatsächlich eines Tages Spuren von Außerirdischen finden oder sogar in direkten Kontakt mit ihnen treten können, und damit Fermi obsolet machen, würde das unser komplettes Dasein nachhaltig verändern – auf sozialer, politischer, philosophischer und individual-psychologischer Ebene. Doch wie die Überlegungen zur Gestalt und sozialen Struktur Außerirdischer, sind auch dies alles Spekulationen und sehr fallabhängig.

Das Szenario des „First Contact" ist das große Hauptthema der Alien-Science-Fiction, denn eine Reihe von Emotionen und Vorstellungen ist an die Möglichkeit eines Erstkontakts gebunden, sowohl Hoffnungen, Sehnsüchte und Träume, als auch Ängste, Gefahren und Risiken. Dies verrät uns schließlich viel über uns selbst. Denn all unsere Annahmen über außerirdische Intelligenz und Zivilisation sind letzten Endes nur ein Spiegel unserer eigenen Kultur.

Im Folgenden soll sich Antworten auf die Fragen genähert werden, wie sich die Menschen den Erstkontakt mit einer intelligenten Zivilisation vorstellen, was daraus resultieren könnte und inwieweit gegenwärtige kulturelle Gegebenheiten diese Vorstellungen bedingen.

In Abschnitt 7.1 ist deutlich geworden, dass Außerirdische durch Projektionen und Kreationen unserer selbst konstruiert werden. Als Forscher, weise Lehrer und Helfer, die uns vor uns selbst oder verheerenden kosmischen Katastrophen schützen, auf der einen Seite; auf der anderen als Invasoren, Eroberer oder Kolonisten, die entweder die reichhaltige und fruchtbare Natur der Erde oder die Menschen selbst ausbeuten wollen.[515] Hans D. Baumann, der sich intensiv mit Science-Fiction und den menschlichen Vorstellungen über

---

[515] Baumann, S. 205

Außerirdische beschäftigt hat, verweist hierbei auf die Aussage des Philosophieprofessors und Theologen Mitterer, wonach „Hyperzivilisationen [...] weder Bedarf an Sklaven noch an Vieh, noch an irgendwelchen anderen materiellen Dingen [haben]. Es gibt nur eine Ware von besonderem Interesse, die von Stern zu Stern transportieren sich lohnt: Information!"[516] Dies passt auch zur Kardaschow-Skala, wonach Zivilisationen, die in der Lage sind interstellare Reisen durchzuführen auch in der Lage wären, sich selbst zu versorgen bis hin zur Unsterblichkeit.[517]

Dennoch schwankt unser Bild von Außerirdischen und dem Kontakt zu ihnen zwischen zwei Extremen, wie sie bei Laßwitz und Wells ihren Anfang fanden[518], welche den Gedanken einer Kontaktaufnahme durch eine extraterrestrische Zivilisation in die Weltliteratur eingeführt und damit global zum Nachdenken angeregt haben. Spekulationen über die Absichten einer Zivilisation, die Kontakt zu uns aufnimmt bewegen sich fast ausschließlich in einem Spektrum zwischen Hoffnung und Furcht. Laßwitz und Wells haben den Weg für zahlreiche weitere Autoren und Strömungen geebnet. Ihre gegenüberstehenden Werke „Auf zwei Planeten" und „Der Krieg der Welten" haben jeweils wie ein Prisma gewirkt, dass die Gefühle und Vorstellungen zum Erstkontakt, der Begegnung mit Aliens als Feind oder Vormund, bis heute breit gefächert hat. Der Philosoph und Soziologe Martin Engelbrecht konzipiert vor dem Hintergrund dieses zweipoligen Verhältnisses (in der Science-Fiction) einen Phasenraum möglicher Beziehungen zwischen Menschen und konstruierten Außerirdischen (Abb. 20).

---

[516] Baumann, S.207

[517] Vgl. Abschn. 7.1.3

[518] Vgl. Abschn. 7.1.1

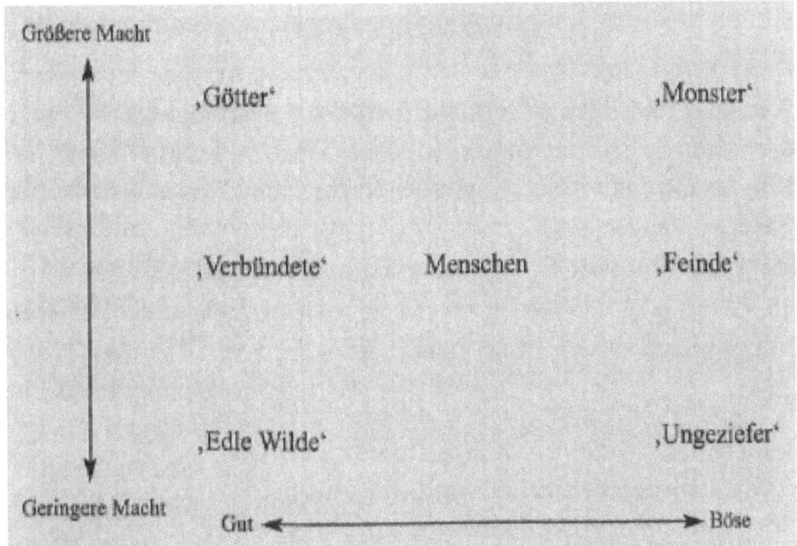

Abbildung 20: „'Phasenraum' möglicher Beziehungen zwischen Menschen und Aliens in der Science-Fiction." (Quelle: Engelbrecht, S. 25)

In drei Dimensionen – Macht (vertikal), moralische Qualität (horizontal) und Fremdheit der Extraterrestrischen (im Abstand zum Menschen, der im Zentrum verortet werden muss) – lassen sich hierdurch Beziehungskonstellationen zwischen Menschen und Außerirdischen betrachten.[519]

Besonders im Zuge des SETI-Diskurses wird viel über negative und positive Potentiale eines Erstkontakts verhandelt. Besonders die aktive Kontaktsuche wird sehr zwiespältig betrachtet.[520] Einige Forscher möchten am liebsten sofort und ungebremst Nachrichten in alle erfolgsversprechenden Richtungen versenden, andere halten dies für verantwortungslos, denn niemand könne ahnen, ob mögliche Empfänger freundlich oder feindlich gesinnt seien. Die beiden Lager

---

[519] Engelbrecht, S. 25

[520] Acitve SETI und METI; Vgl. Kap. 2, Abschn. 2.2

stehen sich unversöhnlich und festgefahren gegenüber. In jedem Fall wären die Folgen eines Erstkontaktes gravierend.

Science-Fiction-Autor David Brin[521] beispielsweise vertritt die Meinung, dass es zuvor eine globale Debatte und einen internationalen Konsens geben müsse, bevor Nachrichten gesendet werden. Seth Shostak, Leiter des Center for SETI Research des kalifornischen SETI Institute, gibt dagegen zu bedenken, dass wir ohnehin seit langer Zeit Signale ins All senden, ob von TV-Stationen, militärischen Radargeräten oder ähnlichem, die längst von einer außerirdischen Zivilisation, ob gut oder böse, wahrgenommen sein könnten. METI-Begründer Alexander L. Zaitsev spricht sogar von einer „METI-Phobie". Auch ohne das Aussenden von Nachrichten würden feindlich gesonnene Außerirdische uns finden und mit überlegener Technologie zerstören oder unterwerfen können, da seit Anfang des 20. Jahrhunderts intensiv Radarstrahlung ins All gesendet wird, seit den 1970er Jahren sogar 24 Stunden täglich. Zaitsev: „Sie werden uns finden."[522]

Durch die ganzen Exoplanetenentdeckungen und die vielen möglicherweise habitablen Planeten bekommt die Debatte um Acitve SETI neuen Aufwind, denn METI-Befürworter wollen diese Welten gezielt und leistungsstark ansteuern. Besonders interessant wird dieses Unterfangen, wenn mit den vielversprechenden Atmosphären-Analysen des James-Webb-Teleskops in Zukunft sichergestellt werden kann, ob Planeten tatsächlich lebensfreundlich sind oder nicht.[523]

Optimisten wie Shostak vertreten die Ansicht, dass außerirdische Besucher mit hoher Wahrscheinlichkeit friedlich gesonnen wären. Diese Annahme gründet sich auf der Theorie, dass andere Spezies raumfahrttechnisch und zivilisatorisch weit fortgeschritten wären, viel weiter als die Menschen, und daher eine viel höhere innerstrukturelle

---

[521] Vgl. Kap. 4, Abschn. 4.3

[522] Zaun, S. 261

[523] Vgl. Kap. 6, Abschn. 6.2

Stabilität und Moral aufwiesen. Hier verweist Kritiker Brin auf die zahlreichen historischen Beispiele des Erstkontakts einer technologisch höher mit einer niedriger entwickelten Kultur, die für den Niedrigeren häufig schwerwiegende negative Folgen hatte.[524]

7.2.1 Kontaktszenarien

Bevor die Emotionen näher betrachtet werden, die im Zusammenhang mit einem möglichen Erstkontakt stehen, folgen zunächst einige rationale Überlegungen zu Szenarien des Erstkontakts.

Der Freiburger Psychologie-Professor Michael Schetsche bedient sich bei seiner Betrachtung der sozialwissenschaftlichen Methode der Szenarioanalyse und nennt vier notwendige Vorannahmen für die Untersuchung des möglichen ersten Kontakts der Menschheit mit einer außerirdischen Zivilisation. Erstens, dass neben der Menschheit noch zahlreiche weitere technische und kommunikationsbereite Zivilisationen im All existieren, zu denen wir Kontakt aufnehmen können. Diese Vorannahme ist ebenfalls unabdingbar für jegliche SETI-Forschung; zweitens müssen die Menschen überhaupt dazu in der Lage sein, einen Kontakt als solchen wahrzunehmen und den anderen als intelligentes, nicht-irdisches Wesen identifizieren zu können. Hierbei spielen beispielsweise das Zeitempfinden oder der individuelle Wahrnehmungsraum einer Spezies eine Rolle; drittens muss klar sein, dass wir trotz aller Spekulationen und astrobiologischen Implikationen prinzipiell nichts über die psychische, physische oder soziale Gestalt von Außerirdischen wissen, daher ebenso wenig über Motivation und Verhalten unseres möglichen Gegenübers sagen können. Einzig die Betrachtung unseres eigenen kollektiven Wesens kann den Spekulationen zu Grunde liegen; viertens, dass der Großteil aller aufgrund unserer Projektionen vorherrschenden Vorstellungen über

---

524 Quelle: http://www.spiegel.de/wissenschaft/weltall/seti-vs-meti-die-debatte-um-nachrichten-an-außerirdische-a-1018469.html – abgerufen zuletzt am 20.12.2016

Außerirdische womöglich falsch und auszublenden ist.[525] Das alles muss zunächst berücksichtigt werden, um darauf aufbauend nach Schetsche vier hauptsächliche Kontaktszenarien zu betrachten. Das *Fernkontaktszenario* geht davon aus, dass die Menschheit mit Hilfe technischer Vorrichtungen (z.B. Radioteleskope) Signale einfängt, die nach Ausschluss aller möglichen natürlichen Ursachen künstlichen Ursprungs sein müssen und von einer außerirdischen Zivilisation gesendet wurden. Man könnte zwar mit hoher Wahrscheinlichkeit nur wenige Informationen aus einer empfangenen Nachricht ziehen – etwa Ursprungskoordinaten, Distanz und Geschwindigkeit des Signals sowie einige Informationen über die technischen Möglichkeiten des Senders – zunächst aber das Wissen, dass es eine andere intelligente, technologische und kommunikationswillige Spezies gibt – oder gab. Denn je weiter die Entfernung zum Signalursprung, desto älter der Zeitpunkt des Absendens. Dies könnten z.B. 1000 Jahre sein. Ein solcher Kontakt würde daher auch wenig bedrohlich wirken. Hinzu kommt die Unmöglichkeit des Führens eines Dialoges mit dem Absender, da dieser je nach Entfernung abertausende Jahre dauern könnte. Selbst die Kommunikation mit einer der Erde nahegelegenen Zivilisation (30 bis 100 Lichtjahre) wäre schwierig, aber theoretisch möglich. Ein solcher „naher Fernkontakt" würde sowohl die Forschungspolitik in Richtung der Realisierung eines Direktkontaktes (s.u.) beeinflussen, als auch Befürchtungen in Abhängigkeit zu zunehmender Nähe stärker schüren. Das Auffangen eines Signals ferner Herkunft hätte sicherlich auch zur Folge, dass sich die breite Öffentlichkeit und die Massenmedien für eine relativ kurze Zeitspanne intensiv mit der neuen Realität auseinandersetzen. Der Alltag der Menschen würde sich dennoch nicht besonders verändern. Weitreichende Folgen würde der Fernkontakt

---

[525] Schetsche, S. 228-230

lediglich religiös-philosophisch und wissenschaftlich nach sich ziehen.[526]

Das *Artefakt-Szenario* beschreibt eine Situation, in der die Menschheit ein von einer außerirdischen Zivilisation in der Vergangenheit hinterlassenes Artefakt entdeckt, das der Kontaktaufnahme dienen soll.[527] Hierbei müsste zunächst gesichert festgestellt werden, dass das Artefakt erstens künstlich ist und zweitens nicht von den Menschen hergestellt wurde, wobei Zweiteres banal zu sein scheint, denn die Menschheit hat gerade erst mit der Raumfahrt und dem Entsenden von Objekten ins All begonnen. Wie im Fernkontaktszenario wäre eine wichtige Konsequenz auch in diesem Fall der Einfluss auf wissenschaftliche, religiöse und philosophische Denksysteme. Brisant ist das Artefakt-Szenario insofern, als eine außerirdische Spezies bereits einen Ort erreicht hat, der dem Menschen erst neu zugänglich geworden ist. Thesen zur grundsätzlichen Unüberbrückbarkeit interstellarer Entfernungen wären damit neu zu überdenken und nichts weiter als ein anthropozentrisches Vorurteil. Zu klären bliebe, wie alt das Objekt wäre und welche Funktionen es hätte. Auch würde es große öffentliche und politische Debatten darüber geben, ob das Objekt zu ignorieren oder systematisch zu untersuchen sei, wobei man sich einigen müsste, ob der Standort des Objekts verändert werden sollte oder ob es in irgendeiner anderen Weise physisch manipuliert werden sollte, z.B. zerlegt oder beschädigt werden dürfe.[528]

Das Szenario des *Direktkontakts* setzt sich mit der Situation auseinander, die den Großteil der Alien-Science-Fiction ausmacht – dem direkten und nahbaren Kontakt zu intelligenten außerirdischen Lebensformen im erdnahen Weltraum oder auf der Erde. Ein solches

---

[526] Schettsche, S. 233-235

[527] wie z.B: in Stanley Kubricks „„2001 – Odyssee im Weltraum", in dem Forscher auf dem Mond einen Monoliten entdecken, der außerirdischen Ursprungs ist.

[528] Schettsche, S. 235- 237

Ereignis hätte epochale Folgen für die Menschheit, kurzfristig unter anderem in Form von Panikreaktionen und einem natürlich um sich greifenden Angstimpuls, der sich als existenzieller Schock bezeichnen lässt und schwere Folgen für Individuum und Gesellschaft hätte. Michael Schettsche hält dies sozialpsychologisch für sehr wahrscheinlich[529]; Mittel- und langfristig würde es in Folge eines Direktkontakts zu einem Dominanzgefälle kommen, wenn sich herausstellt, dass die Entdecker überlegen und die Entdeckten unterlegen sind. Untersuchungen solcher (historischer) Kontakte auf der Erde[530] zeigen, dass in vielen Fällen die kulturelle und teils sogar die physische Existenz des Entdeckten bedroht ist,[531] wobei der Zerstörung der unterlegenen Kultur nicht zwangsläufig eroberungsmotiviertes Kalkül zugrunde liegen muss. Auch der der Konfrontation folgende, unkontrollierbare und vielleicht ungewollte massenpsychologische Impakt könnte eine Zivilisation strukturell zersetzen.[532]

Als Vierten Punkt spricht Schettsche vom *Agenten-Szenario*. Damit ist die hypothetische Situation gemeint, dass der Erstkontakt zwischen Außerirdischen und Menschheit längst stattgefunden hat. Dies muss schließlich nicht zwangsläufig in der Zukunft passieren. Daraus folgend könnte es sogar sein, dass Außerirdische längst vor der Öffentlichkeit verborgen unter uns existieren, wie in Laßwitz „Auf zwei Planeten". Hierbei leben Außerirdische entweder vor der gesamten Menschheit unentdeckt oder nur im Wissen bestimmter auserwählter Menschen

---

[529] Ein gutes Beispiel hierfür ist die Massenpanik, die durch die Ausstrahlung von Orson Welles „Der Krieg der Welten"-Hörspiel ausbrach. (Vgl. Abschn. 7.1.1)

[530] z.B. Groh, 1999: Ein Zusammentreffen von technologisch weit unterschiedlich entwickelten Kulturen führt stets zu einem ökonomischen und kulturellen Dominanzgefälle, wobei die Existenz der unterlegenen Kultur unmittelbar bedroht ist. (Schettsche, S. 242)

[531] Vgl. Kap. 7, Abschn. 7.2.1

[532] Schettsche, S. 239-243

unter uns. Die gesamte UFO-Kontroverse nährt sich von diesem Szenario, wonach außerirdische Flugkörper in der Nähe der Erde operieren und sogar Kontakt zu einzelnen Menschen in Form von „Entführungen" herstellen. Die Existenz von UFOs wird in der Gesellschaft heftig diskutiert, von der Wissenschaft jedoch vehement abgelehnt.[533] Würde die Existenz außerirdischer „Agenten" auf der Erde sich als real herausstellen, hätte dies eine schwere massenpsychologische und kulturelle Krise zur Folge, die weit verheerender wäre, als im Falle des Direktkontakt-Szenarios. Misstrauen hinsichtlich der Motive, Interessen und Orientierung der Außerirdischen, zusätzlich verstärkt durch eine eventuelle Beteiligung irdischer Institutionen oder Personen, würde die politische Destabilisierung der Menschheit zur Folge haben.[534]

Eine entscheidende Rolle spielt beim Umgang mit dem Erstkontakt in allen Szenarien der Umgang der großen globalen Medien mit der neuen Situation, die Angst, Furcht, Wut, Panik oder Depression durch die Art ihrer Berichterstattung maßgeblich und nachhaltig schüren oder lindern können.

Der Mensch selbst wird in Erstkontaktszenarien mit höher entwickelten Extraterrestrischen, in denen er fern der Erde zum ersten Mal Außerirdischen begegnet, meist als neugieriger und offener, beobachtender Entdecker dargestellt, auch wenn dieser Optimismus bereits früh Gegen-aufmerksamkeit durch die Realitäten des Kolonialismus und Imperialismus bekam, was sich bei zahlreichen Autoren in düsteren Prognosen wieder findet. Erst in jüngster Zeit wurde dies in James Camerons Kinoerfolg „Avatar" aufgegriffen, in dem die Menschheit einen Mond im Alpha-Centauri-System ökonomisch

---

[533] Auf die Ufo-Kontroverse kann in dieser Arbeit aufgrund des beschränkten Umfangs nicht weiter eingegangen werden. Mit UFO-Sichtungen und -Entführungen auseinandergesetzt hat sich u.a. Michael A. G. Michaud. (Michaud, S. 143-160)

[534] Schettsche, S. 244f

brutal ausbeutet, ohne dabei Rücksicht auf den Lebensraum und das mit der Natur des Mondes verbundene spirituelle Wertesysteme der Ureinwohner zu nehmen. Getrübt wurde das Bild des friedlich durchs All reisenden Menschen in der amerikanischen Science-Fiction besonders durch die Erfahrungen des Vietnamkrieges[535], z.B. in Joe Haldemans Roman „Der ewige Krieg", in dem die Menschheit einen interstellaren Krieg mit einer intellektuell überlegenen, aber technologisch ähnlich entwickelten außerirdischen Zivilisation provoziert und immer weiter vorantreibt, bei dem kein Ende in Sicht zu kommen scheint und der einzelne Soldat dem Feind als Teil der unaufhaltsamen Kriegsmaschinerie hasserfüllt, aber ahnungslos, gegenübersteht.

7.2.2 Hoffnungen und Träume

Trotz all der negativen Prognosen sind eine Menge Hoffnungen an den Erstkontakt geknüpft, sei er herbeigeführt durch eine extraterrestrische Zivilisation oder durch den Menschen selbst, per Active SETI oder in ferner Zukunft vielleicht sogar durch eine Sonde. Während der härteste METI- und Active-SETI-Gegner David Brin als Kontakt-Pessimist zu bezeichnen ist, zählt neben Seth Shostak beispielsweise auch der deutsche SETI-Astronom Sebastian von Hoerner[536] zur Gruppe der Optimisten, die an den positiven Verlauf eines Erstkontakts glauben. Deren Hauptargument besagt, dass eine Zivilisation, die die technologische Fähigkeit zur Selbstzerstörung erreicht und überlebt hat, Aggression als Teil ihres Wesens überwunden haben müsse, denn nur Passivität und Friedliebigkeit könnten ein langes Überleben sichern.[537] Carl Sagan vertrat die Meinung, dass wir uns zu keinem Zeitpunkt in ähnlicher Gefahr

---

[535] Baumann, S. 209

[536] Vgl. Abschn. 7.1.3

[537] Zaun, S. 255

befänden, kolonialer Barbarei ausgesetzt zu sein, wie beispielsweise die Indianer oder die Vietnamesen. Er war davon überzeugt, dass jede Zivilisation, die lange genug überlebt hat, um mit uns in direkten Kontakt treten zu können, gutartig oder zumindest neutral wäre.[538] Unzählige Male haben sich die beiden enthusiastischen Vordenker Carl Sagan und Frank Drake, die beide auch maßgeblich an der hoffnungsvollen Platzierung der Plakettenbotschaften an den Voyager-Sonden[539] beteiligt waren, positiv zu einem möglichen Erstkontakt geäußert. Sagan ist sogar in doppelter Hinsicht als großer Optimist zu bezeichnen, einerseits im Hinblick auf die Wahrscheinlichkeit tatsächlich Signale von extraterrestrischen Intelligenzen zu empfangen, andererseits in Bezug auf den Ausgang der Begegnung mit Außerirdischen. Über die Konsequenzen eines möglichen Kontakts mit Außerirdischen (bezogen auf Analogien in der menschlichen Geschichte) äußerte er sich stets maximal positiv, während er negative Perspektiven ausblendete.[540] Sagan erhoffte sich die Begegnung mit einer gutmütigen, fortgeschrittenen Hochkultur, die um gute, familiäre Beziehungen zu den Menschen bemüht ist. In seinem SETI-Kult-Roman „Contact" beschreibt er einen Idealtypus dessen: Hochentwickelte, kommunikations-
freudige Aliens, ethisch und moralisch erhaben und dem Menschen weit überlegen, die uns ihr Wissen als Erlösung anbieten[541].

Sagan gab sich in Anbetracht der möglichen Folgen eines Erstkontakts, in welcher Form auch immer, hoffnungsvoll:

> „Die wissenschaftlichen, logischen, kulturellen und ethischen Erkenntnisse, die dadurch gewonnen werden könnten, [...] würden auf lange Sicht das tiefgreifendste Ereignis in der Geschichte unserer Zivilisation sein. [...] Die Art und Weise, wie

---

[538] Michaud, S. 242

[539] Vgl. Kap. 2, Abschn. 2.2

[540] Michaud, S. 39

[541] Zaun, S. 276

> wir den Kosmos und uns selbst sehen, wird ‚entprovinzialisiert'
> werden. Wir werden die Unterschiede unter uns Menschen mit
> anderen Augen betrachten, wenn wir erst einmal die gewaltigen
> Unterschiede erfasst haben, die zwischen uns und Intelligenzen
> anderer Welten bestehen – Wesen, mit denen wir trotz aller
> Verschiedenheiten ein tiefes gemeinsames intellektuelles
> Interesse besitzen."[542]

Auch Frank Drake vertrat die Meinung, dass der Kontakt zu einer Super-Zivilisation die Menschheit in jedem Fall wissenschaftlich, technisch, kulturell und philosophisch mit einem Mal intellektuell sehr viel weiter bringen würde.[543]

Im Zusammenhang mit dem Kontakt zu einer höheren Zivilisation gibt es darüber hinaus eine Reihe allgemein verbreiteter Hoffnungen und Träume. Sehr verbreitet ist z.B. der Traum einer universell vereinten Weltengemeinschaft, ähnlich einer Staatengemeinschaft auf der Erde, die sich über die Freuden und Gefahren des Lebens in unserem Universum austauscht und in der man sich gegenseitig beim Überleben hilft und Antworten auf die essentiellen Fragen intelligenten Lebens sucht. Dies wäre das absolute Ende der menschlichen Isolation, ähnlich dem historischen Beginn des Kontakts unterschiedlicher Kulturen durch die Erschließung von Handelsrouten nach Osten, der kulturelle Bereicherung und Wachstum mit sich brachte. Die Erdenbürger würden sich unter-einander und in Anbetracht der anderen als Menschen eines Kosmos verstehen.[544] Damit einher geht die verbreitete Hoffnung, dass die Menschen, wenn sie durch den Kontakt zu Außerirdischen einer interstellaren Gemeinschaft beitreten könnten, selbst endlich Einigkeit fänden. In Kontrast zu einer außerirdischen Spezies würden wir uns schließlich als eins betrachten und das grundsätzliche Wesen und die völkerübergreifende Identität

---

[542] Sagan/Agel, S. 211f

[543] Zaun, S. 255f

[544] Michaud, S. 220f

des Menschen besser verstehen. Unterschiede in Religion, Abstammung oder Nationalität würden im Vergleich zu den Unterschieden zwischen Menschen und Extraterrestrischen unwichtig und winzig erscheinen. Hierdurch könnte ein einender Effekt eintreten, der Spannungen beseitigen und globale Zusammenarbeit fördern könnte. Für Carl Sagan ist dies der stärkste soziale Motivator für SETI. Auch Frank Drake erklärte die Vereinigung der Menschheit als klares Ziel interstellarer Kommunikation. In Zusammenhang mit dieser optimistischen Behauptung ist zu bedenken, dass diese Einigung nur temporär sein könnte. Eine damit verwandte These, die beispielsweise durch den Soziologen Roberto Pinotti oder den ehemaligen US-Präsidenten Ronald Reagan vertreten wird, besagt, dass Einigung unter den Menschen auch durch einen gemeinsamen extraterrestrischen Feind entstehen könnte und zwar stärker als durch einen gemeinsamen Freund.[545]

Ebenso weit verbreitet ist die Annahme, dass der Kontakt zu Außerirdischen einen enormen Weisheitsgewinn für die Menschen bringen würde. Demnach würde allein der kleinste Existenznachweis außerirdischer Intelligenz mit einem Schlag viel Wissen über die Evolution von Leben und Intelligenz freigeben, besonders wenn zusätzlich Informationen zum Heimatplanetensystem und -stern der Zivilisation vorlägen. Kontaktoptimisten wie Sagan und Drake vertreten die Meinung, dass per Fernkontakt zu uns gesendete Nachrichten voller Informationen stecken werden und neues, fortschrittliches Wissen generieren können. Dies setzt Außerirdische voraus, die großzügig und bereit sind, ihr Wissen zu teilen. Sehr weit ausgeholt führt dies zu der ebenfalls verbreiteten Hoffnung, dass alle wichtigen Fragen aus Wissenschaft, Technik und Sozialleben für uns beantwortbar werden würden und eine neue Renaissance anbrechen würde. Grundsätzlich einig sind sich die Optimisten darüber, dass der

---

[545] Michaud, S. 222f

Kontakt unser intellektuelles Wachstum zumindest beschleunigen würde.[546]

Auch der Traum vom Erstkontakt als „Pfad nach Utopia" ist eine weit verbreitete Hoffnung. Seit je her wurde die Darstellung von außerirdischen Intelligenzen verwendet, um soziale Missstände zwischen Menschen zu veranschaulichen. Utopien wurden erdacht, um alternative, bessere zukünftige Realitäten zu zeigen. Aus dieser Tradition heraus haben unzählige Optimisten gutwillige, hilfsbereite Außerirdische vorhergesagt, die uns helfen, unsere Probleme zu beseitigen, Krisen zu bewältigen, Gefahren zu erkennen usw.; von der Beseitigung von Armut und Hunger, über Energie- und Ressourcenproblemen, bis hin zur Heilung schwerer Krankheiten wie Krebs. In einer gewissen Weise spiegelt sich hierin also auch der Traum von der Unsterblichkeit. Frank Drake spricht häufig von Außerirdischen als „Unsterbliche", von denen jedes einzelne Individuum seit Milliarden von Jahren am Leben sein könnte. Die wertvollen Informationen der Außerirdischen könnten die Lebenserwartung der menschlichen Spezies als Ganzes also verlängern und ihr Überleben im Kosmos sicherstellen. Rettung und Heil der krisengebeutelten, hilflosen Menschen besteht als kollektiv-tiefenpsychologischer Wunsch, der sich auch in Zusammenhang mit der UFO-Thematik präsentiert. Manche Menschen, sogar ganze Sektenkollektive, sehnen sich danach von Außerirdischen abgeholt oder entführt zu werden, um den schwierigen Umständen auf der Erde zu entkommen und ein höheres physisches und spirituelles Dasein im Kreise der Extraterrestrischen zu erreichen.[547]

Natürlich sind auch an die gesamte Exoplanetenforschung eine ganze Reihe Hoffnungen und Träume geknüpft, die in Zusammenhang mit außerirdischem Leben stehen. So ist einerseits erklärtes Ziel dieses Wissenschaftszweiges, Erkenntnisse über Planeten und das Universum

---

[546] Michaud, S. 223-225
[547] Michaud, S. 228-230

zu sammeln, andererseits aber auch, wie erwähnt, erdähnliche Planeten zu finden, im besten Fall einen Erdzwilling. Hierzu begibt man sich auf die Suche nach Biosignaturen. Große Hoffnungen liegen dabei auf den Teleskopen der nächsten Generation, die in den kommenden Jahrzehnten unseren Blick ins All revolutionieren werden.[548] Schon als erste extrasolare Planeten entdeckt wurden, wurde die alte Frage neu diskutiert, ob es Planeten nach dem Vorbild der Erde gibt. Hierin ist eine utopische Hoffnung verborgen. Wir wünschen uns eine zweite Erde, bewohnt von einer zweiten Spezies vernunftbegabter, intelligenter Menschen – oder zumindest menschenähnlicher Außerirdischer – die oben beschriebene „Brüder im All", „Nachbarn im Kosmos" oder „Unsere fernen Nachbarn"[549] sein könnten, mit denen eines Tages Kontakt hergestellt werden kann. Eine andere große Motivation bei der Suche nach einer zweiten Erde ist sicherlich der Drang danach, eine zweite Heimat zu finden, sollte die Erde eines Tages, durch welche Gründe auch immer, nicht mehr bewohnbar sein. Allzu weit scheinen wir davon, in Anbetracht der Ausbeutung der endlichen Ressourcen des Planeten und des vom Menschen ausgelösten deutlichen Klimawandels, nicht mehr entfernt zu sein. Doch auch eine kosmisch ausgelöste Katastrophe könnte nahezu jederzeit das Fortleben der Menschheit beenden, etwa der Einschlag eines Asteroiden, wie er zum Aussterben der Dinosaurier geführt hat. Erst im November 2016 erklärte Physiker Stephen Hawking bei einem Vortrag an der Oxford University Union, dass die Menschheit nur noch ca. 1000 Jahre hätte um sich auf anderen Planeten auszubreiten, denn eine planetare Katastrophe könnte bis dahin passiert sein.[550] So beinhaltet der Fund einer zweiten Erde auch die Möglichkeit einer zukünftigen Kolonialisierung, eines Neuanfangs für den Menschen. Auch für Mars und Mond gab es schon immer große Kolonialisierungspläne. Einen

---

[548] Vgl. Kap. 6

[549] Teilweise Titel aus dem Literaturverzeichnis dieser Arbeit

[550] Quelle: http://edition.cnn.com/2016/11/17/health/hawking-humanity-trnd/ – abgerufen zuletzt am 20.12.2016

Ersatz für die Erde stellen diese beiden lebensfeindlichen Orte jedoch keineswegs dar.

7.2.2.1 ALH 84001

Eine ganz andere, grundsätzliche Hoffnung bestimmt die Suche nach extraterrestrischem Leben ebenso stark, wie der Traum vom Kontakt zu einer höherentwickelten, wohlgesonnenen Super-Zivilisation oder der Entdeckung eines Erdzwillings, nämlich die Hoffnung bei der Suche nach Leben im All eines Tages überhaupt den kleinsten Beweis für die Existenz extraterrestrischen Lebens in den Händen halten zu können. Vielleicht bringen die nächsten Mond-Missionen zu Jupiter und Saturn uns diese Gewissheit.[551]

Seit je her steht der Mars dabei im Interesse der Lebenssucher. Die größten Hoffnungen, extraterrestrisches Leben zu finden, lagen lange Zeit auf dem erdnahen Roten Planeten. Schon häufig hieß es in der globalen Wissenschaftspresse, dass neue Beweise für mögliches Leben auf dem Mars gefunden wurden. Doch trotz mehrfacher Sondierung, auch auf der Oberfläche des Planeten, fand man bislang nichts. Mitte der 1990er Jahre glaubte man endgültig fündig geworden zu sein. Der nach wie vor nicht endgültig abgeschlossene Fall des Meteoriten ALH 84001 bereitet der Astrobiologie bis heute Kopfzerbrechen – ähnlich wie das Wow!-Signal den Radioastronomen. Der vom Mars stammende Stein gibt der Wissenschaft bis heute Rätsel auf, denn es ist bislang noch nicht zweifellos geklärt, ob auffällige, wurmförmige Strukturen in dessen Innern Fossilien mikrobakteriellen Lebens sind. Heute weiss man mit Sicherheit, dass der zwei Kilo schwere Meteorit vor 4 bis 4,5 Milliarden Jahren aus Lava erstarrt ist und vor etwa 15 Millionen Jahren durch eine Kollision aus dem Mars heraus geschlagen wurde. Vor 13 Millionen Jahren ist ALH 84001 schließlich auf der Erde gelandet. 1984 wurde er in der Antarktis entdeckt. 1991 konnte schließlich bestätigt werden, dass er vom Mars stammt. 1996 verkündeten Forscher des Johnson

---

[551] Vgl. Kap. 6, Abschn. 6.3

Space Center der NASA um den Astrobiologen David McKay schließlich, dass unter dem Elektronenmikroskop wurmartige, stäbchenförmige Strukturen im Inneren des Gesteins entdeckt wurden, die von marsianischen Bakterien übergeblieben seien müssen (Abb. 21).

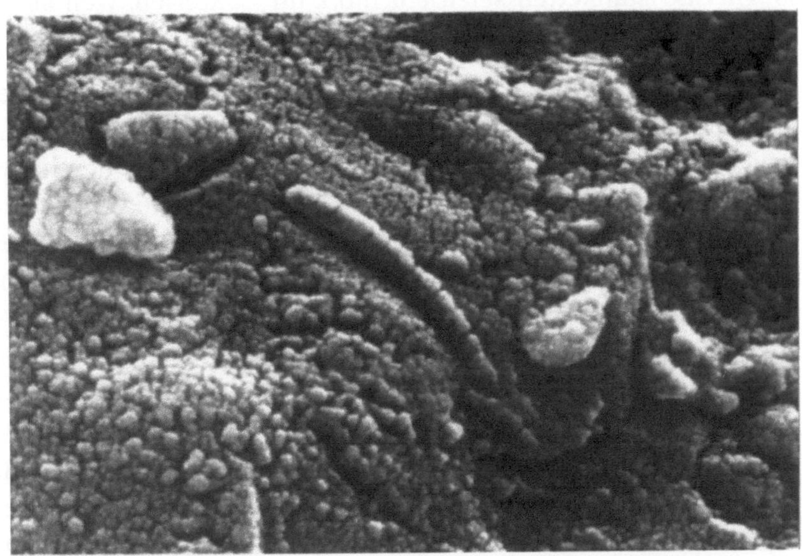

Abbildung 21: Hochauflösende Aufnahme aus dem Scan des Mars-Meteoriten ALH 84001 unter dem Elektronenmikroskop. Zu sehen ist die vieldiskutierte, röhrenförmige Struktur, die nicht mal ein Hundertstel so groß ist, wie ein menschliches Haar. (Quelle: NASA)

Der damalige US-Präsident Bill Clinton bezeichnete dies daraufhin als die wichtigste Entdeckung des 20. Jahrhunderts.[552] Die vermeintlichen Strukturen sind jedoch ca. 100 mal kleiner als bekannte irdische Bakterien. Ob solche „Nanobakterien" zellstrukturell überhaupt

---

[552] „Today, rock 84001 speaks to us across all those billions of years and millions of miles. It speaks of the possibility of life. If this discovery is confirmed, it will surely be one of the most stunning insights into our universe that science has ever uncovered. Its implications are as far-reaching and awe-inspiring as can be imagined.", US-Präsident Bill Clinton über ALH 84001 am 7. August 1996.

existieren können, ist bis heute umstritten. Meteoritenexperten gehen davon aus, dass solche Formen auch während der interplanetaren Reise durch Schmelzen und Erstarren des Gesteins entstanden sein können. Andere Forscher wiederum meinen, im Stein gefundene Magnetitkristallketten seien ein Indiz für Bakterien, weil es irdische Bakterien gibt, die ähnliche Ketten produzieren.[553]

Für Bakterien spricht, dass der Stein zu einer Zeit entstand, als der Mars geformt wurde und noch lebensfreundlicher war[554]. Mars Experte Bruce Jakosky[555], der sich intensiv mit ALH 84001 beschäftigt hat, bezeichnet es hingegen als voreilig, zu glauben, dass der Meteorit Spuren von Leben enthält und bezeichnet es als Konsens, dass die Strukturen nicht-biologischen Ursprungs sind, denn alle fragwürdigen Bestandteile ließen sich auch ebenso nicht-biologisch erklären.[556] Auch geologische und geochemische Prozesse könnten dem Meteoriten seine außergewöhnliche Struktur verliehen haben. Das Fossil enthält keinen tatsächlich eindeutigen Nachweis für Mars-Leben. Man bräuchte mehr Beweise, im besten Falle „Return-Samples", Proben zur detaillierten Untersuchung auf der Erde, die direkt vom Mars stammen, um abschließend zu klären, ob es Leben auf dem Mars gab oder gibt. Ein echter Nachweis lässt sich allein durch direkte Forschung auf der Mars-oberfläche erbringen; durch die Untersuchung von Hitzequellen im Innern, Orten jüngeren Vulkanismus, unterirdischer hydrothermaler Systeme und tief unter der Oberfläche verborgener ehemaliger Grundwasserleiter.[557]

ALH ist also kein Beweis für extraterrestrisches Leben. Mit Gewissheit ausschließen konnte man die Theorie der Nanobakterien jedoch auch

---

[553] Röhrlich, S. 153f

[554] Jakosky (2006), S. 42

[555] Vgl. Kap. 4, Abschn. 4.1.1

[556] Jakosky (2006), S. 43

[557] Jakosky (1998), S. 158f

noch nicht. Falls eines Tages tatsächlich bestätigt werden sollte, dass ALH 84001 Spuren von Leben enthält, wäre das auch ein starkes Indiz für die Richtigkeit der Panspermie-Theorie.[558] Schon allein die Existenz eines Meteoriten wie ALH 84001, der eindeutig von einem anderen terrestrischen Planeten im Sonnensystem stammt und auf der Erde gelandet ist, wird von vielen als Beweis für die Möglichkeit der Panspermie betrachtet.[559]

Die Hoffnung, Spuren mikrobakteriellen Lebens im Sonnensystem zu finden, besteht weiterhin. Der kleinste Nachweis extraterrestrischen Lebens hätte enorme Folgen für die Wissenschaft, speziell für die Astrobiologie. Jakosky bemerkt:

> „[...] it would be [...] intimidating to find even a single example of non-Earth life on any other planet, whether it be the simplest conceivable microbe or intelligence with whom we might (or might not) be able to communicate. The knowledge of life's existance elsewhere, by itself, will change how we view ourselves, our planet, and the universe as a whole."[560]

Der Beweis auch nur der kleinsten Spur extraterrestrischen Lebens in der Nähe der Erde, vielleicht auf dem Mars, würde uns außerdem zeigen, dass die Wahrscheinlichkeit, dass Leben im All weit verbreitet ist, sehr viel höher ist, als bisher angenommen. Und dies würde demnach auch beweisen, dass höheres Leben im Universum auch außerhalb der Erde möglich ist.

---

[558] Vgl. Kap. 4, Abschn. 4.1.1

[559] Scholz, S.420

[560] Jakosky (2006), S. 139

7.2.3 Risiken und Ängste

> Und bevor wir sie zu hart beurteilen, müssen wir uns erinnern,
> mit welcher schonungslosen und grausamen Vernichtung
> unsere eigene Gattung nicht nur gegen Tiere wie den
> verschwundenen Bison und den Dodo, sondern gegen unsere
> eigenen eingeborenen Rassen wütete. Die Tasmanier wurden
> trotz ihrer Menschenähnlichkeit in einem von europäischen
> Einwanderern geführten Vernichtungskrieg binnen fünfzig
> Jahren völlig ausgerottet. Sind wir solche Apostel der Gnade,
> daß wir uns beklagen dürfen, wenn die Marsleute uns in
> demselben Geist bekriegen?
> – H. G. Wells, „Der Krieg der Welten", 1898[561]

Zu den Risiken und verbreiteten Ängsten, die mit dem Erstkontakt zu einer extraterrestrischen Zivilisation verbunden sind, gibt es weitaus mehr zu sagen als zu den Hoffnungen und Träumen. Dies liegt an unserem historischen Selbstbildnis, dass viele Schreckensszenarien denkbar macht. 500 Jahre Inquisition im europäischen Mittelalter, 400 Jahre Versklavung von Afrikanern, 100 Jahre Conquista in Süd- und Mittelamerika, Kolonialismus und Hochimperialismus, nationalsozialistischer Holocaust, Völkermorde im 20. Jahrhundert und vieles mehr. Eroberungs-, Unterdrückungs- oder Vernichtungsszenarien sind dem Menschen im Falle des Kontakts mit einer höher entwickelten Super-Zivilisation leicht vorstellbar. Aleksandr Zaitsev spricht in diesem Zusammenhang vom „Darth Vader Szenario", benannt nach dem bösartigen Führer des gnadenlosen intergalaktischen Imperiums in der Filmreihe „Star Wars". Außerirdische könnten gefährlich, habgierig und imperialistisch sein und somit über schwächere Zivilisationen herfallen, auch wenn dies dem optimistischen Zaitsev zufolge unwahrscheinlich sei.[562] Ein Hauptmotiv der Science-Fiction ist die

---

561 Wells, S. 185

562 Zaun, S. 271

übermächtige und fremdartige Bedrohung der gesamten Menschheit durch Kräfte und Wesen aus dem All nach dem Vorbild von Wells „Der Krieg der Welten". Zu den bekanntesten Werken des Kinos, das sich immer wieder kommerziell erfolgreich mit einer Invasion aus dem All beschäftigt hat, gehören sicherlich „Alien" (1979), „Independence Day" (1996) oder die Romanverfilmungen von „Die Körperfresser kommen" (1956, 1978 und 1993) und „Das Ding aus einer anderen Welt" (1951 und 1982), um nur eine kleine Auswahl zu nennen. Unzählige Film-Adaptionen gibt es auch zu „Der Krieg der Welten". Bis in die späte Mitte des 20. Jahrhunderts waren Mars-Bewohner das Hauptmotiv außerirdischer Bedrohung. Spätestens seit Orson Welles folgenschwerer Schreckensradiosendung[563] betrachtete man diese – und infolgedessen auch die potentiellen Bewohner anderer Planeten – als realistische Bedrohung. In den 1950er Jahren sorgte ein vermeintliches mehrere hundert Kilometer großes „M", das auf der Marsoberfläche erkannt wurde, für Aufsehen und ein Gefühl der kollektiven Angst, als man diese Struktur als Botschaft einer Zivilisation betrachtete. Manche betrachteten dies ebenso als auf dem Kopf stehendes „W" und lasen darin stellvertretend für englisch „War" eine Kriegserklärung an die Menschen.[564] Nach sparsamer Durchrechnung der Drake-Formel mit der Erweiterung des Kontakt-Kritikers David Brin[565] und sehr zurückhaltenden Werten, verbleiben immer noch einhundert sende- und empfangsbereite Zivilisationen in unserer direkten Nähe, die aggressiv sein könnten und möglicherweise nur auf den kleinsten Hinweis der Existenz einer unterentwickelten Welt wie der unseren lauern, um diese zu überfallen.[566]

---

[563] Vgl. Abschn. 7.1.1

[564] Piper, S. 209f; Wahrscheinlich entstand diese später verschwundene Struktur durch einen starken Sandsturm.

[565] Vgl. Kap. 4, Abschn. 4.3

[566] Zaun, S. 275-277

Im Zuge der zahlreichen Vorschläge für ein orbitales Abwehrsystem gegen bedrohliche Asteroiden wurde schon oft darüber diskutiert, dass die Erde auch für den Fall einer außerirdischen Invasion keinerlei planetare Verteidigungsanlagen hätte. Der Raumfahrt-Theoretiker Gregory Matloff gab an, dass eine entsprechende Infrastruktur, die zumindest nach sich nähernden Objekten – ob Asteroriden oder Raumschiffen – Ausschau hält, die Sicherheit der Erde im Sonnensystem stark verbessern würde. Ob wir tatsächlich im Stande wären, uns gegen einen extraterrestrischen Angriff zu verteidigen, ist eine Frage technologischer Relationen. In der kritischen SETI-Forschung herrscht zumindest Einigkeit darüber, dass wir einer feindlich gesonnenen Spezies, die uns technisch überlegen wäre, in jedem Fall hilflos ausgeliefert wären.[567]

Vor der Annahme, dass Außerirdische ebenso über die Transitmethode zur Entdeckung eroberungswürdiger Planeten verfügen, schlugen Forscher der Columbia-Universität vor, die Erde für diese Methode unsichtbar zu machen oder zumindest die Atmosphäre des Planeten für Beobachter undetektbar zu machen. Hierzu könnte ein orbitaler Laser, dessen Strahl sich über die weiten Entfernungen im All immer mehr ausbreitet, die Verdunklung des Sonnenscheins durch die Erde wieder ausgleichen. Nur wenig Energie würde ausreichen, um zumindest die Moleküle Sauerstoff oder Ozon, wichtige Biosignaturen[568], im Lichtspektrum zu verdecken.[569]

Die Angst und das Gefühl der Bedrohung äußern sich in vielen einzelnen Teilaspekten. Hierzu gehört der psychologische Impakt, den der Kontakt mit einer höheren Zivilisation auslösen könnte. Eine solche Begegnung wäre das Ende des menschlichen Selbstverständnisses als Krone der Schöpfung – das Ende des menschlichen Hochmuts. Die

---

[567] Michaud, S. 375f

[568] Vgl. Kap. 4, Abschn. 4.1.2

[569] Quelle: http://www.golem.de/news/außerirdische-ein-laser-soll-die-erde-unsichtbar-machen-1604-120177.html – abgerufen zuletzt am 20.12.2016

erfahrene Herabsetzung könnte entmutigend wirken und eine großflächige Depression auslösen. Der berühmte Psychiater und Psychoanalytiker Carl Gustav Jung gab an, dass das Realisieren der Tatsache, dass wir für eine überlegene Spezies keine intellektuelle Herausforderung darstellten, dass wir für sie nicht mehr seien als unsere Haustiere für uns, uns all unsere Ziele, Bestrebungen und Sehnsüchte als nicht mehr zeitgemäß und veraltet zu erkennen gäbe. Dies könnte uns komplett demoralisieren.[570]

Bedrohlich ist auch die Annahme, die Struktur der technologisch und wissenschaftlich unterlegenen menschlichen Gesellschaft im Falle eines Direktkontaktszenarios[571] zerstört oder aufgesaugt werden könne. Dies könnte einen kulturellen Schock zur Folge haben, der Desorientierung nach sich zöge. Die eigenen Errungenschaften der Menschheit und damit deren Selbstsicherheit wären zunichte gemacht. Die Menschheitsgeschichte belegt dies z.B. am Fall der amerikanischen Indianer, deren sehr sichere und stabile Kulturen nach der Begegnung mit den technologisch überlegenen Europäern nach und nach zersetzt wurden.[572] Im Zuge dessen könnten Wille, Ehrgeiz, Motivation und intellektuelle Moral der menschlichen Wissenschaft gebrochen werden oder gänzlich verloren gehen, denn der erlebte Fortschritt der Besucher, die plötzliche erfahrene Wissensvielfalt könnte alles, woran seit Jahrhunderten geforscht wird, mit einem Mal auflösen und unsere Bemühungen entwerten. Übrig bleiben würde eine Wissenschaft, die nur darauf wartet, mit Antworten gefüttert zu werden, die sie verarbeiten kann. Hieraus würde eine Abhängigkeit entstehen. In der New York Times wurde schon vor 80 Jahren davor gewarnt, Wissen von Super-Zivilisationen entgegen zu nehmen, auf das wir nicht vorbereitet

---

[570] Michaud, S. 232f

[571] Vgl. „Direktkontakszenario", Abschn. 7.2.1

[572] Michaud, S. 234

sind. Wir sollten dabei bleiben, Dinge langsam und aus eigener Kraft herauszufinden.[573]

Weitere Dimensionen der Angst vor dem Erstkontakt ergeben sich aus der dem Menschen eigenen Xenophobie, einer Angst vor dem Unbekannten, einer in der menschlichen Psyche tief verankerten, grundsätzlichen Feindseligkeit gegenüber Fremdartigem, Andersartigem und Andersartigen. Menschen fühlen sich zunächst bedroht durch das, was sie nicht erfassen und verstehen können. Dies wirkt ebenso einend, denn wir definieren uns zu einem Großteil auch durch das, was wir nicht sind.[574] Würde dem Menschen nun eine andere gleich- oder höherwertige Spezies entgegen treten, würde dies zu einer verstärkten Wahrnehmung als eine Spezies führen, die ähnlich wirken würde, wie Nationalismus, bei dem zwischen „Wir" und „Sie" unterschieden wird, wobei der „andere" fast religiös dämonisiert und sogar entmenschlicht wird. Dieser andere ist unmoralisch und böse und dessen Gestaltcharakteristika werden Zielscheiben.[575] Eine Form des Rassismus gegenüber den Extraterrestrischen könnte entstehen. Denkbar ist die Dimension der Xenophobie natürlich auch in der anderen Richtung, von der überlegenen extraterrestrischen Zivilisation gegen den Menschen.[576]

Der Neurobiologe und Professor für Psychiatrie und Verhaltensforschung an der University of Washington in Seattle, William H. Calvin, äußerte 2005 die Hypothese, dass der Mensch seine spirituelle Suche und damit seinen Geist noch nicht voll entwickelt hat. 50.000 Jahre Entwicklungszeit seien eine zu kurze Spanne, um die urzeitlichen Anfangsprobleme des Menschen genetisch und natürlich-

---

[573] Michaud, S. 238

[574] Vgl. Abschn. 7.2.2; Z.B. Soziologe Roberto Pinotti und Ex-US-Präsident Ronald Reagan sprechen von möglicher Einigung der Menschen durch einen gemeinsamen außerirdschen Feind.

[575] Zaun, S. 251

[576] Michaud, S. 239

selektiv aus seinem Wesen zu beseitigen. Der Mensch sei unfertig. Sollte es zu einem Erstkontakt mit einer höher entwickelten Lebensform kommen, könnten wir daher verwirrt sein – und viel Zeit benötigen um wichtige, unausweichliche Entscheidungen zu treffen. Calvin gab zu Bedenken, dass ein Mangel an Reaktionszeit nach einem Erstkontakt aufgrund der unfertigen mentalen Präposition des Menschen evtl. Fehlentscheidungen und fahrlässiges Handeln herbeiführen könnte.[577] Auch Stephen Hawking warnt davor, dass möglicherweise noch Urinstinkte, insbesondere aggressive Impulse aus der Zeit des Höhlenmenschen in uns übrig sind, denn Aggressionen als Überlebensvorteil haben sich bis heute als wesentlicher Teil des Menschen erhalten. Dies könnte im Fall des Erstkontakts zu Außerirdischen eine große Gefahr darstellen.[578]

Große Angst herrschst auch davor, dass überlegene Außerirdische gnadenlos über die Menschheit richten könnten, die unfähig ist, harmonisch in Einheit und Frieden zu leben. Sollten wir nicht in der Lage sein, unsere internen Krisen unter- und miteinander zu bewältigen, könnte die totale Vernichtung drohen. Immer schon gab es moralische Eiferer, die beispielsweise Naturkatastrophen als Strafen für die Sünden der Menschen betrachteten. So könnte es sich bei einem feindlichen Besuch durch Außerirdische verhalten. Religiöse Fanatiker würden das Jüngste Gericht erahnen. Überlegene Außerirdische könnten aber ebenso unschlüssig darüber sein, wie mit uns und unserer Unfähigkeit zu verfahren wäre, ob wir als nicht hoffnungsloser Fall zerstört oder als potentielle Aufsteiger gefördert werden müssten. Sie könnten in Beobachtung verweilen und ihre Entscheidung von unseren nächsten Handlungen abhängig machen.[579] SETI-Forscher Seth Shostak beschäftigte sich ausgiebig mit der Absicht von Außerirdischen im Falle eines durch sie herbei geführten Erstkontakts und gibt zu bedenken,

---

[577] Calvin, S. 140

[578] Hawking, S. 22f

[579] Michaud, S. 240

dass Außerirdische nicht die Risiken und Mühen interstellarer Kommunikation oder Reise auf sich nehmen würden, nur um dann passiv zu sein.

David Brin schrieb über die Gefahren des Erstkontakts, dass die Beispiele für Risiken vielfältig sind und zahlreich erweitert werden können. Die Lehre, die wir daraus ziehen sollten, ist, dass Vorsicht und Besonnenheit geboten sind. Positive und allzu optimistische Vermutungen anzustellen, könnte ein schlimmer, unglückseliger und fataler Fehler sein. Brin bezieht sich dabei wie viele andere auf die Erdgeschichte zahlreicher brutaler Mensch-zu-Mensch-Erstkontakte.[580] Das klassische, bereichernde SETI-Szenario sei reines Wunschdenken. Technologischen Zivilisationen ginge es einzig ums Überleben. Brin meint, dass das Nichtvorhandensein extraterrestrischer Signale durch absichtliche Störung oder Unterdrückung erklärbar sei. Falls wir nicht ebenso vorsichtig seien und schließlich entdeckt würden, könnte das das Ende der menschlichen Spezies bedeuten.[581] Auch Astrophysiker Hawking vertritt diese Position. Hawking sagt, dass SETI prinzipiell Sinn mache, warnt aber gleichzeitig vor einer Antwort an den Sender, denn die Begegnung mit einer fremden Zivilisation könnte für uns ebenso elendig enden, wie die Begegnung der Ureinwohner Amerikas mit den Entdeckern der „Neuen Welt".[582]

Wie gefährlich eine von Menschen ins All gesendete Nachricht für die eigene Existenz ist, wird durch die San-Marino-Skala angegeben. Im Rahmen einer Konferenz in der Republik San Marino im Jahr 2005 schlug der ungarische Astronom Iván Almár die Einführung einer Skala zur Abschätzung des theoretischen Risikos einer aktiven SETI-Botschaft vor. Bis 2007 wurde diese von SETI-Wissenschaftlern fertig konzipiert und freigegeben. Die Skala reicht von 1 (Potentielle

---

[580] Brin, S. 113

[581] Michaud, S. 245

[582] Hawking, S. 26

Gefahrenstufe: unbedeutend, vernachlässigbar) bis 10 (Potentielle Gefahrenstufe: außerordentlich hoch). Bestimmt wird der Wert auf der San-Marino-Skala einer METI-Botschaft durch Parameter wie die Stärke der Transmission, Sendedauer oder Inhalt, unter besonderer Betrachtung der Intention des Absenders. Frank Drakes Arecibo Botschaft[583] erhielt den Wert 8 (Potentielle Gefahrenstufe: tiefgreifend und weitreichend) auf der San-Marino-Skala.[584]

---

[583] Vgl. Kap. 2, Abschn. 2.2
[584] Zaun, S. 253f

7.3 Anthropozentrismus

> Hiernach gibt es nicht eine einzige Welt, eine einzige Erde, eine
> einzige Sonne, sondern so viel Welten, als wir leuchtende
> Funken über uns sehen. [...] Es ist ausgesprochen töricht und
> gemein, zu glauben, es gäbe keine anderen Sinne, keine anderen
> Intelligenzien, als sie unseren Sinnesorganen erscheinen.
> *– Giordano Bruno, „Vom Unendlichen", 1584*[585]

Zahreichen in dieser Arbeit vorgestellten Annahmen liegen anthropozentristische Grundannahmen zu Grunde, die auch mit dem Vorwurf des Kohlenstoff- oder Erdchauvinismus verwandt sind. Denn die Grenzen der menschlichen Vorstellungskraft und Wahrnehmung schmälern unseren Blick schmälern und zwingen uns in vielerlei Hinsicht einschränkend dazu, die irdische Biosphäre als Musterbeispiel für Leben im Universum und die Menschheit als Musterbeispiel für eine intelligente Zivilisation zu betrachten. Die Vorstellung des Menschen als Maß aller Dinge (und damit möglicherweise einzige oder höchste Form der Intelligenz im Universum) bildet das Fundament der meisten Theorien zu Leben im Universum.

So ist es eines der Hauptziele der Exoplanetenforschung, eine zweite Erde zu finden, auf der vielleicht erdverwandtes Leben existiert. Die Forschungsgrundlage der Astrobiologie ist Leben, das unter ähnlichen Bedingungen wie auf der Erde evolviert. Die Suche nach Biosignaturen orientiert sich daher an der irdischen Atmosphäre. Auch die Kulturtheorie extraterrestrischen Lebens basiert auf ethnozentrischen Annahmen. Wir konstruieren das Extraterrestrische durch Projektion unseres Selbst. Zu guter Letzt setzen wir auch den Vorstellungen eines möglichen Erstkontakts unsere eigene Kulturgeschichte und psychologische Realität voraus.

---

[585] Wabbel, S.13

Nichts anderes bleibt einem beim Anstellen grundsätzlicher Überlegungen zu extra-terrestrischem Leben übrig, denn es fehlen essentielle Hin- und Beweise für die Charakteristik, sogar für die Existenz außerirdischen Lebens. Zwangsläufig müssen wir von uns selbst auf anderes schließen. Selbst der ambitionierteste Versuch objektive Annahmen über Leben außerhalb der Erde zu formulieren, etwa im Bereich der Exobiomorphologie[586] oder Exosoziologie[587], kann höchstens ansatzweise die eigenen Wahrnehmungs- und Vorstellungsgrenzen hinter sich lassen. Beispielsweise gibt es eine Reihe von Überlegungen zur Möglichkeit siliziumbasierten Lebens[588], doch auch hier können wir lediglich aufgrund unseres Wissens über das eigene erdbiologische Dasein und dessen chemische Zusammensetzung innerhalb der uns zur Verfügung stehenden Begriffe Annahmen formulieren. Es ist fast, als wolle man Aussagen über etwas Göttliches treffen, das unerreichbar und nicht greifbar scheint. Religiöse oder spirituelle bewusstseinserweiternde Grenzerfahrungen lassen sich von den Erlebten kaum in Worte fassen.

Die Wissenschaft vom extraterrestrischen Leben und dessen Entstehungsvoraussetzungen dreht sich daher um Leben „wie wir es kennen". Denn wonach sollte man sonst Ausschau halten? Es gibt keinerlei exobiologische Untersuchungsobjekte, lediglich Annahmen. So scheint es vorerst am erfolgversprechendsten und effizientesten, anderswo nach dem zu suchen, was hier bereits bekannt und erforscht ist. Vielleicht wird die zukünftige, durch neue Teleskope[589] verstärkte Suche nach Biosignaturen dazu führen, dass wir diese Grenzen irgendwann als sicher und richtig anerkennen können. Vielleicht sind wir aber auch auf dem Holzweg und gänzlich anderes Leben, das wir

---

[586] Vgl. Abschn. 7.1.2

[587] Vgl. Abschn. 7.1.3

[588] Vgl. Kap. 4, Abschn. 4.1.1

[589] Vgl. Kap. 6

nicht erahnen oder erfassen können, ist im All verbreitet, vielleicht sogar dominant. Vielleicht äußert es sich in zunächst oder dauerhaft unerklärlichen Phänomenen, die wir nie mit einer Form des Lebens in Verbindung bringen würden[590], oder wir sind zu engstirnig und unreif, um diese in Betracht zu ziehen. Astrophysiker Klaus Strassmeier meint:

> „Alles ist möglich. Wir suchen [...] nach Leben, das aussieht wie das auf der Erde, also Leben, wie wir es kennen. Aber es könnte ja auch Lebensformen geben, die ganz andere Bedingungen brauchen als wir. Vorstellbar wäre Leben, das nicht wie wir auf Kohlenstoffen basiert, sondern zum Beispiel auf Silikaten. Solche Lebewesen würden völlig anders aussehen als alles, was uns bekannt ist. Vielleicht ist die am weitesten verbreitete Form von Leben im Universum so, dass wir sie uns noch gar nicht vorstellen können. Dann wären wir Menschen tatsächlich etwas Besonderes, vielleicht sogar einmalig.“[591]

Und auch Carl Sagan versuchte den Blick bei der Suche nach extraterrestrischem Leben auf eine Metaebene zu erheben:

> „Das Problem ist [...], dass wir nur eine Art Leben zur Verfügung haben, um es zu untersuchen [...]. Es ist sowohl für die Biologen als auch für Laien schwierig, zu bestimmen, welche Eigenschaften des Lebens auf unserem Planeten Zufälle des evolutionären Prozesses sind und welche auch für das Leben andernorts charakteristisch sein könnten. Die Auffassung, das Leben woanders müsse im Wesentlichen dem unseren ähnlich sein, nenne ich chauvinistisch.“[592]

---

[590] Vgl. Kontakthypothesen, (2), Abschn. 7.1.4; Auch: „Megastructure“-Diskurs, „Wow!“-Signal, u.a.

[591] Quelle: vgl. Abschn. 7.1.2

[592] Sagan/Agel, S. 51

Er führt den Selbstvorwurf des Chauvinismus in seinem Buch „Nachbarn im Kosmos" fort und erläutert neben dem vielfach erwähnte Kohlenstoffchauvinismus auch die verwandten Konzepte Sauerstoff-, UV-Licht- und Temperaturchauvinismus.[593] In jedem Aspekt der Suche nach Leben im All könnten wir unseren eigenen Grenzen unterliegen. In Jack Finneys Roman „Die Körperfresser kommen"[594] wird ebenfalls versucht, die Vorstellung von Leben, das außerhalb unserer bekannten Wahrnehmungsgrenzen existiert, zu erfassen:

> „[...] wir sitzen in der Falle unserer Begriffe, [...] unserer notwendigerweise begrenzten Vorstellungen dessen, was Leben sein kann. Im Grunde können wir uns etwas von uns und dem anderen Leben auf diesem einen kleinen Planeten [Erde] sehr Verschiedenes gar nicht vorstellen. [...] Wem ähneln fiktive Marsmenschen in unseren Comics und Romanen? Denken Sie nach. Sie ähneln grotesken Abwandlungen von uns selbst [...]. [...] Aber unsere eigenen Grenzen zu akzeptieren und wirklich zu glauben, dass die Evolution im ganzen All aus irgendeinem Grund Wegen folgen muß, die dem unseren ähneln, auf irgendeine Art, ist [...] reichlich engstirnig. Es ist, wenn man es genau nimmt, sogar ausgesprochen provinziell."[595]

Wenn wir nur nach irdischem Vorbild suchen, können wir dies auch nur finden. Und vielleicht werden wir ja eines Tages sogar fündig. Vielleicht kommt anderes Leben aber auch zu uns. Dieser Kontakt könnte das Ende des Anthropozentrismus bedeuten, der unsere ganzen Vorstellungen bestimmt, und einen Prozess abschließen, der bereits mit Kopernikus begonnen hat, als dieser die Erde dezentralisiert hat und den Menschen erstmals klar geworden ist, dass der große Rahmen sehr viel weiter ist, als zuvor angenommen.

---

[593] Sagan/Agel, S. 51-60

[594] Vgl. Abschn. 7.1.1

[595] Finney, S. 152f

Der Nachweis einer anderen Zivilisation würde jeglichen Glauben daran zunichte machen, dass wir eine auserwählte, einzigartige Spezies sind und beweisen, was viele bereits annehmen, dass Leben und Intelligenz im Universum weit verbreitet sein müssen. Der Mensch wäre nur ein Beispiel für einen gewöhnlich vorkommenden biokosmischen Prozess. Diese neue, vielleicht vorerst letzte Dezentralisierung wäre die finale Stufe in einer Reihe des Aufgebens von Weltbildern. Nach dem Ende von Geozentrismus, Heliozentrismus[596], Galaktozentrismus und Kosmozentrismus[597] wären wir wieder zurück bei uns selbst, wenn wir schließlich auch das Ende des Anthropozentrismus einleiten könnten – auch wenn eine Akzeptanz dessen Jahrzehnte oder sogar Jahrhunderte dauern könnte, wie einst nach den Erkenntnissen des Kopernikus. Ein direkter Kontakt würde diesen Prozess jedoch drastisch beschleunigen.[598]

---

[596] Vgl. Kap. 2, Abschn. 2.1

[597] Heuser (2008), S. 55; vgl. Kap. 2, Abschn. 2.1

[598] Michaud, S. 248

8 SCHLUSSBETRACHTUNG

Astronomie zu betreiben heißt,
die Gedanken Gottes zu lesen.

- Johannes Kepler

Sehen, um vorauszusehen, so lautet der Spruch
der wahrhaften Wissenschaft.

- Auguste Comte (1798-1857), Naturphilosoph,
„Die ganz positive Methode"

Die Wissenschaft fängt eigentlich erst da an,
interessant zu werden, wo sie aufhört.

- Justus Freiherr von Liebig (1803-1873), Chemiker

Die Wissenschaft ist außer Reichweite der Moral,
denn ihre Augen sind auf ewige Wahrheiten geheftet.

- Oscar Wilde (1854-1900)

Cosmology and biology are not seperate disciplines,
since life cannot be understood without tracing the origin and
evolution of the universe; nor can the universe
be comprehended without considering the life residing within it.

- George Seielstad, Astronom, 1989[599]

---

[599] Michaud, S. 28

Wenn man die Biosphäre der Erde, also die globale Gesamtheit mikrobakteriellen, höheren und sogar intelligenten Lebens, als universellen Maßstab nimmt, wenn man deren Ursprung, Evolution und Diversität als allgemeingültiges Musterbeispiel für Leben im Universum betrachtet und die Suche nach dessen extraterrestrischer Existenz danach ausrichtet, wird man eines Tages vielleicht genau auf solches Leben stoßen. Eine weitverbreitete Meinung ist, dass man davor auch Angst haben oder diesem Leben zumindest mit Vorsicht begegnen sollte. Denn die dominanten irdischen Lebewesen haben sich durch Verdrängung durchgesetzt. Auf der Erde gilt: Fressen und gefressen werden, der Stärkere besteht. Dieses Prinzip bestimmt das Tierreich und seit je her auch das Zusammenleben der Menschen, das immer auch von Unmoral geprägt war und ist. Bereits erklärt wurde, welche Risiken es bergen könnte, am Ende der Suche nach uns ähnelnden Lebewesen einer menschenhaft-grausamen Spezies zu begegnen. Wer es wagt, unaufmerksam im Ozean am Kap der Guten Hoffnung baden zu gehen, könnte leicht von einem weißen Hai attackiert werden, der auf der Suche nach Beute ist. Wer sich blindlings durch die vor Leben nur so strotzenden Urwälder im Amazonasgebiet bewegt, muss damit rechnen, unerwartet von einer sich schützenden Schlange gebissen zu werden. Als wichtigen Teil der Sicherung des eigenen Überlebens hat die Evolution den Lebewesen Gewaltmechanismen zur Verfügung gestellt. Sollten die Regeln der Evolution also überall im Universum Gültigkeit besitzen, ist davon auszugehen, dass eine intelligente Spezies sich im Laufe ihrer Entwicklung hin zu einer technologischen Zivilisation ebenfalls zunächst gegen Räuber und andere bedrohliche Mit-Arten durchsetzen musste – höchstwahrscheinlich mit intelligent-gewaltsamen Methoden. So könnten Gewaltsamkeit und Intelligenz ebenso wie im Fall des Menschen, noch tief im Wesen einer höheren extraterrestrischen Spezies verankert sein. Auch, wenn das Interesse einer dem Menschen technisch deutlich überlegeneren Zivilisation, unsere spärlichen und endlichen Ressourcen zur Sicherung des eigenen Überlebens zu erbeuten, fraglich sein mag, kann man eine situationsbedingte

Feindseligkeit nicht ausschließen, auch in Anbetracht unserer eigenen Reaktion auf den Erstkontakt.

Diese Überlegungen stehen dem von manchen als naiv bezeichneten Optimismus Carl Sagans und seiner Anhänger verschlingend gegenüber. Die Spekulationen zur Moral Extraterrestrischer spalten die Forscher in zwei Lager. Doch bei allem logischen Pessimismus, der zunächst plausibler zu sein scheint, als alles andere, darf man nicht vergessen, dass das Sein und die stetige fortschrittliche Entwicklung des Menschen nicht allein durch Xenophobie und intelligente Gewalt, sondern maßgeblich auch von Neugier, Wissensdurst, Geduld, Toleranz, Kooperationsbereitschaft, Gemeinschaftssinn, Altruismus und der Anwendung von Vernunft, Moral und Ethik möglich geworden ist. Darwin ist hier vielfach oberflächlich missverstanden worden: Nicht jene Art setzt sich durch, die aggressiv alle anderen ausmerzt, sondern die, die sich in der ihr eigenen Umwelt langfristig durch den Gebrauch intelligenter Strategien als überlebensfähiger erweist.[600] Der Gewalt übergeordnet ist also die Befähigung zur vernünftigen Intelligenz.

Dies führt unweigerlich zurück zur Frage danach, ob Leben und Intelligenz im Universum zwangsläufig da entstehen, wo die Bedingungen günstig sind[601] und ob logische Intelligenz und damit Vernunftbegabtheit im Zuge der Evolution eine determinierte Entwicklungsfolge ist oder nur ein ausgebildetes Merkmal zur Sicherung von Überlebensvorteilen.[602] Sollte Zweites zutreffen, ist zu klären, unter welchen Bedingungen sich dieses Merkmal ausprägt und ausprägen muss. Verwirrung stiften hierbei Arten wie Kraken[603] oder

---

[600] Baumann, S. 232f

[601] Vgl. Kap. 4, Abschn. 4.2.1; Kap. 5, Abschn. 5.1

[602] Vgl. Kap. 4, Abschn. 4.2; Kap. 7, Abschn. 7.1.2

[603] Der britische Zoologe Martin Wells äußerte die Theorie, dass Kraken aufgrund ihrer neu entdeckten, extrem hohen genetischen Komplexität außerirdischen Ursprungs sein könnten. Auch die Menge der Neuronen in ihrem Nervensystem ist mit 500.000 außergewöhnlich hoch. Hummer haben 100.000, Kakerlaken rund

Delphine, die zweifellos über eine relativ hohe Intelligenz verfügen, jedoch ohne ausführende Organe zur filigranen und wirksamen Umweltbeeinflussung, wie die Hände des Menschen, auskommen. Somit bedürfte es auch einer klaren Bestimmung von Intelligenz, die sich nicht nur in einer einzigen Form zeigt, sondern in einer ganzen Reihe von Problemlösungsfähigkeiten, die je nach Lebensumwelt mehr oder weniger nützlich sind.[604] Was bleibt aus diesen Überlegungen? Nur die Erkenntnis, dass es am klügsten und effizientesten erscheint, den Blick bei der Suche nach Leben im All auf das zu konzentrieren, was wir kennen: Die Grundbausteine irdischen Lebens und dessen Intelligenz als dominanten Faktor der höchsten Ausprägung.

Lässt man auch die Frage nach Alternativen zum kohlenstoffbasierten Leben der Erde, über dessen Eigenschaften wir nur die allerkleinsten Vermutungen anstellen können[605], vorerst außer acht und verfolgt weiter den zuvor eingeschlagenen Weg der Erkenntnis, erscheinen die jungen Entdeckungen der Exoplanetenforschung unglaublich und unendlich wertvoll, auch wenn wir noch längst nicht genug über das wahre Erscheinungsbild der *möglicherweise* Leben tragenden Planeten wissen und bislang nur oberflächliche Parameter einschätzen können – diese dafür mitunter sehr präzise. Die Untersuchungen zur „potentiellen Habitabilität" von Exoplaneten bleiben vorerst geprägt von Spekulationen und Grundannahmen, wie sie die ganze Suche nach Leben im All bestimmen. Man stolpert in diesen beiden Gebieten größtenteils über Einschätzungen, Abwägungen und Möglichkeiten. Für den Konsumenten populärer Inhalte zu den Themen

---

1.000.000, Ratten 200 Millionen. (National Geographic 11/2016, S. 80; Quelle auch: http://www.irishexaminer.com/examviral/science-world/dont-freak-out-but-scientists-think-octopuses-might-be-aliens-after-dna-study-347880.html – abgerufen zuletzt am 20.12.2016)

[604] Baumann, S. 232

[605] Die einzig große, echte Erkenntnis zur Möglichkeit der Existenz nicht-kohlenstoffbasierten Lebens, ist wohl, dass es fundamental anders funktioniere müsste; Vgl. Kap. 4, Abschn. 4.1.1 und Kap. 7, Abschn. 7.3

Exoplanetenforschung und Suche nach extraterrestrischem Leben ist beispielsweise bereits der grundsätzliche Gebrauch des Wortes „potentiell" in Zusammenhang mit der Habitabilität ferner Welten irreführend, beschreibt er doch die lediglische Möglichkeit des Vorhandenseins lebensfreundlicher und -fördernder Umstände auf einem Planeten, statt Gewissheit darüber zu geben.[606] Dem aufmerksamen Leser der vorliegenden Arbeit ist sicher aufgefallen, dass an vielen Stellen der sprachliche Konjunktiv verwendet wurde. Wörter wie „potentiell", „möglicherweise", „könnte", „wäre", „wenn" und Formulierungen wie „mit hoher Wahrscheinlichkeit", „es wird angenommen" oder dergleichen prägen ganze Absätze.[607] Präzise Aussagen hierüber lassen sich oft nicht ohne weiteres treffen.

Die junge Exoplanetenforschung und die spekulative Exobiologie sind sehr junge Wissenschaften, denen es zudem an Untersuchungs-gegenständen und Vergleichswerten fehlt. Die tatsächlichen Ergebnisse sind zwar unglaublich aufschlussreich, aber auch überschaubar – und nur durch enormen technologischen und wissenschaftlichen Aufwand zu erbringen. Zwar könnte es unzählige belebte Welten im Universum geben, doch über die Existenz und das Auftreten außerirdischen Lebens wissen wir – besonders vor dem Hintergrund möglicher fundamentaler anthropozentristischer Fehlannahmen – also im Grunde nichts, denn es mangelt nach wie vor bereits am allerkleinsten Beweis für Leben außerhalb der Erdbiosphäre. Wir können aufgrund der bisherigen Erkenntnisse bloß davon ausgehen und eine im Grunde nichts-sagende Wahrscheinlichkeit darüber abschätzen, ob Leben im Universum weit verbreitet ist.[608]

---

[606] Vgl. Kap. 5, Einleitung

[607] Auch ist es im Umfang und Rahmen einer Arbeit wie dieser in vielerlei Hinsicht ausgeschlossen zu bestimmten behandelten Themen eindeutige Aussagen zu treffen.

[608] Vgl. Kap. 5, Einleitung

Diese Eingeständnisse werfen einen mit voller Wucht zurück auf den Boden der Tatsachen. Wir kratzen immer noch bloß an der Oberfläche. Dennoch strebt SETI trotz aller Misserfolge weiter nach vorn und weitet seine Bemühungen sogar aus. So stellte der russische Unternehmer Juri Milner, bekannt vom Breakthrough-Starchip-Unternehmung[609], erst im Sommer 2015 100 Millionen Dollar für SETI-Projekte zur Verfügung.[610] 2016 kündigte das Team des Center for SETI Research um Seth Shostak an, die systematische Suche auf weitere 20.000 Systeme Roter Zwerge auszuweiten.[611]

Führt man sich die unfassbare Größe des Universums und die Vielzahl ferner Sterne und Exoplaneten vor Augen, bleibt die große Entdeckung wohl auch in Zukunft dem Zufall überlassen. Wissenschaft, besonders Astronomie, lebt immer schon auch von einer Glückskomponente. Durch Zufall stolpert man über Ergebnisse, durch Zufall beobachtet man ein Phänomen, zum Beispiel Keplers Supernova im Jahr 1604 oder der Transit des Exoplaneten 11 Oph b[612], der für einen Sternumlauf 2000 Jahre benötigt.

Unsere händeringenden Versuche, die Nadel im Heuhaufen zu finden – oder das bereits zitierte Tröpfchen Tinte im Ozean[613] – scheinen nur ein Tropfen auf den heißen Stein zu sein. Die unfassbare Größe und schiere Unendlichkeit des sichtbaren Universums, das es abzutasten gilt, lässt einen erstarren, aber ebenso zuversichtlich starten, denn die bloßen und unmissverständlichen Fakten der Ausmaße, z.B. über die gesicherte Zahl der Sterne, lassen es absurd erscheinen, zu glauben, das irdisches Leben das einzige im Universum ist. Trost spendet auch die Tatsache, dass wir in Anbetracht der Entwicklung und bisherigen

---

[609] Vgl. Kap. 6, Abschn. 6.4

[610] Quelle: http://www.fr-online.de/raumfahrt/seti-100-millionen-fuer-suche-nach-außerirdischen,1473248,31265570.html – zuletzt abgerufen am 20.12.2016

[611] Quelle: http://www.fr-online.de/raumfahrt/seti-suche-nach-leben-im-all-wird-ausgeweitet,1473248,34028792.html – zuletzt abgerufen am 20.12.2016

[612] Vgl. Kap. 3, Abschn. 3.4.1

[613] Vgl. Kap. 2, Abschn. 2.2

Lebenszeit des technologischen Menschen doch gerade erst mit der aktiven Suche nach anderem Leben und Intelligenz begonnen haben. So bleiben neben vielversprechenden Annahmen, Theorien, Hypothesen und Schätzungen große Hoffnungen und Träume – und der Glaube an Erfolg.

Eines bietet die Exoplanetenforschung bereits: kleine Fortschritte, die die Hoffnung speisen und ausbauen und SETI den Mut nicht verlieren lassen. Und auch bei der Erschließung und Entdeckung des Weltalls machen wir enorme Fortschritte. Seit dem Beginn des Raumfahrtzeitalters mit dem Start des Sputnik am 4. Oktober 1957[614] hat sich das menschliche Selbstbewusstsein als kleiner Teil eines riesigen Ganzen wieder und wieder erweitert. Wir sind mit Sonden bis über die Grenzen des Sonnensystems hinaus vorgestoßen und haben mit Teleskopen bis an den 13,8 Milliarden Lichtjahre entfernten Rand des beobachtbaren Universums geblickt. Dabei sind zwei Dinge für die Suche nach extraterrestrischem Leben vielversprechender geworden als der bislang vergebliche und verzweifelte Versuch der radioastronomischen Detektion außerirdischer Signale: Die Suche nach Spuren von Leben im Sonnensystem, die sich durch den Nachweis mikrobakteriellen Lebens, fossil oder lebendig, vielleicht schon bald als erfolgreich erweist und beweisen könnte, dass Leben im All ein weit verbreitetes Phänomen ist; und die Erforschung extrasolarer Welten, viele Lichtjahre fern der Erde, die uns ständig neue Orte präsentiert, die aufgrund ihrer augenscheinlich „guten" Bedingungen für einen zukünftigen genaueren Blick in Frage kommen.

Zunächst scheint die Erde mit ihren außergewöhnlichen Rahmenbedingungen ein Ausnahmefall zu sein. Zwar gibt es bereits ähnliche Orte, aber eine eindeutige Zwillings-Erde wurde bislang nicht ausgemacht. Doch mit jeder Bekanntgabe neuer bestätigter Exoplaneten tauchen neue Ziele zukünftiger Sondierung am Himmel auf und jedes Mal steigt die Wahrscheinlichkeit fündig zu werden. Die

---

[614] Geppert, S. 225

Entdeckung eindeutiger Biosignaturen scheint kurz bevor zu stehen. Mit Spannung erwartet man schon heute die ersten Ergebnisse der zukünftigen Missionen.[615] Neue Technologien haben bislang ebenso neues Wissen generiert, wie althergebrachte Spekulationen beiseite geräumt, also auch zu Ernüchterung geführt. Trotzdem scheint es nur eine Frage der Zeit, bis extraterrestrisches Leben entdeckt wird, bis wir weit genug entwickelt sind, weit und scharf genug blicken können, bis wir einen Treffer landen.

Auch wenn die Suche nach extraterrestrischem Leben noch viele Jahre, Jahrzehnte oder sogar Jahrhunderte in Anspruch nehmen wird, ist der Glaube fündig zu werden oder sogar selbst gefunden zu werden im Kreis der Forscher unerschütterlich. Wenn die Sucher – Anthropologen, Astrobiologen, Astronomen, Astronauten[616], Astrophysiker, Bioastronomen, Biochemiker, Evolutionsbiologen, Exobiologen, Exoplanetenforscher, Exosoziologen, Genetiker, Geologen, Geophysiker, Paläontologen, Philosophen, Planetenjäger, SETI-Forscher, Science-Fiction-Autoren, Radioastronomen und schließlich auch Theologen, die sich mit der Genesis des Lebens und der Welt in Zusammenhang mit Darwinismus und Schöpfungsgedanken auseinandersetzen – die alle interdisziplinär an den Fragen des Lebens im Universum forschen und auf die Arbeit der Kollegen angewiesen sind, sich größtenteils bereits einig sind, dass das Auftreten von zumindest mikrobakteriellem Leben im All eine weit verbreitete Erscheinung sein muss, dann ist es auch ein Leichtes anzunehmen, dass wenigstens auf einem Teil der belebten extrasolaren Welten auch

---

[615] Vgl. Kap. 6, Abschn. 6.1, 6.2 und 6.3

[616] Interessant hierzu: Dr. Edgar Mitchell (1930-2016), der sechste Mensch auf dem Mond, äusserte sich mehrfach zur realen Existenz von UFOs und Außerirdischen und gibt an, dass die Menschen bereits mehrfach Kontakt mit Extraterrestrischen hatten. Quelle: http://www.ewao.com/a/6th-man-walk-moon-testified-alien-contact/ – zuletzt abgerufen am 20.12.2016

höheres und schließlich sogar intelligentes Leben in Form vernunftbegabter Wesen oder einer Zivilisation beheimatet ist.

Warum ist der Mensch überhaupt auf der Suche nach anderem Leben? Was ist der Gewinn dieser aufwändigen und ressourcenverschlingenden Unternehmung? In der Kritik stehen Astronomie, Raumfahrt und SETI unter anderem aufgrund der hohen Kosten von teils mehreren Milliarden Dollar.[617] Der Physiker und Nobelpreisträger Max Born (1882-1970) prangerte schon im Jahr 1958, kurz nach dem Start des Sputnik, scharf eine „ungehemmte Fortschrittsjagd" an und bezeichnete die Raumfahrtbestrebungen als „extravaganten Luxus", der die hohen Kosten nicht rechtfertigen könne:

> „Ich gehöre zu der Generation, die noch zwischen Verstand und Vernunft unterscheidet. Von diesem Standpunkt aus ist die Raumfahrt ein Triumph des Verstandes, aber ein tragisches Versagen der Vernunft."[618]

Auch ist schnell gesagt, dass die Lösung irdischer Probleme, wie die Bekämpfung von Armut und Hunger über die Heilung schwerer Krankheiten wie Krebs oder der Abwendung des Klimawandels bis hin zum Umgang mit zukünftiger Ressourcenknappheit und der Absicherung von Kernenergie, zentrales Anliegen der Wissenschaft sein sollte. Hinzu kommt das Argument, dass die aufwändige Suche nach extraterrestrischem Leben, optisch, akustisch oder direkt auf der Oberfläche von Himmelskörpern, bislang erfolglos war.

Für die Suche spricht die positive Öffentlichkeitswirksamkeit des Themas. Wären die Suche nach Leben im All und die Erforschung von Exoplaneten nicht so populär und ein Anliegen vieler Individuen auf der Erde, hätte man sie vielleicht längst aufgeben müssen. Die rasende

---

[617] Beispielsweise das JWST kostet 1,2 Milliarden Dollar (Zaun, S. 179), das TandEM wird ca. 5 Milliarden Euro kosten (Quelle: http://www.spiegel.de/wissenschaft/ weltall/verdaechtige-kruste-lebensspaeher-nehmen-saturnmonde-ins-visier-a-512918.html – zuletzt abgerufen am 20.12.2016

[618] Geppert, S. 220

Entwicklung neuer Medien trägt dazu bei. Wissenschaft ist für jeden zugänglich geworden und nutzt diese Tatsache für sich. Forschungsergebnisse werden von NASA, PHL, ESA unter anderem anschaulich und massenkompatibel serviert, beispielsweise in Form von künstlerischen Darstellungen, übersichtlichen und leicht konsumierbaren Grafiken und Tabellen.[619] Um die Entwicklung und Umsetzung neuer Technologie, nicht zuletzt auch in militärischem Rahmen, zu rechtfertigen und zu realisieren, wird die „Suche nach außerirdischem Leben" oder „Suche nach einer neuen Erde" attraktiv proklamiert. Einfacher und erfolgreicher lassen sich das Experiment X, der Test der Formel Y oder die Entwicklung des Apparats Z so legitimieren. Jeder kann sich unter der Suche etwas vorstellen – und sogar partizipieren[620]. Der Glaube, die Hoffnungen und Träume vieler einzelner Menschen sind daran gebunden, spätestens seit dem flächendeckenden Aufkommen der Science-Fiction. Dies ist Teil der Motivation, aber maßgeblich auch der Legitimation der Weltraumforschung und -erschließung. Hinzu kommt das Versprechen eines Wissensgewinns, das keine andere Wissenschaft zu geben vermag. Denn neben dem praktischem Nutzen von Raumfahrt, wie der Prävention kosmischer Gefahren oder der Möglichkeit im Sonnensystem eines Tages Ressourcen und Energiequellen nutzbar machen zu können, sind wir in der Lage durch den Blick ins Universum Einsichten über die Ursprünge des Lebens und der Erde zu erfahren, die Entwicklung und Zukunft der Erde besser zu verstehen, unser Selbstverständnis und Selbst-bewusstsein zu erweitern und so den eigenen Platz als Teil des Universums zu verorten. Durch die Beobachtung anderer Welten schärfen wir den Blick auf die eigene kosmische Heimat und können essentielle naturwissenschaftliche Fragestellungen der eigenen Existenz unter neuen Blickwinkeln

---

[619] Vgl. Kap. 5, Abschn. 5.1; z.b. Abb. 8, Abb. 11, Abb. 16 u.a.

[620] z.B. „Seti At home", vgl. Kap. 2, Abschn. 2.2

betrachten.[621] So forderte schon der Philosoph und Literaturnobelpreisträger Thomas Stearns Elliot (1888-1965):

> „We shall not cease from exploration, and the end of all our exploring will be to arrive where we started and know the place for the first time."[622]

Mars-Forscher Bruce Jakosky verspricht eine Bereicherung für jeden einzelnen:

> „Understanding the universe and the potential and actual distribution of life within it will illuminate our own existence here on Earth and help us to comprehend our own species, our own society, and our own individual lives."[623]

Denn fänden wir schließlich den kleinsten Nachweis für extraterrestrisches Leben, würde dies eine enorme Bedeutung für Wissenschaft und Individualgesellschaft haben.[624] Hätten wir eines Tages sogar Kontakt zu einer extraterrestrischen Zivilisation, könnte dies eine enorme Bereicherung für die gesamte menschliche Zivilisation sein, sofern diese Begegnung harmonisch verläuft[625] und sofern wir uns untereinander einig sind. Vielleicht werden wir es dadurch. Zu guter Letzt bieten der Blick ins Universum und die Suche nach Leben darin eine Chance, Antworten auf die ursprünglichsten philosophischen Fragen des menschlichen Seins zu finden: Wo kommen wir her? Wo gehen wir hin? Sind wir allein? Im Angesicht des anderen erkennen wir uns selbst.

---

[621] Scholz, S. 491

[622] Aus „Little Gidding" (1942); Jakosky (2006), S. 139

[623] Jakosky (2006), S. 139

[624] vgl. Zitat Jakosky in Kap. 7, Abschn. 7.2.2.1

[625] Vgl. Kap. 7, Absch. 7.2.2 und Abschn. 7.2.3

Bei der Erforschung des Weltraums und der Suche nach Leben geht es also auch um die Ausweitung unserer eigenen Wahrnehmungsgrenzen und schließlich um ein Wachstum des Geistes und unseres Wissens, was schließlich gefolgt ist von technischen Errungenschaften und Fortschritt – natürlich mit dem Ziel die besagten irdischen Probleme zu lösen. Hier schließt sich der Kreis gegen die Stimmen der Kritiker. Die aufwändige Forschung dient also in einer gewissen Weise einerseits auch unserem Überleben, wenn sich durch Fortschritt die Zustände des menschlichen Daseins auf der Erde verbessern, andererseits aber auch dem tief in unserem Wesen evolutionär verankerten Streben nach Selbstentwicklung, Veränderung, Verbesserung, einem Überleben und Voranschreiten als Spezies. Dies sind zwei Grundprinzipien des Lebens und der Evolution, denen wir unterliegen müssen. Im Grunde tun wir also das, wozu wir bestimmt sind, wenn wir unsere universelle Umgebung untersuchen und nach Lebensformen ähnlich der unsrigen Ausschau halten.

Natürlich wäre es wünschenswert, die irdischen Notstände an erster Stelle zu lösen um sich dann frei und unbeschwert auf die Erforschung des Alls konzentrieren zu können und vielleicht eines Tages den Sprung auf eine andere Welt zu schaffen, um dort dauerhaft Fuß zu fassen. Vielleicht finden wir die Lösung der weltlichen Probleme aber auch schon heute im Universum. Durch die Entdeckung einer neuen, gesunden Erde, durch den Kontakt zu einer lehrwilligen Schwesterzivilisation, durch das erweiterte menschliche Selbstverständnis im Bewusstsein, Teil einer interstellaren Kulturengemeinschaft zu sein oder durch ein finales Verständnis der Abiogenese.[626]

---

[626] Sehr interessante Überlegungen dazu, wie die Vorstellung über Außerirdische die Erforschung des Weltraums beeinflusst hat formuliert der amerikanische Astronom Steven J. Dick in seinem Aufsatz „Space, Time and Aliens: The Role of Imagination in Outer Space". (Dick, S. 36ff)

Darum lohnt es sich weiter zu forschen, aufwändige Projekte und Missionen zu stemmen, bestehende Technik und Wissen auszubauen, dadurch zu lernen und kontinuierlich weiter zu entdecken, im Glauben daran, das unserem Wesen und unserem bisherigen Erfolg entsprechende Grundrichtige und -wichtige zu tun – und eines Tages vielleicht reichlich dafür belohnt zu werden.

LITERATURVERZEICHNIS

ARGYLE, BOB: More than one Sun. In: Argyle, Bob (Hrsg.): Observing and Measuring Visual Double Stars. Springer Verlag, London (2004).

BAUMANN, HANS D.: Unsere fernen Nachbarn. Wie sich die Erdbewohner die Außerirdischen vorstellen. Rasch und Röhring Verlag, Hamburg (1990).

BRIN, DAVID: Die Gefahren des Erstkontaktes. In: Wabbel, Tobias Daniel (Hrsg.): Leben im All. Positionen aus Naturwissenschaft, Philosophie und Theologie. Patmos Verlag, Düsseldorf (2005).

CALVIN, WILLIAM H.: Konzeptwandel nach dem Kontakt. In: Wabbel, Tobias Daniel (Hrsg.): Leben im All. Positionen aus Naturwissenschaft, Philosophie und Theologie. Patmos Verlag, Düsseldorf (2005).

DAVOUST, EMMANUELL: Signale ohne Antwort? Die Suche nach außerirdischem Leben. Birkhäuser Verlag, Basel/Boston/Berlin (1993).

DICK, STEVEN J.: Space, Time and Aliens: The Role of Imagination in Outer Space. In: Geppert, Alexander C. T. (Hrsg.): Imagining Outer Space. European Astroculture in the Twentieth Century. Palgrave Macmillan, New York (2012).

DORSCHNER, JOHANN: Sind wir allein im Weltall? 2. verb. Auflage. Urania Verlag, Leipzig/Jena/Berlin (1976).

DRAKE, FRANK / SOBEL, DAVA: Signale von anderen Welten. Mit dem NASA-SETI- Projekt auf der Suche nach fremden Intelligenzen. Bettendorf'sche Verlagsanstalt, Essen/München/Bartenstein/Venlo/Santa Fe (1994).

DUVE, CHRISTIAN DE: Welchen Zwängen unterliegen Ursprung und Evolution des Lebens? In: Wabbel, Tobias Daniel (Hrsg.): Leben im All. Positionen aus Naturwissenschaft, Philosophie und Theologie. Patmos Verlag, Düsseldorf (2005).

EISFELD, RAINER: Projecting Landscapes of the Human Mind onto another World: Changing Faces of an imaginary Mars. In: Geppert, Alexander C. T. (Hrsg.): Imagining Outer Space. European Astroculture in the Twentieth Century. Palgrave Macmillan, New York (2012).

ENGELBRECHT, MARTIN: Von Aliens erzählen. In: Schettsche, Michael/Engelbrecht, Martin (Hrsg.): Von Menschen und Außerirdischen. Transterrestrische Be- gegnungen im Spiegel der Kulturwissenschaft. Transcript Verlag, Bielefeld (2008).

FINNEY, JACK: Die Körperfresser kommen. Wilhelm Goldmann Verlag, München (1979).

GEPPERT, ALEXANDER C. T.: Die Zeit des Raumfahrtzeitalters, 1942-1972. In: Geppert, Alexander C. T./Kössler, Till (Hrsg.): Obsession der Gegenwart. Zeit im 20. Jahrhundert. Vandenhoeck & Ruprecht, Göttingen (2015).

GUTHKE, KARL S.: Der Mythos der Neuzeit. Das Thema der Mehrheit der Welten in der Literatur- und Geistesgeschichte von der kopernikanischen Wende bis zur Science Fiction. Francke Verlag, Bern/München (1983).

HAMEL, JÜRGEN: Geschichte der Astronomie. In Texten von Hesoid bis Hubble. 2. überarbeitete und erweiterte Auflage. Magnus Verlag, Essen (2004).

HAWKING, STEPHEN: Leben im All. In: Wabbel, Tobias Daniel (Hrsg.): Leben im All Positionen aus Naturwissenschaft, Philosophie und Theologie. Patmos Verlag, Düsseldorf (2005).

HEUSER, MARIE-LUISE: Transterrestrik in der Renaissance: Nikolaus von Kues, Giordano Bruno, Johannes Kepler. In: Schettsche, Michael/Engelbrecht, Martin (Hrsg.): Von Menschen und Außerirdischen. Transterrestrische Begegnungen im Spiegel der Kulturwissenschaft. Transcript Verlag, Bielefeld (2008).

HEUSER, MARIE-LUISE: Raumontologie und Raumfahrt um 1600 und 1900. In: Prof. Dr. Barabara Lange (Hrsg.): Reflex: Tübinger Kunstgeschichte zum Bildwissen. Ausgabe 6/15. Kunsthistorisches Insitut der Universität Tübingen, Tübingen (2015).

JAKOSKY, BRUCE: Science, Society, and the Search for Life in the Universe. The University of Arizona Press, Tucson (2006).

JAKOSKY, BRUCE: The Search for Life on other Planets. Cambridge University Press, Cambridge (1998).

LASSWITZ, KURD: Auf zwei Planeten. Verlag Heinrisch Scheffler, Frankfurt am Main (1969)

LEIBNIZ, GOTTFRIED WILHELM: Die Theodizee. Übersetzung von Artur Buchenau. Einführender Essay von Morris Stockhammer. 2., erg. Auflage. Felix Meiner Verlag, Hamburg (1968).

MICHAUD, MICHAEL A. G.: Contact with Alien Civilizations. Our Hopes and Fears about Encountering Extraterrestrials. Springer Science+Business Media, New York (2010).

PIPER, SVEN: Expolaneten. Die Suche nach einer zweiten Erde. Springer Verlag, Heidelberg/Dordrecht/London/New York (2011).

RÖHRLICH, DAGMAR: Hallo? Jemand da draußen? Der Ursprung des Lebens und die Suche nach neuen Welten. Spektrum Akademischer Verlag, Heidelberg (2008).

SAGAN, CARL/AGEL, JEROME: Nachbarn im Kosmos. Leben und Lebensmöglichkeiten im Universum. Deutscher Taschenbuch Verlag, München (1975).

SCHETTSCHE, MICHAEL: Auge in Auge mit dem maximal Fremden? Kontaktszenarien aus soziologischer Sicht. In: Schettsche, Michael/Engelbrecht, Martin (Hrsg.): Von Menschen und Außerirdischen. Transterrestrische Begegnungen im Spiegel der Kulturwissenschaft. Transcript Verlag, Bielefeld (2008).

SCHOLZ, MATHIAS: Astrobiologie. Springer Verlag, Berlin/Heidelberg (2016).

SCHRÖDINGER, ERWIN: Was ist Leben? Die lebende Zelle mit den Augen des Physikers betrachtet. Cambridge University Press (1944). Neuausgabe, 3. Auflage. R. Piper, München/Zürich (1989).

SCHURMANN, BRIGITTE: Darwin and Astronomy. The Infrared Space Interferometer. ESA Publications Division, Stockholm (2000).

THE NEW ENCYLOPÆDIA BRITANNICA. 15th Edition, Volume 4 & Volume 7. Encyclopædia Britannica, Inc., Chicago/London/New Delhi/Paris/Seoul/Sydney/ Taipei/Tokyo (2002).

WABBEL, TOBIAS DANIEL: Der Geist des Radios. In: Wabbel, Tobias Daniel (Hrsg.): Leben im All. Positionen aus Naturwissenschaft, Philosophie und Theologie. Patmos Verlag, Düsseldorf (2005).

WARD, PETER D. / BROWNLEE, DONALD: Unsere einsame Erde. Warum komplexes Leben im Universum unwahrscheinlich ist. Springer Verlag, Berlin/Heidelberg (2001).

WELLS, HERBERT G.: Der Krieg der Welten. Verlag Das Beste, Stuttgart (1987).

ZAUN, HARALD: SETI. Die wissenschaftliche Suche nach
    außerirdischen Zivilisationen. Chancen, Perspektiven,
    Risiken. Heise Zeitschriften Verlag, Hannover (2010).